Dieter
Hasemann

DaimlerChrysler

Die
Lastwagenmarken
eines
Weltkonzerns

© 2002

Verlag Podszun-Motorbücher GmbH
Elisabethstraße 23-25, D-59929 Brilon
Herstellung Druckhaus Cramer, Greven
ISBN 3-86133-285-X

Dieter
Hasemann

DaimlerChrysler

Die Lastwagenmarken eines Weltkonzerns

Inhalt

Vorwort

Aus der Fusion der Daimler-Benz AG mit der Chrysler Corporation ist im Jahre 1998 der drittgrößte Automobilkonzern der Welt entstanden. Diese neue Marktposition war indes nur für die Personenwagensparten relevant, denn bereits Jahre zuvor hatte sich Daimler-Benz mit den europäischen und amerikanischen Tochtergesellschaften zum weltweit größten Nutzfahrzeughersteller entwickelt.

DaimlerChryslers neue Rolle als treibende Kraft bei der Globalisierung der Automobilindustrie sowie das Selbstverständnis als "Welt AG" ist dabei gar nicht so neu, wie oft gesagt und geschrieben wird. Tatsächlich war es bereits das Bestreben der alten Daimler-Benz AG gewesen, ihre Produkte, und insbesondere die Nutzfahrzeuge, in möglichst vielen Ländern und Kontinenten bauen und verkaufen zu können.

"Unsere Politik ist es, nicht nur auf einzelnen Schwerpunktmärkten, sondern in allen Ländern der Welt vertreten zu sein", stand folgerichtig im Geschäftsbericht des Jahres 1983. Begonnen hatten die Schwaben damit aber schon in den 50er- und 60er-Jahren, als sie Fahrzeugmontagewerke in vielen wichtigen Absatzmärkten errichteten. Damals nannte man dieses vorausschauende Vorgehen Internationalisierung der Produktion, was letztlich nichts anderes bedeutete, als das heute vielfach so negativ belegte Modewort von der Globalisierung.

Es ist eben kein Zufall, dass Daimler-Benz beziehungsweise heute DaimlerChrysler der größte und bedeutendste Lastwagen- und Omnibusproduzent der Welt ist. Der Weg dahin war klar vorgezeichnet und er wurde konsequent, wenn auch mit gelegentlichen Rückschlägen, beschritten. Durch eine Vielzahl von Kooperationen und zahlreichen mehr oder weniger bedeutsamen Firmenübernahmen gelang es schließlich, sämtliche Wettbewerber hinter sich zu lassen.

Es dürfte selbst manchen Fachmann überraschen zu erfahren, dass während des 20. Jahrhunderts mehr als 50 (!) einst selbstständige LKW-Marken direkt oder indirekt im Daimler-Benz- oder im Chrysler-Konzern aufgegangen sind. Einige davon wie MMB, Orient-Express, FBW und Barreiros in Europa oder Graham, Republic und Freightways in Amerika sind heutzutage nahezu unbekannt. Doch auch einst bedeutende und noch heute bekannte Marken wie Krupp, Saurer, Commer und Hanomag, gehören in den illustren Kreis von Lastwagenherstellern, auf die der neue Weltkonzern DaimlerChrysler zurückblicken kann.

Das vorliegende Buch versucht erstmals, die wichtigsten Markenhistorien der im DaimlerChrysler-Konzern aufgegangenen LKW-Hersteller von den Anfängen bis in die Gegenwart nachzuzeichnen. Natürlich steht dabei die Marke Mercedes-Benz immer im Vordergrund, denn sie war und ist die bedeutendste aller Lastwagenmarken und sie lässt sich in direkter Linie auf die ältesten LKW der Welt, die frühen Fahrzeuge der Daimler-Motoren-Gesellschaft von 1896, zurück verfolgen.

Dennoch handelt es sich keineswegs um ein reines Mercedes-Buch oder eine Typengeschichte. Es ist mittlerweile ohnehin ein nahezu unmögliches Unterfangen, sämtliche unter den Namen Daimler, Benz und Mercedes-Benz gebauten Lastwagentypen auch nur annähernd vollständig in einem Buch vorzustellen.

Vielmehr wird hier anhand der Firmengeschichte die Entwicklung der wesentlichen LKW-Generationen von Mercedes-Benz und aller im Laufe von rund 100 Jahren dazu erworbener europäischer und amerikanischer Nutzfahrzeugfirmen dargestellt. Dabei enthält dieser historische Abriss nur den Bereich Lastwagen und Transporter, jedoch keine Omnibusse, denn das ist ein Thema für sich und würde den vorgegebenen Rahmen sprengen.

Beim Zusammentragen historischer Daten und Fakten wurde mit größtmöglicher Sorgfalt vorgegangen. Dennoch sind kleinere Fehler nicht auszuschließen, denn nicht selten basiert die Recherche auf widersprüchlichen, unzuverlässigen oder nur sehr spärlichen Quellen. Dies trifft vor allem auf die im Buch behandelten amerikanischen Firmen zu.

Für die hilfsbereite und freundliche Unterstützung dieses Buchprojekts geht der Dank an die DaimlerChrysler AG, insbesondere an Herrn Grammer und Frau Leitner von der Presseabteilung sowie Herrn Dr. Niemann und Herrn Heintzer von DaimlerChrysler Classic. Einen herzlichen Dank auch an Bodo Brennecke für zahlreiche wertvolle Hinweise und Informationen.

Hannover, im Dezember 2001
Dieter Hasemann

Der erste
Daimler-Lastwagen
von 1896

Gottlieb Daimler –
Urvater des deutschen Automobilbaus

Es war ein lange gehegter Menschheitstraum, ein Gefährt zu schaffen, welches sich aus eigener Kraft vorwärts bewegen kann. Nach vielen mühsamen und vergeblichen Versuchen mit Wind- und Muskelkraft gelang dies erst nach Erfindung der Dampfmaschine im Jahre 1769 auf einigermaßen überzeugende Art und Weise. Mit dem Dampfantrieb ließen sich Maschinen und Pumpen antreiben, Schiffe steuern, Eisenbahnen und schließlich auch Automobile bewegen. Kein Wunder, dass das erste selbstfahrende Nutzfahrzeug ein dampfschnaubendes Ungetüm mit einem vor der Wagenfront hängenden großen Dampfkessel war.

Der Franzose Nicolas J. Cugnot hatte das Fahrzeug bereits 1771 im Auftrag des französischen Kriegsministeriums erbaut. Es war als Artilleriezugmaschine für Anhängelasten von bis zu 2500 kg konzipiert. Durchsetzen konnte sich diese behäbige Konstruktion freilich nicht und so wurde das Konzept, trotz mehrfacher Umbauten, nicht weiter verfolgt. Dennoch blieb der Dampfantrieb auch im beginnenden 19. Jahrhundert noch lange das bevorzugte Antriebsmedium. Besonders in England und Frankreich entwickelte sich allmählich eine bedeutsame Industrie für dampfgetriebene Acker- und Straßenschlepper, die vorrangig in der Landwirtschaft eingesetzt wurden. In keinem Land der Erde gab es so viele dieser archaisch anmutenden Arbeitsgeräte wie in England und nirgendwo sonst setzte man so

hartnäckig und so lange auf den Dampfantrieb im Nutzfahrzeugbereich. Selbst als im Rest der Welt diese Fahrzeuge längst verschwunden waren, wurden in Großbritannien noch Dampflastwagen gebaut – immerhin bis 1950.

Bereits in der zweiten Hälfte des 19. Jahrhunderts war aber klar, dass die technische Entwicklung eine andere Richtung nehmen würde. Vor allem in Deutschland und in Frankreich befassten sich etliche aufstrebende Firmen und talentierte Ingenieure auf die eine oder andere Weise mit moderner Motorentechnik und trieben die Anfänge des Automobilbaues zielstrebig voran. Große klangvolle Namen der Technikgeschichte wie Nikolaus August Otto, Wilhelm Maybach, Armand Peugeot, Emile Levassor, Amedee Bollee, Rudolf Diesel und natürlich Gottlieb Daimler und Karl Benz setzten wegweisende Meilensteine und schufen die Grundlagen für die Automobilindustrie des 20. Jahrhundert.

Die Wurzeln des Automobilbaus mit benzinbetriebenen Motoren befinden sich ausnahmslos in Deutschland und Frankreich und zwar für Personenwagen und Nutzfahrzeuge gleichermaßen. 1895 entstanden bei Peugeot in Frankreich die ersten Automobile speziell für die Warenauslieferung, die "Lieferungswagen", allerdings zunächst auf der Basis von PKW-Chassis. 1896 gab es bei der Daimler-Motoren-Gesellschaft (DMG) die ersten echten Lastkraftwagen, die auf eigens dafür konstruierten

Fahrgestellen über richtige Ladepritschen verfügten. Aus diesem Grund wird das Jahr 1896 als das Geburtsjahr des modernen Motorlastwagens angesehen. Es finden sich jedoch in manchen Quellen Hinweise, dass bei Daimler in Cannstatt bereits 1892/93 ein Versuchs-LKW mit Zweizylinder-Viertaktmotor (4 PS) entworfen und der preußischen Heeresverwaltung angeboten worden ist. Einen Beweis dafür, dass ein entsprechendes Fahrzeug auch gebaut worden ist, gibt es indes nicht.

Die frühen Entwicklungen des Automobils sind untrennbar mit dem Namen Gottlieb Daimler verbunden. Der schwäbische Ingenieur hat nahezu sein gesamtes Berufsleben der Konstruktion von Verbrennungsmotoren gewidmet. Gottlieb Daimler wurde am 17. März 1834 in Schorndorf geboren. Seine Eltern, der Bäckermeister Johannes Daimler (ursprünglich Däumler) und die Mutter Wilhelmine Friederike Daimler, geb. Fensterer, schickten ihren Sohn im Alter von 14 Jahren in eine Büchsenmacherlehre. Mit 18 Jahren ging Gottlieb Daimler an die Polytechnische Hochschule nach Stuttgart und begann ein Ingenieurstudium. Noch während der Ausbildungszeit verbrachte Daimler einige Jahre bei Maschinenbaufirmen in Straßburg und Paris. Nach dem Studienabschluss arbeitete er zwei Jahre in England, um dort bei renommierten Lokomotiven- und Maschinenbauunternehmen praktische Erfahrungen zu sammeln.

Schließlich kam er 1863 zurück nach Deutschland und erhielt zunächst eine Anstellung bei einer Metallwarenfabrik in Geislingen, anschließend in Reutlingen. Dort lernte er seinen langjährigen Weggefährten Wilhelm Maybach kennen. Über die Zwischenstation Karlsruhe gelangte Daimler 1872 zur Gasmotorenfabrik Deutz AG in Köln. Diese Fabrik, gegründet von Nikolaus August Otto, dem Erfinder des Otto-Motors, wuchs damals zu einem der bedeutendsten und größten Motorenhersteller der Welt. Daimler wurde als leitender Ingenieur und Mitglied des Direktoriums eingestellt. Trotz interessanter Herausforderungen im Motorenbau war für Daimler die Zeit in Köln-Deutz sehr schwierig und bisweilen geradezu unerträglich, da er sich in einer Dauerfehde mit Direktoriumskollege und Firmengründer Otto befand. Nach immerhin zehn Jahren wurde ihm schließlich gekündigt, nachdem Otto ein Ultimatum gestellt hatte – er oder Daimler!

Daimler zog mit seiner Familie 1882 von Deutz nach Cannstatt vor die Tore Stuttgarts und begann dort im Gartenhaus seines Anwesens mit Forschungen und Tüfteleien in seinem Lieblingsgebiet, dem Motorenbau. Zu seiner Unterstützung kam auch Wilhelm Maybach nach Cannstatt und gemeinsam gelang den beiden Technikern der Durchbruch in der Motorentechnologie mit einem schnell laufenden kompakten Viertaktmotor für den Einbau in Schienen- und Straßenfahrzeuge. Der nächste Meilenstein war der zweirädrige "Reitwagen" von 1885, ein Vorläufer des Motorrads beziehungsweise das erste selbstfahrende Vehikel mit Verbrennungsmotor. Im folgenden Jahr ließ Daimler bei der Maschinenfabrik Esslingen einen Kutschenwagen bauen und ihn mit einem seiner Motoren ausrüsten. Die Leistung betrug 1,5 PS bei 700 Umdrehungen und ermöglichte der Motorkutsche eine Höchstgeschwindigkeit von 16 km/h.

1887 erwarb Daimler eine kleine Fabrik in Cannstatt und stellte eine Hand voll Arbeiter ein, um aus seiner bislang eher hobbymäßigen Motorenherstellung ein richtiges Geschäft zu machen. Die ersten Auslandslizenzen seiner Motoren konnte Daimler zu dieser Zeit bezeichnenderweise nach Frankreich verkaufen. Die Firma Panhard & Levassor nutzte die Daimler-Motoren für ihre selbst entworfenen Fahrzeuge, verkaufte sie aber auch an andere Interessenten, zum Beispiel an Peugeot. Durch die Vermittlung von Wilhelm Maybach lernte Daimler den deutschstämmigen New Yorker Klavierbauer William Steinway kennen, der von Daimlers Arbeit sehr angetan war und sich kurzerhand entschloss, die Daimler-Motoren in Amerika zu vertreiben.

1888 gründete Steinway in Long Island bei New York die Daimler Motor Company an der er selbst mit 34 Prozent und Daimler mit 66

Prozent beteiligt waren. Der Verkauf der Daimler-Motoren in den USA, insbesondere für Eisen- und Straßenbahnen sowie Boote, ließ sich gut an und brachte die erhofften Gewinne. Eine geplante Fahrzeugproduktion scheiterte zunächst am Misstrauen und mangelnden Interesse der Amerikaner gegenüber den störrischen und unzuverlässigen Automobilen und später, nach dem Tod Steinways 1896, am Verkauf der Firma an den Elektrokonzern General Electric.

Daimlers Geschäfte in der Heimat liefen zunehmend besser, doch es waren dringende und teure Investitionen notwendig, um die Motoren- und Fahrzeugproduktion ausweiten zu können. Daimler selbst hatte nicht genügend Kapital und suchte potente Teilhaber, um seine Personengesellschaft in eine Aktiengesellschaft umzuwandeln. Am 28. November 1890 unterzeichneten Daimler und seine Partner, Max Duttenhofer, Wilhelm Lorenz sowie zwei Bankiers, den Gesellschaftervertrag für die Daimler-Motoren-Gesellschaft, die rückwirkend zum 15. März 1890 als Aktiengesellschaft die Tätigkeit aufnahm. Daimler und Lorenz waren mit je einem Drittel am Stammkapital von 600.000 Mark an der neuen AG beteiligt, während die drei anderen sich das dritte Drittel teilten.

Für Gottlieb Daimler begann mit diesem Vertrag eine Zeit juristischer und finanzieller Probleme und Streitigkeiten, die dazu führten, dass er für einige Zeit seine eigene Firma sogar verließ. Daimler und seine Partner hatten nicht selten vollkommen konträre Vorstellungen von der Firmenentwicklung.

Das Hauptgeschäft der Daimler-Motoren-Gesellschaft (DMG) blieb weiterhin die Produktion stationärer Motoren und so konnte im Dezember 1895 bereits der tausendste Daimler-Motor ausgeliefert werden. Die Fahr-

Gottlieb Daimler (1834-1900)

zeugproduktion verlief, zum Leidwesen von Daimler, eher schleppend. 1896 hatte Daimler ein praxistaugliches LKW-Programm konzipiert und ein Musterfahrzeug bauen lassen. Dabei hatte er, anders als Armand Peugeot in Paris, nicht einen leichten Kutschenwagen zu einem Lieferwagen umgestaltet, sondern eine eigenständige Konstruktion für größere und schwere Nutzlasten entworfen, die den Namen Lastkraftwagen zu recht verdiente.

Wie die Pferdewagen zur damaligen Zeit, so war auch Daimlers Laster weitgehend aus Holz gebaut und genau genommen sah er auch wie ein Pferdewagen ohne Deichsel aus. Auf dem Rahmen ruhte die Pritsche und davor befand sich der "Fahrerbock". Darunter lag die blattgefederte Vorderachse mit eisenbeschlagenen Holzspeichenrädern, die mittels Kette gelenkt wurde. Obwohl die Achsschenkellenkung bereits 1816 von dem Münchner Wagner Georg Lankensperger erfunden worden war, erhielten Daimlers LKW, wie auch die meisten anderen Fabrikate der frühen Jahre, noch die klassische Drehschemellenkung der Pferdefuhrwerke. Bei Daimlers ersten Lastwagen befand sich der Motor, Modell Phoenix, hinter der schraubengefederten Hinterachse. Die Kraftübertragung erfolgte über ein Flachriemengetriebe auf innenliegende Zahnkränze an den Holzspeichenhinterrädern. Der 2-Zylinder-Phoenix-Motor mit Glührohrzündung war in vier Leistungsstufen mit vier, sechs, acht und zehn PS lieferbar und als Höchstgeschwindigkeiten verriet der erste Verkaufsprospekt 3 bis 12 km/h. Die Nutzlasten der vier angebotenen Daimler-LKW von 1896 lagen bei 1500 kg, 2500 kg, 3750 kg und 5000 kg.

1896 entstanden vermutlich zwei Lastwagen bei der DMG in Cannstatt, zunächst ein Modell für 1500 kg Nutzlast mit einem 4-PS-Motor im Fahrzeugheck, danach ein Wagen mit 2500 kg Nutzlastkapazität und einem 6-PS-Motor, der zwischen den beiden Achsen in der Fahrzeugmitte lag. Erhalten geblieben ist keiner der früher Daimler-LKW, doch das erste Fahrzeug von 1896 wurde von der Daimler-Benz AG originalgetreu nachgebaut und ins hauseigene Museum gestellt.

Den ersten Laster verkaufte die DMG noch 1896 an einen Kunden in England. Das Geschäft kam durch Frederick Simms zustande, der 1893 in London die Daimler Motor Syndicate Ltd. gegründet hatte und die DMG-Produkte in England sowie im gesamten britischen Empire vertrieb. In Coventry wurde 1897 eine eigene Motorenproduktion nach Daimler-Lizenz installiert und später wurden auch Automobile, hauptsächlich Busse und PKW, gebaut. So rumpelte das erste Nutzfahrzeug der Welt durch die damals schon überfüllten Straßen Londons, ausgerechnet in jenem Land, in dem ausschließlich dampfgetriebene Vehikel verkehrten und wo man dem Benzinautomobil

Daimler-Motoren-Gesellschaft, Cannstatt.

Daimler-Motor-Lastwagen.

Im Anschluss an die dem Personenverkehr dienenden Daimler-Wagen wurde vorstehend abgebildeter Daimler-Motor-Lastwagen angefertigt, welcher bestimmt ist, den Frachtverkehr zu vermitteln. Diese Wagen kommen in 4 Grössen zur Ausführung.

Stärke des Motors . . . . . HP	4	6	8	10
Zur Beförderung von ca. . . . Kg.	1500	2500	3750	5000
Gewicht des completten Wagens ca. Kg.	1200	1500	2000	2500
Preis . . . . Mark	4600	5600	6680	7730

Diese Wagen erhalten 4 Geschwindigkeiten
von 3—12 Kilometer pro Stunde
und sind für Rückwärtsfahren eingerichtet.
Die Räder erhalten eiserne Reifen.

Das erste Daimler LKW-Programm

nur wenig Zukunftschancen einräumen wollte. Doch das sollte sich recht bald ändern, nicht zuletzt dank Herrn Daimlers Lastwagen, denn auch die ersten Motorlastwagen der britischen Post stammten beispielsweise von Daimler!

Die Lastwagenproduktion in Cannstatt bewegte sich in überschaubarem Rahmen, vor allem deshalb, weil die Geschäftsleitung anfangs nur wenig Interesse an Nutzfahrzeugen zeigte. Deshalb wurden offensichtlich keine grösseren Anstrengungen unternommen, Lastwagen zu verkaufen. Gebaut wurde nur nach Bestellungen und die kamen eher zufällig und sporadisch herein. Der große Erfolg mit motorgetriebenen Fahrzeugen sollte noch ein paar Jahre auf sich warten lassen. Was damals an Nutzfahrzeugtypen gebaut und verkauft wurde,

ist nur zum Teil bekannt. Eine Referenzliste aus der Zeit um 1904 weist immerhin 74 Kunden im Deutschen Reich auf, von denen einige sogar mehr als einen Lastwagen erworben haben. Mehr als die Hälfte aller damals verkauften LKW wurden an Brauereien geliefert.

Aus dem Jahr 1897 ist ein Wagen bekannt, der bezeichnenderweise wieder ins Ausland ging, diesmal nach Österreich. Die Führung der k. & k. - Armee hatte sich entschlossen, ein modernes Automobil auf seinen militärischen Nutzen hin zu prüfen. Eduard Bierenz, ein alter Bekannter Daimlers, importierte einen 10 PS starken 5-Tonner, möglicherweise der erste, der bei der DMG gebaut worden ist, und verkaufte ihn ans österreichisch-ungarische Militär. Dieser Verkauf war insofern von Bedeutung, als

es Bierenz dadurch gelang, die Firmenleitung in Cannstatt zu überzeugen, in Österreich eine Tochtergesellschaft zu gründen. Bislang hatte Bierenz nur einige stationäre und Boots-Motoren in Österreich verkauft. Ihm schwebte jedoch vor, eine eigene Fahrzeugproduktion nach Daimler-Lizenz aufzubauen. Am 11. August 1899 schlossen Bierenz, der Industrielle Fischer und die DMG einen Vertrag zur Gründung der Österreichischen Daimler-Motoren-Kommanditgesellschaft Bierenz, Fischer & Co. in Wiener Neustadt. Wenig später begann die eigenständige Herstellung von Motoren und Fahrzeugen nach Daimler-Lizenz. Von Anfang an wurde die Nutzfahrzeugproduktion in den Vordergrund gestellt. So konnte man bereits 1903 einen der ersten allradgetriebenen Lastwagen der Welt vorstellen, einen 2-Tonner mit 14-PS-Motor, konstruiert von Paul Daimler, dem ältesten Sohn Gottlieb Daimlers, der technischer Leiter in Wiener Neustadt war.

1902 wurde die Firma umstrukturiert und umbenannt. Die DMG übernahm sämtliche Anteile am Stammkapital und wurde alleinige Besitzerin des nun Österreichische Daimler-Motoren-Gesellschaft genannten Tochterunternehmens. Im Juli 1906 kam der junge Ingenieur Ferdinand Porsche als Chefkonstrukteur zu Austro-Daimler, wie die Firma seit dieser Zeit genannt wurde. Er konnte beim Konkurrenzunternehmen Jakob Lohner & Co. abgeworben werden und Paul Daimler ablösen. Mit seiner Hilfe und seinen technischen Fähigkeiten gelang es Austro-Daimler, die Marktführerschaft bei Nutzfahrzeugen in Österreich-Ungarn zu erlangen und große Erfolge auf dem Gebiet des schon damals sehr populären Automobilrennsports vorzuweisen. Besonders der Bereich Spezialfahrzeugbau und Militärfahrzeuge erlebte unter Porsches Leitung wahre Innovationsschübe, zum Beispiel mit dem so genannten C-Zug, dem Landwehr-Train und dem Goliath-Schlepper. Nach dem Ersten Weltkrieg gelangte Austro-Daimler in den Besitz einer Bank. 1923 gab Ferdinand Porsche die technische Leitung ab, nachdem es zu Spannungen mit dem neuen Mehrheitsgesellschafter gekommen war. Porsche ging daraufhin als Konstruktionschef ins Stuttgarter Stammwerk der DMG. Eine Interessengemeinschaft der Austro-Daimler AG mit der Puchwerke AG führte im Dezember 1928 zur Fusion der beiden Automobilbauer unter dem Namen Austro-Daimler-Puchwerke AG, die wiederum mit der Firma Steyr 1934/35 zur Steyr-Daimler-Puch AG (StDP) verschmolzen wurde.

Der erste Omnibus aus dem Hause Daimler, ein kutschenartiges, unförmiges Gefährt mit geschlossenem Fahrerhaus und 10-PS-Motor, entstand 1898. Das Fahrzeug wurde von der Postverwaltung erworben und auf einer neu eingerichteten Strecke zwischen Bad Mergentheim und Künzelsau erfolgreich eingesetzt.

1898 kam auch die zweite LKW-Generation bei der DMG heraus. Nun sahen die Fahrzeuge schon eher wie echte Lastwagen aus, mit vorne liegendem Zweizylinder-Phoenix-Motor, kurzer Kühlerhaube und offener Fahrerbank dahinter. Außer den Pritschenaufbauten dieser LKW waren auch die Längsträger der Fahrzeugrahmen aus Eichenholz, Stahlträger wurden erst zu Beginn des 20. Jahrhunderts verwendet. Gebremst wurde nach wie vor mit auf die Hinterräder wirkenden Klotzbremsen.

Das ausgehende 19. Jahrhundert war in der Cannstatter Firmenzentrale der DMG durch eine Vielzahl von Querelen geprägt, die ein Klima des Misstrauens erzeugten. Duttenhofer und Lorenz versuchten mit juristischen Winkelzügen ihren Partner und Firmengründer Gottlieb Daimler aus dem Unternehmen zu drängen. Wichtige Entscheidungen wurden ohne Daimlers Zustimmung getroffen und Abmachungen nicht eingehalten.

So gelang es Daimlers Kontrahenten 1897 unter Umgehung vertraglicher Bestimmungen in Berlin ein Konkurrenzunternehmen, die Allgemeine Motorwagengesellschaft mbH zu gründen, ohne Daimler davon in Kenntniss zu setzen. Diese Gesellschaft übernahm kurzerhand die kleine Fahrzeugfabrik Altmann, an deren Betriebsstätten und Grundstücken in Berlin-Marienfelde man interessiert war. Die Allgemeine Motorwagengesellschaft mbH wurde ihrerseits 1900 von einer im November 1898 neu gegründeten Automobilfirma geschluckt, der Motorfahrzeug- und Motorenfabrik Berlin AG (MMB), die Daimler-Automobile in Lizenz fertigte.

Vorsichtshalber waren Duttenhofer und Lorenz bei Gründung der MMB, die vermutlich auf ihre Initiative zurückzuführen war, nicht als Teilhaber in Erscheinung getreten, sondern sie begnügten sich mit einflußreichen Aufsichtsratsposten. Ihrem Taktieren dürfte es wohl zu verdanken sein, dass die MMB nur eine sehr kurze Existenz hatte, denn bereits Ende 1902 wurde dieses Unternehmen seinerseits übernommen, und zwar von der DMG. Damit war offensichtlich das ursprüngliche Ziel der beiden DMG-Vorstände erreicht, eine Tochtergesellschaft in Berlin zu haben, die außerhalb von Gottlieb Daimlers Kontrolle lag. Innerhalb von nur zwei Jahren hatte es also die ersten beiden Firmenübernahmen in der deutschen Automobilindustrie gegeben, gewissermaßen als Auftakt für eine Vielzahl weiterer Übernahmen und Fusionen während des gesamten 20. Jahrhunderts in einem für die deutsche Wirtschaft so bedeutsamen Industriezweig.

Doch Gottlieb Daimler sollte diese für ihn so unerfreulichen Aktivitäten der Geschäftsführung der DMG gar nicht mehr erleben, denn der große Ingenieur starb bereits am 6. März 1900 im Alter von 66 Jahren. Daimlers Gesundheit hatte in den Jahren zuvor beträcht-

lichen Schaden genommen und nach einem Herzinfarkt während einer Probefahrt mit seinem Phoenixwagen hatte er sich nicht mehr erholt. Seiner Familie hinterließ Daimler ein nicht unbeträchtliches Vermögen, doch der Einfluss auf die Firma war stetig zurückgegangen. Durch verschiedene Kapitalmaßnahmen und Transaktionen war Daimlers Aktienanteil, der auf seine Witwe und vier erbberechtigte Kinder aufgeteilt wurde, auf weniger als 25 Prozent geschmolzen. Nach einer erneuten Kapitalerhöhung 1902 reduzierte sich der Firmenanteil der Familie Daimler weiter, so dass den fünf Erben nur noch kleine Aktienpakete von jeweils rund 4 Prozent des Firmenkapitals blieben und sie damit keinerlei Einfluss auf die Firma ausüben konnten.

Das neue Jahrhundert begann für die DMG vielversprechend. 1900 wurde der erste Vierzylindermotor gebaut, der bis zu 25 PS bei 900/min leistete und mit einer Niederspannungsmagnetzündung der Robert Bosch GmbH versehen wurde. Und im selben Jahr entstand das erste Auto, das einen der heutzutage bekanntesten und zweifellos wertvollsten Markennamen der Welt erhielt: Mercedes!

Der Automobilliebhaber und Geschäftsmann Emil Jellinek war von seinem ersten Daimler-PKW so begeistert, dass er wenig später gleich eine ganze Serie von über 36 Fahrzeugen bestellte, allerdings in einer von Wilhelm Maybach geschaffenen Sonderversion mit stärkeren Motoren und verbessertem Fahrgestell. Diese exklusiven Automobile soll-

Daimler-Lieferwagen 1899 in Norwegen

Daimler 5-Tonner-Militärlastwagen 1901 in St. Petersburg

ten den exklusiven Namen Mercedes tragen, benannt nach der Tochter Jellineks. Die Wagen kamen, trotz ihres enormen Preises, so gut bei der Kundschaft an, dass man bei der DMG beschloss, den Namen Mercedes zu erwerben und als Marke schützen zu lassen. So wurden alle Daimler-PKW ab 1902 Mercedes genannt, bei den LKW stand jedoch weiterhin Daimler auf dem Kühler – jedenfalls vorerst.

Die Geschäfte mit Automobilen belebten sich zu Beginn des 20. Jahrhunderts, und nicht nur bei den Personenwagen. Endlich wurde auch ein gestiegenes Interesse beim Lastwagenabsatz beobachtet. Um die LKW-Produktion zu intensivieren, beschloss man bei der DMG die Trennung von der PKW-Herstellung. Die Geschäftsführung erkannte, dass sich die beiden Produktionszweige unterschiedlich entwickelten. Durch den Erwerb der MMB und ihrer Fabrikanlagen in Berlin-Marienfelde Ende 1902 war die DMG in der Lage, die LKW-Fertigung vollständig nach Berlin zu verlagern und sich in Cannstatt ganz auf die Personenwagen zu konzentrieren.

Ab 1903 wurden sämtliche Daimler-Lastwagen im neuen Werk, das den offiziellen Namen Daimler-Motoren-Gesellschaft, Zweigniederlassung Berlin-Marienfelde trug, zusammengeschraubt. Gleichzeitig wurden die Kapazitäten erhöht, so dass sich Daimler in den folgenden Jahren zu einem der wichtigsten LKW-Hersteller im Deutschen Reich entwickelte. Das Hauptwerk in Cannstatt mit der PKW- und Motorenfertigung war längst an seine Kapazitätsgrenzen gestoßen, deshalb hatte man bereits 1900 von der Gemeinde Untertürkheim ein Gelände für die Errichtung eines neuen Werkes gekauft. Die Bauarbeiten für die

neue Fabrik waren noch in vollem Gang, als am 10. Juni 1903 ein Großbrand die alten Werkshallen und große Teile der Autoproduktion – zirka 100 Mercedes verbrannten – in Cannstatt weit gehend zerstörte. Für eine Übergangzeit von einigen Monaten wurde provisorisch bei der Maschinenfabrik Esslingen weiter produziert, bis Teile des neuen Werkes in Stuttgart-Untertürkheim im Dezember 1903 bezugsfertig waren. Bis Ende 1904 war die gesamte Produktion in der neuen Behausung untergebracht, an jenem Ort, an dem sich noch bis vor wenigen Jahren das Stammwerk und die Firmenzentrale der Daimler-Benz AG befanden.

Zahlreiche Unternehmen hatten um die Jahrhundertwende mit der Konstruktion von Lastkraftwagen begonnen, trotzdem konnte keineswegs von einer Massenproduktion gesprochen werden. Im Gegenteil, der LKW hatte noch längst nicht den Durchbruch geschafft, wie die erste offizielle Statistik von 1901 über die Automobilproduktion im Deutschen Reich belegt. Demnach wurden in jenem Jahr ganze 39 LKW von immerhin 16 Herstellern gebaut. Das bedeutet, dass die meisten Firmen gerade mal an einem Lastwagen gewerkelt haben. Lediglich die Firmen Bergmann, Lamprecht und die DMG dürften damals bereits mehrere Laster pro Jahr gebaut haben.

Die Produktionszahlen stiegen in den folgenden Jahren kontinuierlich; 1903 wurden bereits 140 LKW gebaut, 1906 waren es schon 352 und 1910 konnte mit 1120 Nutzfahrzeugen erstmals die magische Zahl von 1000 übertroffen werden. Auch die Anzahl der Hersteller nahm stetig zu, schwankte aber beträchtlich, da einige Firmen nur sehr kurz existierten beziehungsweise nur sehr kurz oder sehr weni-

ge Lastwagen bauten. Immerhin lassen sich für die Zeit von 1900 bis 1914 rund 60 LKW-Hersteller im Deutschen Reich nachweisen, die mehr als nur einen Prototypen gebaut haben. Eine derartige Fülle und Vielfalt der Marken hat es seit dieser Periode des Aufbruchs nie wieder gegeben. Es muss damals eine wahre „Goldgräberstimmung" in der Automobilindustrie geherrscht haben, jeder wollte am Aufschwung teilhaben. Nicht nur in Deutschland ging es so zu, sondern in zahlreichen Ländern Europas und in den USA.

Brauereien, Kohlenhändler, städtische Betriebe und die Feuerwehren gehörten zu den ersten Kunden der aufstrebenden Lastwagenindustrie zu Beginn des 20. Jahrhunderts. Sie erkannten am ehesten die Vorteile des LKW gegenüber dem Pferdefuhrwerk. Der Kampf der Antriebssysteme um die Vorherrschaft war aber noch nicht entschieden. Zwar war es in Deutschland längst klar, dass der Dampfantrieb keine Zukunft hatte, doch der Sieg des Verbrennungsmotors über den Elektromotor war keineswegs ausgemacht. Auch gab es zeitweilig mehr Hersteller von elektromobilen als von benzingetriebenen Lastwagen.

Einige recht anspruchsvolle und einflussreiche Käufergruppen, wie beispielsweise die Berufsfeuerwehren, verlangten nahezu ausschließlich Elektromobile. Die Skepsis der Feuerwehren, bei denen es natürlich ganz wesentlich auf Schnelligkeit und Zuverlässigkeit ankam, gegenüber den Verbrennungsmotoren war sehr groß und durchaus begründet, denn nicht immer sprang der Benzinmotor an, wenn Eile geboten war.

Die Motorisierung der deutschen Feuerwehren begann 1902 bei der Berufsfeuerwehr

Biertransport anno 1907: DMG-Fünftonner mit 35-PS-Motor

Hannover und setzte sich, nach einer gewissen Erprobungsphase, ab 1906 landesweit fort. Die DMG war von Beginn an einer der Hauptlieferanten von Feuerwehrfahrzeugen, was bereits damals ein überaus lukratives Geschäft war. Denn die Feuerwehren bestellten nicht nur ein oder zwei Fahrzeuge, sondern gleich sechs, zehn oder noch mehr Einheiten für ihre Löschzüge. Aber es waren in den ersten Jahren hauptsächlich Lastwagen mit Elektromotoren oder mit dem sehr beliebten benzin-elektrischen Antrieb, genannt Mixt-Antrieb.

Gottlieb Daimlers Schaffen galt im Wesentlichen dem Benzinmotor und die DMG war Hauptproduzent dieser Fahrzeugantriebe, Elektromotoren hatte man zunächst in Cannstatt nicht im Angebot. Um aber der Kundschaft bei Bedarf auch Fahrzeuge mit Elektroantrieb verkaufen zu können, wurden 1906 die Baulizenzen für Elektromotoren von der österreichischen Firma Jakob Lohner & Co. erworben.

1899 war der junge Ingenieur Ferdinand Porsche bei Lohner in Wien eingestellt worden und wenig später entwarf er den elektrischen Radnabenmotor „System Lohner-Porsche". Im folgenden Jahr schuf Porsche dann den benzin-elektrischen Mixt-Antrieb, der sich für einige Jahre großer Beliebheit erfreute. Beim Radnabenmotor sind kleine batteriegespeiste Elektromotoren direkt in die Radnaben der angetriebenen Räder (Vorder- oder Hinterräder) montiert. Anfangs mit einer Leistung von nur 2,5 PS pro Motor, später erhöht auf sieben oder zehn PS zeichneten sich die Radnabenmotoren durch ruhigen Lauf und hohe Zuverlässigkeit aus, so dass sie gerade im Feuerwehrbereich sehr gefragt waren und bis in die 20er-Jahre Verwendung fanden. Der Mixt-Antrieb bestand aus einem mit einem Dynamo gekoppelten Benzinmotor, der Strom für einen Elektromotor erzeugte, der über Kardanwelle und Differenzial die Hinterachse antrieb, oder direkt Strom an die Radnabenmotoren lieferte. Die DMG übernahm diese Konstruktionen und baute ab 1906 zahlreiche Feuerwehrfahrzeuge mit dem Lohner-Porsche-Antriebssystem.

Umfangreiche Aufträge zur kompletten Motorisierung der Löschzüge mit Spritzenfahrzeugen, Drehleitern und Mannschaftstendern erhielt die DMG von den Berufsfeuerwehren Hamburg (16 Einheiten) und Berlin (rund 30 Einheiten) in den Jahren 1907 bis 1914. Alle diese Fahrzeuge waren batterie-elektrisch angetrieben. Andere Feuerwehren, wie Frankfurt/Main, Görlitz oder Breslau, entschieden sich dagegen gleich für benzingetriebene DMG-Fahrzeuge. Breslau war die erste Feuerwehr im Deutschen Reich, die zwischen 1909 und 1912 gleich alle vier Löschzüge (jeweils vier Fahrzeuge) mit Benzinmotorlastwagen von Daimler ausstattete – eine nicht unwesentliche Investition für das Stadtbudget, wie man sich vorstellen kann.

Daimler 3,5-Tonner mit Magirus-Drehleiter der Feuerwehr Breslau

Der kleinste Berliner Daimler-LKW, der 1,5-Tonner

Aus Untertürkheimer PKW-Produktion: Daimler U 1,5 T als Krankenwagen

Daimlers 4-Tonner als Subventionslastzug

Bei den Feuerwehren kamen in der Regel zwei Fahrgestellvarianten zum Einsatz: der 2- bis 2,5-Tonner als Spritzenfahrzeug und Mannschaftstender sowie der 3,5-Tonner als Drehleiterfahrzeug. Motorisiert wurden die Feuerwehren auch damals schon mit den stärksten Benzinmotoren, die erhältlich waren. Bei der DMG waren dies die Vierzylinderaggregate mit zunächst 28/35 PS Leistung, ab 1912 auch 45 PS, die gewöhnlich nur in die 5-Tonner eingebaut wurden. Diese schweren Fahrzeuge wurden bevorzugt von Brauereien zum Fassbiertransport eingesetzt, darüber hinaus fanden sie Verwendung in der Bauwirtschaft und im Kommunalbereich.

Seit 1905 bot man im Hause DMG auch leichte Laster mit Nutzlasten von 500 kg, 750 kg, 1000 kg und 1500 kg an, so dass über ein komplettes und fast lückenloses Angebot an Nutzfahrzeugen zwischen 500 kg und 5000 kg Nutzlast verfügt wurde. An Benzinmotoren gab es zwei Baureihen: Zweizylinder-Aggregate mit 8 PS, 11 PS, 14 PS und 16 PS für die kleinen und mittleren Fahrzeuge sowie Vierzylindermotoren mit 16 PS, 22 PS, 28 PS und 35 PS für die schweren LKW ab 2 t Nutzlast.

Alle Fahrzeuge mit Benzinmotoren bekamen ein einheitliches Erscheinungsbild mit langer Motorhaube, die an den oberen Kanten abgeschrägt war und senkrechten seitlichen Luftschlitzen. Auf dem senkrecht stehenden breiten Kühler, der zumeist in einem Messingrahmen gefasst war, stand der Markenname Daimler. Bei den elektrisch angetriebenen LKW war die Haube kürzer und verlief schräg nach vorne. Als Antrieb war der Ritzelantrieb Standard, für die schweren Fahrzeuge der Kettenantrieb. Ab 1907 setzte sich allmählich der Kardanantrieb bei den leichten und mittelschweren LKW durch.

Einen Teil der Nutzfahrzeugproduktion verlagerte die DMG ins Werk Untertürkheim zurück. Dort stellte man die kleinen „Lieferungswagen" mit Nutzlasten von 500 kg, 750 kg, 1000 kg und 1500 kg her. Gekennzeichnet wurden diese Fahrzeuge mit dem Typenkürzel U für Untertürkheim. Die weiterhin in Berlin-Marienfelde gebauten mittleren und schweren LKW zwischen 1500 und 5000 kg Nutzlast wurden mit einem DM für Daimler Marienfelde auf dem Typenschild versehen. Hinter dem Buchstabenkürzel folgte eine Ziffer zur Angabe der Nutzlastkapazität, zum Beispiel 2 für 2000 kg oder 4 für 4000 kg. Schließlich wurden bei den mittleren und schweren Fahrzeugen die Buchstaben a,b,c,d angehängt, die der Kennzeichnung der Motortypen dienten.

Das Militär hatte die Bedeutung des Lastwagens für seine Zwecke früh erkannt und der Automobilindustrie im Rahmen der Aufrüstung des Heeres zahlreiche Aufträge erteilt. Aus finanziellen Gründen wurden aber nicht so viele LKW gekauft, wie das Militär gebrauchen konnte. Deshalb wurde das System des „Subventionslastwagens" ersonnen. Firmen oder Fuhrleute, die sich einen oder mehrere LKW zulegten, konnten vom Staat Finanzhilfe erhalten, wenn sie sich verpflichteten, im Kriegsfall die Fahrzeuge dem Heer zur Verfügung zu stellen.

Die Militärführung hatte einen Anforderungskatalog zur Ausstattung und Beschaffenheit der Subventionslaster entworfen, der für die Hersteller bindend war. Subventioniert wurden demzufolge nur Viertonner mit 1700 mm Spurweite, die einen Vierzylinder-Benzinmotor mit der Mindestleistung von 30 PS hatten, die mittels Kette angetrieben wurden, über eine Trommelbremse verfügten und eine

Höchstgeschwindigkeit von 12 km/h bei Eisenbereifung und 16 km/h bei Gummibereifung ermöglichten.

Ein zweiachsiger Anhänger mit zwei Tonnen Nutzlast, Bremse und Bergstütze und mit Vorrichtung für „Zugtier-Betrieb" gehörte in der Regel zu dem LKW dazu. Ein derartiges Gespann wurde vom Staat mit 4.000 Mark bei der Anschaffung subventioniert, außerdem gab es einen jährlichen Betriebskostenzuschuss von 1.000 Mark begrenzt auf fünf Jahre. Durch diese Maßnahme, die nach Verabschiedung eines Gesetzes im Reichstag ab 1908 wirksam wurde, kam die deutsche Nutzfahrzeugindustrie kräftig in Schwung, was sich an den

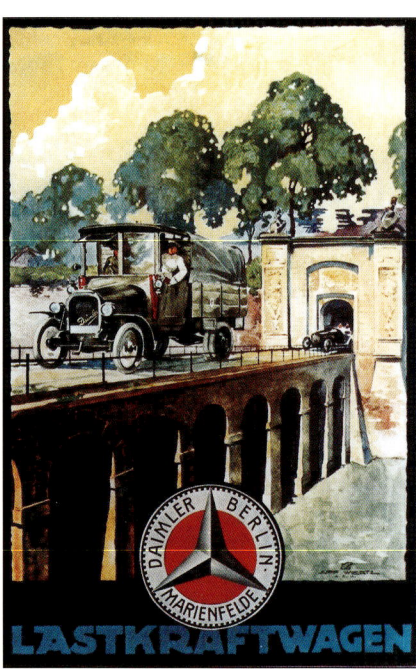

Daimler-Anzeige von 1915

Zulassungszahlen ablesen lässt. Wurden 1908 im Deutschen Reich 1543 LKW zugelassen, so waren es 1914, im ersten Kriegsjahr, bereits 9639 Laster und ein großer Teil davon waren Subventionslastwagen, die zum Militär "eingezogen" wurden. Zahlreiche Lastwagenhersteller profitierten von der steigenden Nachfrage, darunter Büssing, Mulag, Dürkopp, NAG, Stoewer und ganz besonders Daimler. In Berlin-Marienfelde wurden zwischen 1908 und Ende 1911 allein 145 Subventionslaster gebaut, und damit mehr als bei anderen Produzenten.

Zu Beginn des 1.Weltkrieges 1914 brachen die Exporte der deutschen Automobilindustrie komplett ein. Die überaus erfolgreiche Expansion ins europäische und außereuropäische Ausland fand dadurch ein jähes Ende. Die Nutzfahrzeughersteller konzentrierten sich fortan vollkommen auf die Bedürfnisse des deutschen Militärs. Eine Auftragsflut für Militärlaster, später auch Schlepper und gepanzerte Fahrzeuge, brach über die Firmen herein und bescherte für die nächsten Jahre volle Auftragsbücher. Mehr noch, durch den unersättlichen Bedarf des Heeres an Lastwagen wurden einige Unternehmen aus den Bereichen Maschinen- und Motorenbau erst animiert, die LKW-Fertigung zu beginnen, zum Beispiel C.D. Magirus, Vomag, und MAN. Neben den Viertonnern waren es vor allem die Dreitonner und Fünftonner, die ab 1916 in großen Mengen von fast allen Herstellern gebaut wurden. Der gerade forcierte Kardanantrieb bei LKW wurde, auf Wunsch der Heeresleitung, zugunsten des Kettenantriebes wieder zurück gestellt. Während der vier Kriegsjahre baute die deutsche Nutzfahrzeugindustrie, trotz der sich stetig zuspitzenden Rohstoffverknappung, mehr als 40.000 Lastwagen.

Bei Daimler in Berlin gab es weiterhin die fünf LKW-Grundtypen der Nutzlastklassen 1,5 t bis 5 t im Angebot, außerdem erstmals einen 6-Tonner. Zur Auswahl standen Vierzylindermotoren mit 4,9 l, 5,5 l und 7,2 l Hubraum und Leistungen von 22 PS, 30 PS, 35 PS und 45 PS.

Neben den normalen Serienlastwagen wurden bei der DMG auch Sonderkonstruktionen und Spezialfahrzeuge für militärische Zwecke gebaut. Ein besonders dicker Brocken war die Artilleriezugmaschine Typ KD I, eine der frühen Schwerlastzugmaschinen, wenn man so will. Dieses wuchtige Gefährt mit Allradantrieb war ein Gemeinschaftswerk der Friedrich Krupp AG und der DMG, das ab 1917 hergestellt wurde. Das für bis zu 15 t Gesamtgewicht ausgelegte Fahrzeug diente vorrangig dem Geschütztransport in schwerem Gelände, wurde aber auch zu anderen speziellen Transportaufgaben herangezogen. Ein mächtiger 100 PS starker Motor versorgte die Zugmaschine mit der nötigen Leistung. Ab 1919, nach dem Ende des Krieges, bot Daimler diese schweren Zugmaschinen in drei Bauausführungen auch Privatkunden an.

Unter der neuen nichtmilitärischen Bezeichnung DZ (Daimler-Zugwagen) konnten Interessenten zwischen der 70 PS-Variante für 15,5 t Gesamtzuggewicht, der 100 PS-Ausführung für 27 t Zuggewicht und der kraftvollen 170 PS-Maschine für das gewaltige Gesamtzuggewicht von 45 t wählen.

1916, mitten im Krieg, kamen die ersten Kontakte zwischen der DMG und der Firma Benz & Cie. zustande. In Untertürkheim spekulierte man bereits über die Möglichkeiten von Fusionen mit unterschiedlichen Firmen, als der DMG das Angebot über ein großes Aktienpaket der Benz AG unterbreitet wurde. Doch dies führte zunächst weder zu einer Übernahme noch zu einer Fusion. Ein weiterer Vorstoß

Daimler-Artilleriezugmaschine KD I von 1917

wurde 1918 unternommen, als es Planungen gab, die Firmen Adlerwerke, A. Opel AG, Benz & Cie. und DMG zu einem großen Unternehmen zusammenzuführen. Auf Grund beträchtlicher Meinungsverschiedenheiten wurde auch dieses Vorhaben nicht realisiert, ebenso wenig wie eine Zweierfusion der DMG mit Benz. Vor allem der Aufsichtsratsvorsitzende der DMG, Alfred von Kaulla, hatte schwer wiegende Einwände gegen einen Zusammenschluss mit Benz, und so konnte auch die Interessengemeinschaft erst 1924, nach dem Tod von Kaullas, in die Tat umgesetzt werden.

Eine große Investition tätigte die DMG 1917/18 mit der Errichtung eines neuen Werkes. Da die Kapazitäten in Untertürkheim nicht ausreichten wurde in Sindelfingen eine Produktionsstätte errichtet, die den stark gestiegenen Bedarf an Flugzeugmotoren für das Militär decken sollte.

Nach Beendigung des Krieges begann der grosse Katzenjammer in der deutschen Nutzfahrzeugindustrie. Plötzlich standen tausende von Militärlastern herum, da man keine Verwendung mehr für sie hatte. Kaum jemand orderte in dieser Zeit einen fabrikneuen LKW, denn es gab ja genügend gut erhaltene Gebrauchtfahrzeuge. So brachen die Produktionszahlen zwischen 1919 und 1922 massiv ein. Alle Hersteller waren davon betroffen, einige hielten nicht durch und gaben die LKW-Fabrikation ganz auf. Bei Daimler sank die Produktion von 996 Nutzfahrzeugen im Jahre 1918, dem absoluten Höhepunkt, auf nur noch 294 Fahrzeuge 1921 und damit auf eine Zahl, die man bereits zehn Jahre zuvor erreicht hatte.

Mit Ausnahme der speziellen Militärfahrzeuge, deren Herstellung natürlich eingestellt wurde, bot die DMG zunächst unverändert ihre LKW-Typen aus den Kriegsjahren an. Erst ab 1920 gab es Änderungen bei Fahrgestellen und Motoren. Jetzt konnte sich auch endlich der Kardanantrieb durchsetzen, er wurde für alle Modelle, mit Ausnahme des schweren Fünftonners, verwendet. Für Sonderaufbauten wurden nun auch Chassis mit veränderten Radständen angeboten. So gab es spezielle Dreitonner-Kipperfahrgestelle mit kurzem Radstand, kenntlich gemacht durch ein angehängtes K. Feuerwehrfahrzeuge erhielten längere Radstände für Drehleiteraufbauten und wurden mit einem F gekennzeichnet. Als dritte Sondervariante erschien 1924 erstmals ein Niederrahmenfahrgestell mit gekröpften Längsträgern für Kommunalfahrzeuge und Omnibusse, es führte ein N auf dem Typenschild.

2-Tonnen-Chassis mit 40 PS-Motor

Dreiseitenkipper auf 4-Tonnen-Fahrgestell

Die bewährten Vierzylinder-Motoren wurden zu Beginn der 20er-Jahre überarbeitet und in ihrer Leistung optimiert. Kleinster LKW-Motor, der neue Typ La 834, leistete 30 PS, das Modell La 10854 wurde von 35 PS auf 40 PS gesteigert, die Typen La 1154 und La 1264 kamen auf eine Leistung von 45 PS und das Spitzenmodell La 1264 K schaffte 55 PS bei 1200/min. Eine weitere Neuerung jener Jahre war die Einführung der Druckluftbremse, die von der Firma Knorr entwickelt worden war, und auf Wunsch des Kunden bei Daimler eingebaut wurde.

1923/24 waren wichtige Jahre für die technische Entwicklung der deutschen Nutzfahrzeugindustrie. Erstmals wurden praxistaugliche Dieselmotoren für Lastwagen erprobt, und zwar von drei verschiedenen Herstellern nahezu gleichzeitig.

Es war ein langer Weg vom ersten funktionsfähigen stationären Dieselmotor der Welt,

1896/97 von Rudolf Diesel bei der MAN in Augsburg gebaut, bis zu den ersten fahrtüchtigen LKW-Dieselmotoren von 1923. Diesels größter Wunsch und Bestreben war es, mit seinem Motor ein Automobil anzutreiben. Doch war ihm dies nicht vergönnt, denn er starb bereits 1913, ohne dass er auch nur hätte ahnen können, welch einen phänomenalen Siegeszug um die Welt seine Erfindung im Laufe des 20. Jahrhunderts machen würde. Lange hatten die Ingenieure in verschiedenen europäischen Firmen mit schnell laufenden Fahrzeug-Dieselmotoren experimentiert, ohne brauchbare Resultate zu erzielen. Als Stationär- und Bootsmotor hatte sich der Dieselmotor ziemlich schnell durchgesetzt, und er wurde ab 1907, nachdem das Patent frei war, in zahlreichen Fabriken gebaut.

Die drei LKW-Hersteller DMG, Benz & Cie. und MAN hatten jahrelang, nur unterbrochen durch die Kriegszeit, Dieselmotoren entworfen

und getestet. Alle drei Firmen gingen die Konstruktionsprobleme des Fahrzeugdiesels unterschiedlich an, und alle drei hatten im Laufe des Jahres 1923 praxisgerechte Ergebnisse erzielt, so dass sie erstmals Diesel getriebene Lastwagen der Öffentlichkeit vorstellen konnten.

Der erste Fahrzeugdiesel von Benz hatte eine Leistung von 45/50 PS bei 1000/min, er arbeitete nach dem Vorkammerverfahren und wurde in einen schweren Fünftonner eingebaut. Bei Daimlers Dieselmotor wurde der Kraftstoff mittels Lufteinblasung in die Brennkammer gespritzt, dieser Motor hatte eine Leistung von 40 PS und wurde in ein 4-t-Chassis gesetzt. Wieder einen anderen Weg hatte MAN eingeschlagen, indem man die direkte Einspritzung in die Brennkammer wählte. Der erste MAN-Dieselmotor leistete 40 PS bei 900/min und kam ebenfalls in einem Viertonner zum Einbau.

Am 1. Mai 1924 unterschrieben die Vorstände der Firmen Benz & Cie. und DMG einen Vertrag zur Gründung einer Interessengemeinschaft. Dieser Vertrag, der den Weg zur zwei Jahre später vollzogenen Fusion ebnete, wurde sicherlich nicht so ganz freiwillig geschlossen, denn er beschnitt die unternehmerische Freiheit der beiden Firmen. Doch die schwierige wirtschaftliche Situation einerseits sowie der Einfluss der Banken und des ungeliebten Benz-Großaktionärs Jakob Schapiro ließen den Firmenleitungen kaum eine andere Wahl. Für den Bereich Nutzfahrzeuge hatte der Vertrag nachhaltigen Einfluss, sollte doch die LKW-Produktion gewissermaßen zweigeteilt werden. Die leichten und mittleren Fahrzeuge bis 3,5 t Nutzlast sollten nur noch im Benz-Werk in Gaggenau gebaut werden. Für das Daimler-Werk in Berlin blieben die schweren 4- und 5-Tonner, von denen vergleichsweise wenig Exemplare gefertigt wurden.

So bedeutete der Vertrag auch das allmähliche Ende der Fahrzeugproduktion in Berlin, die immer unrentabler wurde. Damit wurde bereits 1924 der erste Schritt zur Stilllegung des Werkes vollzogen. Betrachtet man die LKW-Produktionszahlen der beiden Unternehmen aus dem Jahr 1923 wird klar, warum man den Benz-Fahrzeugen aus Gaggenau den Vorzug gab. Während Daimler in Berlin in jenem Jahr 450 LKW baute, waren es bei Benz in Gaggenau mehr als doppelt so viele, nämlich genau 983 Exemplare. Die Kundschaft favorisierte ganz klar die Benz-LKW, dem konnte sich die Unternehmensleitung natürlich nicht entgegenstellen. So war das Ende der Lastwagenproduktion bei DMG in Berlin-Marienfelde bereits 1924 besiegelt und 1926, nach der vollzogenen Fusion von Benz & Cie. und der Daimler-Motoren-Gesellschaft zur Daimler-Benz AG, wurde es dann auch Realität.

Großer Lieferwagen: Daimler DC 2c

Luftbereifter Daimler DC 3d

Benz-Lieferungswagen
von 1896

Von Mannheim nach Gaggenau:
Die Lastkraftwagen der Firma Benz

Betrachtet man die Biografien von Gottlieb Daimler und Karl Benz und die Entwicklungsgeschichte ihrer Unternehmen, so fallen einem durchaus gewisse Parallelen auf. Beide hatten eine ähnliche Ausbildung, strebten die gleichen Ziele an und arbeiteten fast gleichzeitig an ähnlichen wegweisenden Konstruktionen. Sie hatten auch beide große Schwierigkeiten mit ihren Partnern und Finanziers bei der Durchsetzung ihrer Vorstellungen – sie waren eben mehr Techniker als Geschäftsleute – und beide mussten gezwungenermaßen ihre eigenen Firmen verlassen. Obwohl Benz und Daimler der gleichen Generation entstammten und viele Jahre in dem gleichen Wirkungsbereich tätig waren, hatten sie keinen Kontakt miteinander, es ist auch nicht ganz sicher, ob sie sich überhaupt jemals persönlich begegnet sind.

Karl Benz war der jüngere der beiden Erfinder. Er wurde am 25. November 1844 als Sohn von Johann Georg und Josephine Benz in Karlsruhe geboren. Sein Vater war gelernter Schmied, der der Faszination der Eisenbahn erlegen war und Lokomotivführer wurde. Er starb bereits 1846 an den Folgen einer Lungenentzündung. Karl Benz ging nach dem Gymnasium auf die Technische Hochschule in Karlsruhe und studierte Maschinenbau und Mathematik. Noch während des Studiums machte er ein Praktikum in einem Maschinenbauunternehmen als einfacher Arbeiter und

1866 erhielt er seine erste Anstellung als Ingenieur in einer Waagefabrik in Mannheim. Nach Tätigkeiten in Pforzheim und Wien beschloss der junge Benz, sich selbstständig zu machen.

1871 gründeten Karl Benz und August Ritter gemeinsam die Mechanischen Werkstätten in Mannheim und begannen vornehmlich eiserne Gegenstände für die Bauwirtschaft zu produzieren. Bereits ein Jahr später verließ Ritter die Firma, die von Benz allein weiter geführt wurde. Die Geschäfte liefen mehr schlecht als recht und beinahe wäre Benz 1877 in den Konkurs geschlittert. In jenen Jahren begann er, sich intensiv mit dem Motorenbau zu beschäftigen und 1879 konnte der unermüdliche Tüftler ein wichtiges Etappenziel erreichen: seinen ersten funktionstüchtigen Zweitaktmotor mit einem PS Leistung.

Trotz technischer Verbesserungen gelang es Benz auch in den folgenden Jahren nicht, seine Erfindung Gewinn bringend zu vermarkten. Auf der Suche nach finanzkräftigen Partnern traf er auf Max Rose und Friedrich W. Esslinger, mit denen er 1883 die Benz & Cie. Rheinische Gasmotorenfabrik Mannheim gründete. Jetzt erst begann die Motorenproduktion in größerem Umfang. Sechs Motorvarianten, von einem PS bis zwölf PS, standen der Kundschaft zur Verfügung. Langsam stellten sich Erfolge ein und 1884 erhielt Karl Benz die ersten Patente in Frankreich und in den USA. Der Erfinder war aber schon viel weiter in sei-

nem Streben, er wollte ein Automobil mit seinem Motor antreiben.

1885 konnte Benz den ersten "Patent-Motorwagen" fertigstellen, ein dreirädriges Gefährt mit zwei großen Speichenrädern hinten und einem kleinen lenkbaren Rad vorn. In der Fahrzeugmitte, halb unter der Sitzbank, befand sich ein 0,75/0,88 PS starker Viertaktmotor, der das Vehikel zu der rasanten Höchstgeschwindigkeit von 16 km/h jagte. Mit diesem allerersten Benz-Automobil, das ab 1886 der Kundschaft empfohlen wurde, war kein großes Geschäft zu machen. Nur 25 Exemplare wurden in den folgenden Jahren gebaut und verkauft. Erst die zweite Automobilkonstruktion, der vierrädrige Victoriawagen von 1893, fand genügend Interessenten. Mehr noch der Kleinwagen Velo von 1894, von dem bis 1902 immerhin 1200 Stück gebaut wurden, und der damit das erste Serienauto der Welt war.

Benz-Automobile erlangten schnell einen guten Ruf, besonders in Frankreich, dem damals wichtigsten und größten Absatzmarkt für Autos in Europa, wohin Benz mehr als ein Drittel seiner PKW verkaufte. Auch in England liefen die Geschäfte allmählich besser, so dass bereits 1896 die ersten Baulizenzen für Benz-Wagen an die britische Firma Hewetson Ltd. verkauft werden konnten. Ab 1897 brach auch im Deutschen Reich der Autoboom endgültig aus und Benz verkaufte innerhalb von drei Jahren mehr als 1000 Personenwagen.

In der Zwischenzeit war es bei Benz & Cie. zu Veränderungen in der Firmenleitung gekommen. Die Herren Rose und Esslinger hatten 1890 die Firma verlassen und ihr Kapital herausgezogen, da sie nicht von den Zukunftschancen des Automobilbaus zu überzeugen waren. Stattdessen traten nun Julius Ganß und Friedrich von Fischer in die Unternehmensführung ein. Wenig später zog die Firma in ein neues Fabrikgelände an der Waldhofstraße in Mannheim, weil es in den alten Fabrikhallen zu eng geworden war. Innerhalb weniger Monate verdoppelte sich die Zahl der Mitarbeiter, und die Produktion von Motoren und Automobilen nahm beträchtlich zu.

Die Geschichte der Nutzfahrzeuge aus dem Hause Benz begann 1895 mit einem Omnibus. Es waren ausgerechnet die Stadtväter der kleinen Provinzstädtchen Netphen und Siegen, die das Zeitalter des motorisierten Omnibusverkehrs in Gang gesetzt haben. Sie beabsichtigten, ihre beiden Städte mit einer regelmäßig verkehrenden Buslinie zu verbinden und beauftragten die Firma Benz, zwei automobile Omnibusse zu bauen. Karl Benz entwarf einen kutschenartigen Wagen mit offener Fahrerbank und einem geschlossenen Fahrgastraum mit sechs Plätzen. Im Fahrzeugheck befand sich der fünf PS starke Antriebsmotor, der die Hinterräder über Ketten antrieb.

Wenig später beschäftigte sich Benz mit der Konstruktion von kleinen Nutzfahrzeugen, anfangs „Combinations-Lieferungswagen" genannt. Leichte Kastenwagen für zunächst 300 kg, ab 1898 auch für 400 und 600 kg Nutzlast, entstanden auf der Basis des Benz Velo. Das Motorenangebot reichte von 2,75 PS bis 6 PS. Das Modell mit der 6-PS-Maschine und 400 kg Nutzlast konnte seinerzeit beispielsweise für stolze 4.500 Mark erworben werden.

Karl Benz (1844-1929)

Benz-Lastwagen der ersten Generation mit 10 PS-Motor

Insbesondere Warenhäuser und Bekleidungsgeschäfte, aber auch Wäschereien, Bäckereien und Milchlieferanten nutzten diese praktischen Transportvehikel für ihre Zwecke. Der Bedarf an kleinen Nutzfahrzeugen war damals ungleich höher als die Nachfrage nach schweren Lastern. So wurde diese erste Benz-Lieferwagenbaureihe sehr erfolgreich bis 1902 in Mannheim gebaut. Etliche dieser Fahrzeuge wurden exportiert, bevorzugt nach Frankreich und England. Die Benz-Werke erhielten beispielsweise 1901 einen Großauftrag aus England über mehr als 100 Lieferwagen mit 7-PS-Motoren, von denen zahlreiche Fahrzeuge für das Warenhaus Whiteley bestimmt waren.

Der Beginn der Herstellung richtiger Lastkraftwagen für höhere Nutzlasten der Marke Benz fällt in das Jahr 1900. Drei Modelle umfasste das erste Angebot an Mannheimer LKW: einen $1^{1/4}$-Tonner mit sechs PS Leistung, einen 2,5-Tonner mit 10-PS-Motor und einen schweren 5-Tonner mit einem 14-PS-Antriebsaggregat. Bei den allerersten Lastwagen lagen die Zweizylinder-Viertaktmotoren des Typs Contra noch unter dem offenen Fahrerbock, wenig später wurden sie vor die Vorderachse verlegt und mit einer Kühlerhaube verkleidet. Die Laster liefen auf Eisen- oder Vollgummireifen und verfügten über Kettenantrieb. Lieferbar waren diese frühen Benz-LKW mit Pritschen- und Kastenaufbauten, auf besonderen Wunsch auch mit Spezialaufbauten, beispielsweise in der Ausführung als Möbelwagen oder Sprengwagen. Die Produktion der großen Lastwagen verlief anfangs nur schleppend und war nicht sonderlich einträglich, ganz im Gegensatz zu den leichten Lieferwagen.

1899 wurde die Firma Benz & Cie. auf Betreiben der Hausbanken in eine Aktiengesellschaft umgewandelt. Das Grundkapital belief sich auf drei Millionen Mark, eingeteilt in 3.000 Aktien zu jeweils 1.000 Mark.

Anteilseigner der Benz & Cie. Rheinische Gasmotoren-Fabrik AG waren neben Karl Benz und Julius Ganß, die den Vorstand bildeten, die Herren Friedrich von Fischer, Max Rose und Jean Ganß. Zu dieser Zeit begannen bereits die Spannungen innerhalb der Geschäftsführung zwischen Karl Benz und Julius Ganß. Ähnlich wie im Falle Gottlieb Daimlers ging es auch im Hause Benz um die Zukunft der Firma, und damit um die Fragen nach einer Ausweitung der Automobilproduktion und des Motorenbaus, aber auch um konzeptionelle und technische Aspekte der Fahrzeuge und natürlich ums Geld.

Benz und Ganß beurteilten diese Fragen sehr unterschiedlich und zerstritten sich immer häufiger. Die Spannungen erreichten im Herbst 1902 ihren Höhepunkt, nachdem Ganß, gegen Benz` Willen, ein neues Konstruktionsbüro etabliert und einen neuen Chefkonstrukteur eingestellt hatte. Karl Benz und sein Sohn Eugen, seit 1895 als Konstrukteur im Motorenbau tätig, empfanden dies als einen unerhörten persönlichen Affront und zogen grollend die Konsequenzen: Im Januar 1903 schieden beide aus der Firma aus. Benz` Name wurde im April als Vorstandsmitglied aus dem Handelsregister gelöscht und Julius Ganß blieb alleiniger Vorstand. Für Karl Benz gab es von da an nur noch einen Aufsichtsratsposten in seinem eigenen Unternehmen.

Doch Karl Benz war nicht der Mann, der aufgab. Er hatte noch viele Pläne und Ideen und die wollte er in einer neuen Firma namens C. Benz & Söhne realisieren, die er im Juni 1906, gemeinsam mit seinem Sohn Eugen, in Ladenburg, unweit von Mannheim, gründete. Eine nagelneue Fabrik war in zweijähriger Bauzeit errichtet worden und dort begannen nun Karl und Eugen Benz mit dem Motoren- und Automobilbau. 1908 trat auch Karl Benz` Sohn Richard in die neue Firma in Ladenburg

Bergmann und SAF

Die Lastwagenproduktion im badischen Gaggenau begann lange bevor die ersten LKW mit dem Signet der Firma Benz & Cie. die dortigen Werkstore verliessen. Theodor Bergmann war Direktor der Eisenwerke Gaggenau bevor er Anfang 1894 beschloss, sein eigenes Unternehmen zu gründen: Bergmanns Industriewerke, nicht zu verwechseln mit dem Berliner Elektromobilhersteller Bergmann. Bergmanns Produkte umfassten ein breit gestreutes Sammelsurium, von Gewehren über Öfen und Metallwaren bis hin zu Fahrrädern.

Bergmanns Interesse galt schon früh dem Automobil, deshalb hatte er einen talentierten jungen Ingenieur eingestellt, den später berühmt gewordenen Joseph Vollmer, der bereits 1895 das erste Bergmann-Auto unter dem Namen Orient-Express entwarf. Dieses kutschenartige Gefährt mit 6-PS-Motor wurde in rund 350 Exemplaren gebaut und in größeren Stückzahlen nach England verkauft. Nur zwei Jahre später, 1897, wechselte Vollmer bereits als Chefkonstrukteur zur Firma Kühlstein Wagenbau nach Berlin.

Orient-Express B X

Im darauf folgenden Jahr entstanden die ersten Bergmann-Nutzfahrzeuge in Gaggenau. Wiederum unter dem Markennamen Orient-Express erschienen die Modelle B X (Lastwagen) und D II (Lieferwagen). Das Programm wurde konsequent erweitert und umfasste zur Jahrhundertwende schließlich vier Grundtypen mit Nutzlasten von 1500 bis 4000 kg sowie einige kleine Lieferwagenmodelle auf PKW-Basis. 1904 wurde erstmals ein Straßenschlepper gebaut, dem aber offenbar kein Erfolg beschieden war.

1905 machte sich Bergmanns Teilhaber Georg Wiss mit der Automobilsparte der Bergmannschen Fabrik, unter dem neuen Firmennamen Süddeutsche Automobil-Fabrik Gaggenau (Markenkürzel: SAF und SAG), selbstständig. Der Bau von PKW wurde auf Grund der starken Konkurrenz eingestellt. Wiss konzentrierte sich auf die Fertigung von Lastwagen und Omnibussen und war damit erfolgreich.

Ein ganz besonderer Lastkraftwagen entstand 1906 bei der SAF: Das erste mit Benzinmotor betriebene Feuerwehrfahrzeug im Deutschen Reich. Keine große Berufsfeuerwehr, sondern die Freiwillige Feu-

erwehr Grunewald, vor den Toren Berlins, erwarb dieses Automobil. Der Gaggenauer 3-Tonner mit Kettenantrieb und 32/35-PS-Motor wurde nach den Vorstellungen von Feuerwehrkommandant Ratig in Grunewald mit einem Löschaufbau versehen und am 1. Dezember 1906 in Dienst gestellt.

Die Geschäftsleitung von Benz & Cie. hatte die Entwicklung der Süddeutschen Automobil-Fabrik mit Interesse und wohl auch ein wenig Sorge verfolgt. Damit der Konkurrent nicht zu erfolgreich werden sollte, entschlossen sich die Mannheimer, bei der Gaggenauer Firma die unternehmerische Führung zu übernehmen. 1907 stiegen sie als Mehrheitsgesellschafter bei der SAF ein. Zunächst lief die LKW-Produktion in gewohnter Weise weiter. Das Angebot an Lastwagen umfasste zu dieser Zeit fünf Grundmodelle der Nutzlastklassen 1500 kg bis 6000 kg sowie drei Vierzylindermotoren mit Leistungen von 18/22 PS und 36/45 PS. Benz verlagerte nach und nach die eigene Lastwagenherstellung nach Gaggenau, so dass es nach 1908 keine Benz-LKW mehr aus dem Mannheimer Stammwerk gab. Bis Ende 1910 wur-

SAF-Lieferwagen um 1905

den alle in Gaggenau hergestellten Benz-Lastwagen noch mit dem Namenszug Gaggenau versehen. Erst nach dem 1. Januar 1911 wurden die Markennamen SAF, SAG und Gaggenau gegen den Schriftzug Benz auf der Kühlermaske ausgewechselt. Die Fabrik erhielt den offiziellen Namen Benz-Werke Gaggenau.

ein, nachdem er als letzter der Familie Benz das Benz-Werk in Mannheim verlassen hatte. Im selben Jahr entstand das erste Automobil der Marke C. Benz Söhne. In Ladenburg wurden in den folgenden Jahren hauptsächlich Personenwagen gebaut, doch es entstanden auch einige Lieferwagen und Kleinlaster auf PKW-Basis, beispielsweise das Modell 8/25 mit Pritschen- und Kofferaufbau. Karl Benz zog sich bereits 1912 aus der Unternehmensführung zurück und überließ seinen Söhnen die Verantwortung. Dennoch nahm Karl Benz lebhaften Anteil am Schicksal der Firma und stand seinen Söhnen bis zu seinem Tod am 4. April 1929 mit Rat und Tat zur Seite. Während des Ersten Weltkriegs wurde die Autoproduktion zugunsten der Rüstung (zum Beispiel Flugzeugmotoren) zurückgefahren. In den frühen 20er-Jahren konnte die PKW-Fertigung nicht mehr rentabel arbeiten und musste eingestellt werden. Das letzte Auto der Firma C. Benz Söhne entstand 1923, danach wurde der Betrieb als reiner Zulieferer für Automobilunternehmen weiter geführt.

Im Benz-Werk in Mannheim blickte man wohl schon einige Jahre mit einem Anflug von Neid auf die Erfolge eines Gaggenauer Nutzfahrzeugherstellers, der Firma Süddeutsche Automobilfabrik Gaggenau GmbH (SAF), die erst 1905 aus den Bergmanns Industriewerken entstanden war. Der Absatz der Mannheimer LKW ließ dagegen sehr zu wünschen übrig und so erwog die Firmenleitung der Rheinischen Gasmotorenfabrik im Jahre 1906, mit dem Gaggenauer Unternehmen Kontakt aufzunehmen und über eine weit reichende Zusammenarbeit zu sprechen. Die Gespräche müssen wohl sehr fruchtbar und zufriedenstellend für beide Seiten verlaufen sein, denn im Ergebnis kam nicht nur eine Zusammenarbeit heraus, sondern die vollständige Übernahme der Süddeutschen Automobilfabrik durch Benz & Cie. Im Jahre 1907 wurde diese Übernahme durch ein Tauschgeschäft vollzogen: Aktien gegen Mehrheitsbeteiligung. Fortan übte Benz & Cie. die wirtschaftliche und unternehmerische Führung in Gaggenau aus.

Für die Mannheimer war von Anfang an klar, dass eine jeweilige zweigleisige Produktion in den Werken in Gaggenau und Mannheim ökonomisch und organisatorisch keinen Sinn machen würde. Folglich wurde eine Firmenstrategie erarbeitet, die zu einer räumlichen Trennung von PKW- und LKW-Produktion an jeweils einem Standort führte. Dabei richtete man sich weit gehend nach den bisherigen Schwerpunkten der beiden Werke. Die Fabrik in Mannheim war und blieb vorrangig für die Herstellung der Personenwagen zuständig, den LKW-Spezialisten bei SAF in Gaggenau wollte man die alleinige Herstellung von Nutzfahrzeugen überlassen. Im Laufe des Jahres 1908 wurden diese Pläne in die Tat umgesetzt, so

SAF 5-Tonner in „Frontlenkerausführung" von 1908

Gaggenauer 5/6-Tonner von 1909: Einer der ersten LKW mit Ladekran

dass es danach keine Lastwagen mehr aus Mannheim gab.

Obwohl die Süddeutsche Automobilfabrik defacto eine Tochtergesellschaft der Benz-Werke war, blieb deren Name zunächst unverändert und die dort ab 1908 gebauten Laster wurden auch weiterhin mit den eingeführten Markenkürzeln SAF und SAG beziehungsweise immer häufiger mit dem Schriftzug Gaggenau versehen. Das bedeutet, dass es für einen Zeitraum von etwa zweieinhalb Jahren keine Lastwagen mit dem Markennamen Benz gegeben hat. Erst zum 1. Januar 1911 erfolgte die offizielle Namensumstellung des Gaggenauer Tochterunternehmens SAF in Benz-Werke Gaggenau und die Umbenennung der LKW-Mo-

delle, denen nun der Schriftzug Benz angeheftet wurde. In jenem Jahr erhielt auch der Mutterkonzern einen neuen, leicht veränderten Firmennamen: Benz & Cie. Rheinische Automobil- und Motoren-Fabrik AG.

Das erste Programm der Gaggenauer Lastwagen unter der Benz-Ägide aus dem Jahre 1908 enthielt vier LKW-Modelle mit je zwei Motorvarianten, die weit gehend den bisherigen SAF-Typen entsprachen. Es gab einen 2-Tonner, einen 3-Tonner, einen 4- bis 5-Tonner und als Spitzenmodell einen 5- bis 6-Tonner. Erstaunlich ist, dass alle vier LKW mit den gleichen beiden Motortypen lieferbar waren. Es wurde nicht der damals übliche Unterschied zwischen schweren und leichten Lastern

Subventionslastwagen Benz-Gaggenau 4 K

Benz Armeelastwagen von 1914 mit 44/50 PS

es 1911 bereits 441 und 1914 schon 1217 Exemplare. Den Höhepunkt erreichte die LKW-Fertigung mitten im Krieg, im Jahre 1917, mit 1354 gebauten Einheiten. Vergleicht man diese Produktionszahlen mit jenen der Daimler-Motoren-Gesellschaft, so wird die Dominanz der Gaggenauer ziemlich deutlich (DMG-Produktion: 1908 = 122; 1911 = 291; 1914 = 568 ; 1917 = 792).

Der Krieg und die Aufrüstung des Heeres hatte für die Gaggenauer Lastwagenbauer die gleichen Auswirkungen wie für die übrigen deutschen LKW-Hersteller. Der Export brach 1914 zusammen und der Verkauf an Privatkunden reduzierte sich beträchtlich, so dass ab 1916 praktisch nur noch für das Militär gebaut wurde. Begonnen hatte diese Entwicklung in Gaggenau schon um 1907, als erste Militärlaster in Auftrag gegeben wurden, und im darauf folgenden Jahr startete man mit dem Bau der Subventionslastwagen. Auch wenn sich das Benz-Werk in Gaggenau in den Jahren bis zum 1.Weltkrieg zum größten und bedeutendsten deutschen LKW-Hersteller entwickelt hatte, so befand man sich bei der Anzahl der subventionierten 4-Tonner eigenartigerweise nur auf dem vierten Platz, hinter den Wettbewerbern DMG, Büssing und NAG. Allein die DMG baute in den Jahren 1908 bis 1912 in Berlin-Marienfelde etwa doppelt so viele Subventionslaster wie Benz – in der Gesamtbilanz der LKW-Produktion sah das Bild genau anders herum aus. Die Mannheimer Benz-Fabrik stellte sich auf die Rüstungsproduktion ein, allerdings weniger bei der PKW-Herstellung, als vielmehr in der Abteilung Motorenbau. Dort fertigte man in großen Mengen Motoren für Luftschiffe und Flugzeuge.

gemacht. Zur Verfügung standen Vierzylinderaggregate mit 28/36 PS und 36/45 PS.

Die in alten Unterlagen, in Verkaufsprospekten und in der einschlägigen Literatur zu findende Angabe von zwei PS-Kennzahlen für Automotoren, war seit dem Jahr 1906 zur Berechnung der Steuerklassen im Deutschen Reich eingeführt geworden. Der erste Wert betraf die Angabe der „Steuer-PS", nach der die Kraftfahrzeugsteuer zu entrichten war, die zweite Ziffer beschrieb die tatsächliche PS-Leistung des Motors.

Alle SAF-Lastwagenmodelle wurden mittels Kette angetrieben, der moderne Kardanantrieb war nur bei Lieferwagen erhältlich. Der Kettenantrieb wurde mit einem C in der Typenbezeichnung gekennzeichnet, was insofern unüblich und verwirrend ist, da das C gewöhnlich zur Kennzeichnung des C (K)ardanantriebes verwendet wurde. Über die Anschaf-

fungskosten gibt der Verkaufsprospekt von 1908 Auskunft: Für den kleinsten LKW, den 2-Tonner mit 28/36 PS, galt es einen Preis von 13.000 Mark für das nackte Chassis und 13.500 Mark für die Version mit Pritsche zu bezahlen. Um den schweren 5- bis 6-Tonner mit 36/45 PS-Motor zu erwerben, musste der Kunde 17.000 beziehungsweise 17.500 Mark auf den Tisch legen. Ein Verdeck und eine Frontscheibe für den Fahrer galten als Extraausstattungen und schlugen noch einmal mit 250 und 175 Mark zu Buche.

Die Gaggenauer Lastwagenproduktion entwickelte sich für Benz & Cie. überaus erfreulich. Das Konzept der Spezialisierung und Trennung von PKW- und LKW-Herstellung schien aufzugehen. Ab 1908 liegen präzise Produktionszahlen vor, die die Erfolge der Benz-Laster unterstreichen. Belief sich die Gaggenauer Produktion 1908 auf nur 298 Lastwagen, so waren

Benz-Anzeige von 1918

Nach Ausbruch des Krieges wurden in Gaggenau vorrangig zwei Lastwagentypen für das Heer gebaut, der 3-Tonner und der 4- bis 5-Tonner, ausgerüstet mit Kettenantrieb und Vierzylindermotoren (45/50 PS). Mangels Rohstofflieferungen für Gummireifen wurden fast nur noch Eisenreifen an die Fahrzeuge montiert. Vor allem der Dreitonner wurde in großen Stückzahlen gefertigt, da er sich im Gelände besser bewährte, als der subventionierte Viertonner. Er wurde sowohl zum Mannschaftstransport, als auch für den Nachschub verwendet, darüber hinaus gab es diese Fahrzeuge mit zahlreichen Spezialaufbauten, zum Beispiel als Küchenwagen, Beobachtungswagen, Tankwagen und Pferdetransporter. Neben den Standardlastwagen wurden bei Benz in den Kriegsjahren auch Sonderfahrzeuge konstruiert und gebaut. 1917 und 1918 wurden insgesamt 105 schwere Artillerie-Schlepper mit 85-PS-Motoren ans Militär geliefert, die nach Kriegsende in Zivilversion für Einsätze in Industrie und Landwirtschaft angeboten wurden.

Um die Geländetauglichkeit der Armeelastwagen zu erhöhen, entwarfen die Gaggenauer 1917 zurüstbare Gleiskettensätze für die Antriebsachsen, bekannt geworden und patentiert als „Benz-Bräuer-Kette". Die an der angetriebenen Hinterachse montierten zusätzlichen Laufräder und Ketten machten aus gewöhnlichen LKW gewissermaßen Halbkettenfahrzeuge mit nahezu unbegrenzten Einsatzmöglichkeiten in schwerem Gelände. Auch Kraftprotzen wurden mit diesem Kettensatz ausgerüstet. Da die Erprobungsphase dieser Konstruktion aber erst zum Ende des Jahres 1917 abgeschlossen war, kamen 1918 nur noch wenige dieser Fahrzeuge beim Heer zum Kriegseinsatz.

Ratlosigkeit, Zukunftsängste und Sorgen machten sich nach dem plötzlichen Kriegsende auch in den Benz-Fabriken in Mannheim und Gaggenau breit. 1919 brach die Produktion im LKW-Bereich massiv ein, während die PKW-Herstellung deutlich zulegen konnte. Inflation, Massenentlassungen und soziale Spannungen in der Arbeiterschaft führten in den Jahren 1920/21 zu zahlreichen Streiks in der Automobilindustrie, die die Produktion lähmten und die unsicheren Geschäftsaussichten zusätzlich beeinträchtigten.

Nachdem zunächst die Kriegstypen, die ja genau genommen Vorkriegstypen aus den Jahren 1908 bis 1910 waren, in Gaggenau weiter gebaut worden waren, gab es 1920 ein modernisiertes LKW-Programm, bestehend aus vier Grundmodellen. Wichtigste Neuerungen waren bei alle Lastwagen, mit Ausnahme des schweren 5-Tonners, der Kardanantrieb und, neben der Vollgummibereifung, eine werkseitig gegen Aufpreis angebotene Luftbereifung. Die allgemein üblichen Bezeichnungen C (Kardan-

antrieb) und K (Kettenantrieb) hatten sich letztendlich auch bei Benz durchgesetzt, folglich lauteten die Typenbezeichnungen der Lastwagen 1C (1- bis 1,5-Tonner), 2C (2- bis 2,5-Tonner) und 3C (3- bis 3,5-Tonner). Der schwere 5-Tonner mit Kettenantrieb wurde als 5K vorgestellt.

Für diese vier Grundmodelle standen drei Vierzylindermotoren zur Verfügung, die auf älteren Konstruktionen basierten, aber in ihren Leistungen gesteigert worden waren. In einem zeitgenössischen Prospekt wurden sie folgendermaßen beschrieben: "Die Antriebsmaschinen sind überaus kräftig gehalten, sparsam im Verbrauch, von überlegener Zuverlässigkeit und fast geräuschlos laufend; auf Wunsch werden sie mit elektrischem Anlasser und Dynamobeleuchtung ausgestattet. Die Schmierung der reibenden Motorteile ebenso wie die Regelung der Vergasung, die Zufuhr des Kühlwassers usw. erfolgen selbsttätig, so dass bei geringer Aufmerksamkeit und wenig Wartung ein dauernd gutes Arbeiten des Motors gewährleistet ist." Man sieht, schon 1921 verlangte man von Motoren die gleichen Qualitäten wie heute: Sparsamkeit, Zuverlässigkeit und Laufruhe.

Das kleinste Aggregat, bestimmt für den Lastwagentyp 1C, hatte eine Leistung von 30/35 PS. Die mittelgroße Motorvariante für die Typen 2C und 3C leistete 40/45 PS, während für den 5K der größte Motor mit 50/55 PS vorbehalten blieb. Etwas anders gestaltete sich das Motorenangebot für Feuerwehrfahrzeuge, denn hier war der stärkste Motor (50/55 PS) auch für die Typen 2C und 3C erhältlich.

Die frühen 20er-Jahre brachten auch einen vollkommen neuen Motortyp hervor, der sich in den folgenden Jahrzehnten weltweit etablieren sollte: den Diesel-Motor. Einen ganz wesentlichen Anteil an der Entwicklung und Durchset-

zung eines praxistauglichen, schnell laufenden Fahrzeugdiesels hatte die Firma Benz. Leiter der Mannheimer Motorenkonstruktion war Prosper L`Orange, der sich schon seit 1907 mit dem Dieselmotor beschäftigte. Damals war er noch Ingenieur in der Gasmotorenfabrik Deutz AG, der alten Wirkungsstätte Gottlieb Daimlers.

Im Oktober 1908 wechselte L`Orange zu Benz & Cie. nach Mannheim und begann sogleich, mit neuen Lösungsmöglichkeiten für einen kompakten Fahrzeugdiesel zu experimentieren. Er versuchte, den Dieselmotor von dem umständlichen bisherigen Verfahren des Ein-blaskompressors zu befreien und den Kraftstoff per Einspritzpumpe zuzuführen. Alle bisherigen Versuchsmotoren waren lediglich stationär einsetzbar, für einen Fahrzeugmotor waren sie zu groß, zu schwer und zu unzuverlässig. Einen großen Schritt vorwärts kam L`Orange mit seinem Vorkammer-Verfahren, das einen Kompressor überflüssig machen sollte und für das er 1909 ein Patent anmeldete.

Die weitere Entwicklung des Fahrzeugdiesels geriet, ähnlich wie bei der Firma DMG, durch die Kriegsereignisse und die in den Vordergrund gerückten Rüstungsprogramme ins Stocken, so dass erst 1919 an eine Wiederaufnahme der Versuchsreihen zu denken war. Die Dieselmotorentechnologie wurde in den Jahren 1914 bis 1918, auf Geheiss der Marine, ganz auf den Bereich Schiffsdiesel fokussiert, unter anderem auf die Herstellung von U-Boot-Motoren.

1922 hatte L`Orange endlich sein Ziel erreicht und die Probleme der Kraftstoffzufuhr soweit gelöst, dass eine erste Baureihe leichter und kleiner Fahrzeugdiesel bei Benz entstehen konnte.

Nach ausgiebigen Probeläufen wurden drei Dieselmotoren im Oktober 1922 in Benz-

3-Tonner-Fahrgestell Benz 3C

Benz 2CN für England

Weygandt & Klein Sprengwagen auf Benz 5K

Fünftonner des Typs 5K 3 eingebaut und in den folgenden Wochen im Straßeneinsatz erprobt. Diese ersten Benz-Dieselmotoren, die die Typenbezeichnung OB 2 erhielten, waren nur 520 kg schwer, hatten 8,8 l Hubraum, verfügten über vier Zylinder mit hängenden Auslass- und Einlass-Ventilen und entfalteten ihre Leistung von 45/50 PS bei 1000/min. Zum Anlassen wurden Glühkerzen in die Vorkammer eingebaut, die die Firma Robert Bosch entwickelt hatte.

Nur wenige Wochen nach den ersten Benz-Diesellastwagen rollte auch der erste Daimler-Diesellastwagen probeweise über die Straßen. Sein Vierzylinder-Dieselmotor funktionierte nach dem Druckluft-Einblasverfahren und seine Leistung betrug 40 PS. Auf der Automobilausstellung im Herbst 1923 in Berlin wurden die ersten Diesellastwagen der Öffentlichkeit präsentiert. Schon im Frühjahr 1924 begann die Fertigung der Benz-Dieselmotoren OB 2. Erster Kunde eines Benz-5-Tonners mit Dieselmotor

war die Firma Robert Bosch, die das Fahrzeug im Werkverkehr und zu Versuchszwecken einsetzte. Obwohl 1924 bei Benz 52 Dieselmotoren gebaut wurden, waren nur drei davon für den Einbau in LKW bestimmt, die übrigen wurden für Motorpflüge und Traktoren verwendet. Nicht viel anders sah es 1925 und 1926 aus, als sich die Produktion des OB 2 auf 96 und 74 Exemplare belief, von denen gleichfalls nur sechs beziehungsweise zwei Motoren in Benz-Laster eingebaut wurden. Ab Mitte 1926 wurde der erste Benz-Dieselmotor gar nicht mehr für LKW angeboten, dennoch lief die Produktion bis 1928 weiter.

Noch bevor die ersten Diesellaster ihre Praxistauglichkeit unter Beweis stellen mussten, wurde im Rahmen einer Umorganisation im Hause Benz 1922 der Motorenbau ausgegliedert. Die Motorenfabrik in der Waldhofstraße in Mannheim arbeitete seit Einstellung der Flugmotorenproduktion 1919 und dem deut-

lichen Rückgang der Schiffsmotorenproduktion kaum noch rentabel. Nur durch den steigenden Bedarf nach PKW-Motoren konnte die Fertigung halbwegs ausgelastet werden. Dennoch entschied sich die Firmenleitung von Benz & Cie. zu einem harten Schnitt und trennte sich von der Motorensparte.

Die Fabrikationshallen und Maschinen wurden von einer neu gegründeten Firma, der Motoren-Werke Mannheim (MWM), übernommen. Technischer Leiter bei MWM wurde Prosper L`Orange, der zwar weiterhin im gleichen Hause tätig sein konnte, nun aber nicht mehr Benz & Cie. diente. In dem Vertrag zwischen MWM und Benz & Cie. wurde festgelegt, dass MWM keine Dieselmotoren nach dem Vorkammerprinzip bauen durfte, sondern nur große stationäre Diesel und Schiffsdiesel. Auf diese Weise hielt sich Benz alle Möglichkeiten offen, seine LKW mit Vorkammerdieselmotoren zu bestücken und die Entwicklungen in diese Richtung weiter zu beschreiten.

1923 erschienen die Konstrukteure des Gaggenauer Benz-Werkes mit einem vollkommen neuen Lastwagen, dem „Niederwagen" oder „Niederrahmenwagen". Ursprünglich war dieser LKW des Typs MS als Müllfahrzeug konzipiert worden, er kam aber auch als Pritschenwagen und mit anderen Aufbauten auf den Markt. Die Idee war, ein sehr niedrig gebautes Chassis zu haben, auf das ein kippbarer Müllaufbau mit möglichst tief liegenden Einfüllöffnungen gesetzt werden konnte. Dadurch sollte den Müllmännern das mühevolle Hochwuchten der schweren Mülltonnen erleichtert werden. Der Benz MS war für 3 t Nutzlast vorgesehen und mit dem 30/35-PS-Motor ausgestattet. Fahrer und Beifahrer saßen tief vor der Vorderachse und hatten den Motor zwischen sich.

Bei der Pritschenausführung des MS verzichtete man sogar auf ein bedachtes Führerhaus mit Scheiben, es gab nur ein klappbares Verdeck. Auf diese Weise konnte die Gesamthöhe des Fahrzeugs auf 2100 mm reduziert werden, denn das dachlose Fahrerhaus überragte die Bordwände der Ladepritsche kaum. Benz konnte sich anfangs mit diesem wegweisenden und sehr fortschrittlichen Konzept nicht behaupten, es wurden nur wenige MS-Laster gebaut und verkauft. Auch die Omnibusausführung fand keinen rechten Anklang, es war wohl noch etwas zu früh für derartige Fahrzeuge. Erst in den 30er-Jahren konnten sich Niederrahmenfahrgestelle bei Lastwagen und Bussen allgemein durchsetzen. Nicht besser erging es den Konkurrenten im Daimler-Werk in Berlin-Marienfelde, die 1924 ebenfalls mit einem niedrig gebauten Viertonner, dem Modell DC 4dN, auftraten. Auch sie scheiterten mit diesem Konzept und bauten nur wenige Einzelstücke.

Die 20er-Jahre des vergangenen Jahrhunderts waren bekanntlich eine turbulente Zeit. Gesellschaftlich, wirtschaftlich und kulturell geriet einiges aus den Fugen mit zum Teil lang anhaltenden und unangenehmen Folgeerscheinungen. Auch für die Firma Benz & Cie. brachte diese Zeit Aufregungen, Überraschungen und Enttäuschungen. Aber eigentlich ging es allen so, die gesamte Automobilindustrie im Deutschen Reich geriet mächtig in Bewegung. Nicht nur die internen Konkurrenzkämpfe ruinierten manch ein Unternehmen, auch der Druck aus dem Ausland machte sich unangenehm bemerkbar. Vor allem die Amerikaner drängten massiv auf den deutschen Markt. Mit ihren in hohen Stückzahlen am Fliessband gefertigten PKW und LKW waren sie in der Lage, praktisch jeden Preis noch zu unterbieten.

Die Folgen des verlorenen Krieges, die Inflation und chronischer Kapitalmangel nagten zusätzlich an der Substanz vieler Firmen. Zu viele kleine und mittlere Unternehmen bauten zu viele Automodelle in zu geringen Stückzahlen – das konnte auf Dauer nicht gut gehen.

In dieser Situation sahen viele nur eine Chance, um zu überleben, nämlich sich zu Gemeinschaftsunternehmen beziehungsweise Interessengemeinschaften zusammen zu schliessen. Deshalb gab es in diesen Jahren zahlreiche Versuche, die Kräfte zu bündeln, sei es in lockerer Form auf Vertriebsebene, bei der technischen Zusammenarbeit, bei der Produktionsaufteilung, oder sei es die vollständige Zusammenlegung zweier Unternehmen in Form von Übernahme oder Fusion. Doch viele Firmen schreckten vor einer echten Fusion zurück, weil sie die unternehmerische Freiheit drastisch beschnitt, steuerlich damals hoch belastet wurde und häufig gar keinen Sinn machte.

Die Geschäftsführung von Benz & Cie. in Mannheim war sich darüber im Klaren, dass ein selbstständiges Überleben der Firma sehr riskant war. Deshalb erinnerte man sich an die

alten Pläne aus dem Jahr 1916, als man bereits über eine Fusion mit der DMG verhandelt hatte. Damals hatten die beiden Firmen noch unterschiedliche Vorstellungen über eine Fusion und besonders der Aufsichtsratsvorsitzende der DMG, Alfred von Kaulla, war strikt dagegen. Im Januar 1924 starb von Kaulla und der Benz-Vorstand wagte kurz darauf einen erneuten Versuch, die Firmen zusammen zu bringen.

Zunächst war nicht von einer Fusion die Rede, sondern nur von einer Interessengemeinschaft. Doch nicht nur von Kaullas Tod gab den Ausschlag zu neuen Gesprächen. Es waren zwei wichtige Veränderungen eingetreten, die eine neue Ausgangssituation geschaffen hatten. Durch Mehrheitsbeteiligungen waren die beiden ehemals selbständigen Hausbanken von Benz und Daimler mittlerweile unter die Einflusssphäre der Deutsche Bank AG geraten, und deren Vorstand, Georg von Stauß, hatte ein berechtigtes Interesse, die beiden Automobilhersteller zu vereinen. Außerdem befand sich die Geschäftsführung von Benz & Cie. in einer etwas unangenehmen Situation im Hinblick auf die unerwünschte Einflussnahme des neuen Großaktionärs Jakob Schapiro. Seit 1922 hatte der Autohändler Schapiro ein Aktienpaket von insgesamt 40 Prozent des Stammkapitals an der Börse günstig zusammengekauft. Nun drängte er sich massiv in die Geschäfte ein und erzwang ein Aufsichtsratsmandat, das ihm widerwillig gegeben wurde. Auch um die Einmischungen des Großaktionärs zu begrenzen, strebte man im Hause Benz ein Zusammengehen mit der DMG an.

Bereits im Mai 1924 wurde die vereinbarte Interessengemeinschaft zwischen Benz & Cie. und der Daimler-Motoren-Gesellschaft von den jeweiligen Vorständen und den Generalversammlungen gebilligt, am 1. Juli 1924 wurde sie wirksam. Intern sah der ausgehandelte Vertrag vor, die Geschäftsführung zusammenzulegen, die Firmen und ihre Produkte neu zu

strukturieren und zu rationalisieren – heute nennt man das Synergieeffekte nutzen. Nach außen wirkte die Vereinbarung vor allem durch ein abgestimmtes Erscheinungsbild der Bereiche Vertrieb und Werbung.

Bereits nach wenigen Wochen kam es zu ersten Spannungen und Unstimmigkeiten in Stuttgart und Mannheim, da man wohl doch nicht alles sorgfältig genug bedacht und erwogen hatte. Konkurrenzdenken machte sich erneut breit und einige drängten zu eindeutigen Entscheidungen zu kommen: Entweder die Interessengemeinschaft wieder beenden, oder gleich eine richtige Fusion durchführen.

In diesem Stadium der Unternehmensgeschichten von Benz und DMG erschienen aus dem Umfeld der großen Banken zwei interessante Vorschläge, deren Realisierung sich auf die Zukunft der deutschen Automobilindustrie nachhaltig ausgewirkt hätte. Zwei Konzepte unterschiedlicher Herkunft standen 1925 für kurze Zeit auf der Tagesordnung. Der erste Vorschlag sah die vollständige Fusion von Benz und DMG vor, erweitert um die Firmen Hansa-Lloyd–Werke AG, Nationale Automobil AG (NAG) und Adlerwerke. Das zweite Konzept ging ebenfalls von einer Verschmelzung von Benz und DMG aus, sah aber andere Beitrittskandidaten vor, nämlich die Bayerische Motoren-Werke AG (BMW), C. D. Magirus AG und die Adam Opel AG. Bekanntlich ist keines der beiden Konzepte in die Tat umgesetzt worden.

Nach den nicht realisierten großen Lösungen kam es dann zur kleinen Lösung, der tatsächlichen Fusion der Daimler-Motoren-Gesellschaft mit Benz & Cie. im Jahre 1926. Die ausgearbeiteten Verträge wurden Anfang Juni 1926 von den Vorständen der beiden Firmen unterschrieben und am 28. und 29. Juni 1926 von den Generalversammlungen gebilligt. Das neue fusionierte Unternehmen erhielt den Namen Daimler-Benz AG und nahm im Juli 1926 die Arbeit auf.

Benz 5K mit Langholznachläufer von 1921

Niederflurwagen Benz MS von 1923

1924 gebauter Möbelwagen Benz 5K3

Die Nutzfahrzeuge
der Daimler-Benz AG 1926-1944

Der Firmensitz der neuen Daimler-Benz AG wurde, zumindest auf dem Papier, Berlin. Tatsächlich zog man die gesamte Administration und Verwaltung in Stuttgart-Untertürkheim zusammen. Die Führung des Unternehmens wurde Wilhelm Kissel übertragen, ein ehemaliger Benz-Mann. Zügig wurden die bereits vor der Fusion begonnenen Umstrukturierungen weiter geführt und abgeschlossen. Die fünf produzierenden Werke erhielten klar abgegrenzte Kompetenzen und Aufgabenbereiche. Die PKW-Herstellung wurde auf die Standorte Untertürkheim und Mannheim beschränkt, die LKW-Fertigung im Werk Gaggenau konzentriert, Sindelfingen diente als Zulieferbetrieb und Zentrum des Karosseriebaus, das Werk Berlin-Marienfelde wurde aus der Produktion herausgelöst und diente als Reparatur- und Ersatzteilstützpunkt.

Das zentrale Konstruktionsbüro für alle Produktionsbereiche wurde in Stuttgart-Untertürkheim etabliert, was zu gewissem Unmut der Techniker und Ingenieure führte. Es zeigte sich bereits nach wenigen Monaten, dass diese Entscheidung große Nachteile in der praktischen Arbeit mit sich brachte. Die Entfernungen nach Mannheim und Gaggenau waren zu groß und die damaligen Kommunikationsmöglichkeiten zu schlecht, um schnelle Entscheidungen der Zentrale an die produzierenden Werke zu übermitteln. Auch der berühmte Ferdinand Porsche, seit 1923 Chefkonstrukteur

bei der Daimler-Motoren-Gesellschaft, hatte so seine Probleme mit der neuen Geschäftsleitung und ihren Entscheidungen. Im Herbst 1928 führten unüberbrückbare Meinungsverschiedenheiten zwischen Porsche und Wilhelm Kissel zu Porsches Kündigung, woraufhin er zu Steyr nach Österreich wechselte. Die Geschäftsführung hatte schließlich ein Einsehen mit den Konstrukteuren und beschloss 1929, das komplette LKW-Konstruktionsbüro wieder nach Gaggenau zu verlegen.

Die LKW-Produktion in Gaggenau war nach der Fusion auf wenige Modelle reduziert worden. Die ehemaligen Marienfelder Daimler-Lastwagen waren vollends verschwunden und von den Benz-Lastern wurden nur drei Typen weiter gebaut, neben vier Omnibus-Ausführungen. Alle Nutzfahrzeuge wurden, wie auch die Personenwagen, unter dem Markennamen Mercedes-Benz verkauft – und daran hat sich bis auf den heutigen Tag nichts geändert. Daimler-Benz war bis zur Fusion mit der Chrysler Corporation 1998 immer der Firmenbeziehungsweise Konzernname, aber nie der Markenname der Fahrzeuge.

Der erste Nutzfahrzeugkatalog der Daimler-Benz AG, Ende 1926 erschienen, beinhaltete den 1,5-Tonner L 1, angetrieben von dem Vierzylindermotor M 14 (46 PS), den 3-Tonner L 2 mit dem 70 PS starken 6-Zylindermotor M 26 sowie den schweren 5-Tonner L 5 mit einer 70-PS-Maschine (4-Zylinder) des Typs

M 5. Die Omnibusfahrgestelle in Niederrahmenausführung, gekennzeichnet durch ein N, waren von den LKW-Chassis direkt abgeleitet und lauteten entsprechend N 1, N 2 und N 5. Zusätzlich wurde ein dreiachsiges Fahrgestell des Typs N 56 angeboten, zunächst nur zum Aufbau von großen Omnibuskarosserien, ein Jahr später auch für Lastwagenpritschen.

Als Sondermodelle waren 1927 außerdem zwei spezielle Feuerwehrfahrzeuge und ein Kipperfahrgestell lieferbar. Das Drehleiterchassis LD 2 und das Motorspritzenfahrzeug LS 2 wurden meistens mit dem, wie für Feuerwehren üblich, stärksten Mercedes-Vergasermotor, der Sechszylindermaschine M 36 (90/100 PS) ausgerüstet. Der schwere Kipper LK 5 erhielt den 70-PS-Motor M 5. Im untersten Nutzlastbereich von 750 kg gab es ein Lieferwagenmodell auf PKW-Basis, L 3/4 genannt, das mit einem 38 PS starken Sechszylindermotor ausgestattet war und im Werk Untertürkheim gebaut wurde.

Alle Nutzfahrzeuge der Baujahre 1926/27 waren noch mit alten Vergasermotoren bestückt. Erst zum Ende des Jahres 1927 war der erste Daimler-Benz-Dieselmotor, der bereits im Mai der Öffentlichkeit vorgestellt worden war, serienreif und wahlweise für einige Fahrzeugmodelle erhältlich.

Die Ingenieure hatten, nach etlichen internen Querelen, 1925 die Entwicklung des alten Daimler-Diesels zugunsten der überlegenen Vorkammerbauart der Benz-Dieselmotoren von

Mercedes-Benz-Nutzkraftwagen-Typen

Fahrgestell-Type:	L 1	L 2	L 5	N 1	N 2	NJ 5		N 56 (3achsig)
Verwendungszweck	Lastwagen	Lastwagen	Lastwagen	Omnibus	Omnibus	Omnibus		Omnibus
Nutzlast ... kg	1500	3000	5000	—	—	—		—
Personenzahl	—	—	—	16	26	30/60*		80*
Motor — Bohrung ... mm	95	100	120	95	100	100	120	110
Hub ... mm	130	150	180	130	150	150	180	165
Zylinderzahl	4	6	4	4	6	6	4	6
Brennstoffverbrauch ... kg	15	23	28—30	15	24.5	28—30		32—34
Bremsleistung ... PS	46	70	70	46	70	70	70	90
Normale Pritschenmaße ... mm	2800×1750×400	3800×2100×600	4200×2140×700	—	—	—		—
Geschwindigkeit ... km/Std.	50	40	27	50	45	45	40	40
Art des Antriebes	Cardan	Stirnrad-Nabenantrieb		Cardan	Stirnrad-Nabenantrieb			
Zahl der Gänge	3+1	4+1	4+1	3+1	4+1	4+1		4+1
Spurweite, vorn ... mm	1430	1720	1800	1500	1720	1820		1800
hinten ... mm	1430	1720	1700	1560	1680	1700		
Achsenabstand ... mm	3500	4200	4500	4000	5000/5750	4750		5650+1300
Gesamtlänge des Fahrzeuges über alles ... mm	5100	6540	6885	5750	7650/8400	7100		10500
Länge hinter Spritzwand ... mm	3965	4940	5270	4550	6000/6750	6650		8700
Art der Räder	Stahlblechscheiben	Stahlgußräder		Stahlblechscheiben	Stahlgußräder			
Bereifung — Luftgefüllt, vorn ... mm	33×5	38×7	40×8	33×5	38×7	40×8		40×8
hinten ... mm	33×5	38×7×2	40×8×2	33×5×2	38×7×2	40×8×2		40×8×4
bei Kastenaufbau mm	33×5×2	—	—	—	—	—		—
Elastik, vorn ... mm	—	970×130	985×150	—	—	—		—
hinten ... mm	—	985×150×2	1000×170×2	—	—	—		—
Gewicht des Fahrgestelles ... kg	1230	2500	3450	1400	2950/3000	3600	3550	4150

*) unter Einrechnung der Oberdeck-Sitze.

1922 eingestellt. In der ersten Ausführung erschien der neue Sechszylindermotor mit einer Leistung von 70 PS bei 1300/min und einem Hubraum von 8568 cm³. Dieses Aggregat erhielt die Typenbezeichnung OM 5, wobei OM als Abkürzung für „Oelmotor" (d. h. Rohöl-motor) stand. Daimler-Benz behielt diese Gepflogenheit bei, so dass traditionell heute noch alle Fahrzeugdieselmotoren mit der Kennzeichnung OM versehen sind (außer in den USA), während die Vergasermotoren nach wie vor mit einem M kenntlich gemacht werden.

Interessanterweise gingen die ersten beiden Lastwagen mit dem Mercedes-Benz-Dieselmotor OM 5 in den Export. Im Januar 1928 wurde ein 5-Tonner nach Australien verschickt und Anfang Juni ging ein Mercedes-Benz L 5 mit Tankaufbau nach London, bestimmt für die Benzinhandelsgesellschaft Major & Co., die den Tankwagen im Sunderland-Distrikt einsetzte. Es handelte sich hierbei um den ersten Lastwagen mit Dieselmotor auf Englands Straßen, auch deshalb sorgte das Fahrzeug für gehöriges Aufsehen in der britischen Presse. Der erste deutsche Kunde eines Mercedes-Benz-Diesellasters, eine Stuttgarter Brauerei, konnte Ende Juni 1928 sein Fahrzeug in Empfang nehmen.

Zu dieser Zeit wurde das Nutzfahrzeugprogramm erweitert und verbessert. Die drei Grundmodelle für Nutzlasten von 1500 kg, 3000 bis 3500 kg und 5000 kg gab es nun in der Normalausführung (L 1, L 2, L 5) sowie in Niederrahmenausführung (N 1, N 2, N 5) und mit verschiedenen Radständen. Der Vierzylinder-Vergasermotor M 14 wurde durch den Sechszylindermotor M 16 ersetzt, der nun 58 PS bei 2000/min leistete und für die Modelle L 1 und N 1 bestimmt war. L 2 und N 2 waren weiterhin mit dem 70-PS-Motor M 26 bestückt, während die grossen 5-Tonner L 5 und N 5 wahlweise mit dem Vergasermotor M 36 (100 PS) oder dem Dieselmotor OM 5 (70 PS) lieferbar waren.

Mercedes-Benz N 56 (6x4) in Frankreich

Der erste Mercedes-Benz Diesellastwagen (L5) in Deutschland

Der schwere Dreiachser N 56 (6x4), bisher dem Omnibusbereich vorbehalten, war ab 1929 auch als Pritschen-LKW erhältlich, aber eben nur mit Niederrahmenchassis. Auch dieser wuchtige 7,5-8-Tonner wurde sowohl mit dem 100-PS-Vergasermotor, als auch mit dem 70-PS-Dieselmotor angeboten. Gebaut wurde der N 56 als Laster in nur wenigen Einzelstücken. Um die Lücke zwischen dem L 1 und dem L 2 zu schließen, kam zusätzlich der L 45 heraus, ein 2,5-Tonner mit dem M-16-Motor (58 PS), der auch in Niederrahmenausführung als N 46 lieferbar war.

Alle diese Grundmodelle sowie die Sondermodelle für die Feuerwehren und den Kommunalsektor wurden bis Anfang 1932 gebaut und angeboten. War der Verkauf von Dieselmotoren 1928 noch ziemlich bedeutungslos, so stiegen die Verkaufszahlen ab 1930 beträchtlich, als sich langsam herumsprach, dass der Diesel nicht allein robuster, sondern vor allem erheblich ökonomischer einsetzbar war. Bevor der Dieselmotor aber seinen endgültigen Durchbruch erlebte und seinen unglaublichen Siegeszug antrat, musste zunächst das tiefe Tal der Rezession durchschritten werden.

Das Jahr 1929 war in Deutschland und in vielen anderen Ländern von zahlreichen höchst dramatischen und aufregenden Ereignissen für die Wirtschaft allgemein und die Automobilbranche im besonderen geprägt. Und es war auch das Todesjahr von zwei der großen Erfinder und Wegbereiter des Automobils, die in ganz besonderer Weise mit Daimler-Benz beziehungsweise den Vorgängerfirmen verbunden waren. Am 4. April 1929 starb zunächst Karl

Niederrahmenchassis Mercedes-Benz N 2

Benz im hohen Alter von 84 Jahren. Er wurde unter großer Anteilnahme in seiner Heimatstadt Ladenburg beigesetzt. Gegen Ende des Jahres, am 29. Dezember, starb auch Wilhelm Maybach im Alter von 83 Jahren. Er wurde in Cannstatt beerdigt, unweit des Grabes seines ehemaligen Freundes und Weggefährten Gottlieb Daimler.

Für die deutsche Autoindustrie kam es einem Schock gleich, als die Adam Opel AG 1929 von dem amerikanischen Autogiganten General Motors Corp. (GMC) übernommen wurde. Zu allem Überfluss erreichte die Importquote für ausländische, vorwiegend amerikanische und französische Autos in Deutschland in jenem Jahr mit 40 Prozent ihren höchsten Stand. Doch reagieren konnten die

deutschen Automobilbauer darauf nicht, denn das Unheil in der Gestalt der Weltwirtschaftskrise stand unmittelbar bevor.

Die Jahre 1930 bis 1932 führten zahllose Firmen – und keineswegs nur aus der Automobilbranche – mal wieder an den Rand des Abgrunds. Der Auslöser für die überraschend schnelle und scheinbar unaufhaltsame wirtschaftliche Talfahrt in Europa und Amerika war der Zusammenbruch der New Yorker Börse am 25. Oktober 1929. Dabei hatte das Jahr 1929 zunächst recht positiv für die Daimler-Benz AG begonnen. Der Verkauf von PKW hatte sich ebenso erfreulich entwickelt wie der LKW-Absatz. Und während die Personenwagen auch zum Jahreswechsel 1929/30 noch immer stark nachgefragt wurden, hatte der Verkauf von

Schwerer Tankzug mit Mercedes-Diesellastwagen Typ L 5

Lastwagen bereits in der zweiten Jahreshälfte 1929 spürbar nachgelassen, so dass das Rekordergebnis von 1928, mit 4692 produzierten Nutzfahrzeugen (inklusive Lieferwagen), keinesfalls wieder erreicht werden konnte.

Das eigentliche Drama begann aber erst 1930, als plötzlich niemand mehr Lastwagen kaufen wollte – ein regelrechter Investitionsstreik lähmte die gesamte Industrie – und die Mercedes-Produktion in Gaggenau auf nur noch 1735 Einheiten massiv gedrosselt werden musste. Große Fahrzeugbestände standen auf Halde, fanden keine Käufer und rotteten vor sich hin. Kurzarbeit und Massenentlassungen waren in einigen Daimler-Benz-Werken die Folge, was wiederum zu Verelendung von Teilen der Bevölkerung führte und somit die Kaufkraft weiter schmälerte.

In dieser scheinbar ausweglosen und trostlosen Situation mussten etliche Unternehmen der Automobilbranche die Tore schließen – für immer. Andere schlossen sich noch rechtzeitig zu größeren, konkurrenzfähigen Einheiten zusammen, um überleben zu können. Im Nutzfahrzeugbereich mussten beispielsweise die Firmen Komnick & Söhne GmbH, Nacke und Dürkoppwerke AG aufgeben, während NAG durch die Büssing Automobilwerke und DAAG von der Fried. Krupp AG übernommen wurden. Von den 1929 im Deutschen Reich produzierenden 22 deutschen und drei amerikanischen Lastwagenherstellern blieben wenige Jahre später nur noch die Hälfte übrig. Daimler-Benz schlitterte noch einigermaßen glimpflich durch

die schlimmen Jahre, vor allem dank der erfolgreichen PKW-Modelle. In dieser Zeit der Entbeerungen brachte die Geschäftsleitung sogar den Mut auf, eine völlig neue LKW- und Motorengeneration herauszubringen.

1931, mitten in der tiefsten Depression, erschienen die Gaggenauer Lastwagenbauer mit neuen Modellen, die mit neuen Typenbezeichnungen versehen waren, in der Öffentlichkeit. Die bisherigen einziffrigen Modellbezeichnungen wurden zugunsten von vierziffrigen Zahlen abgelöst, die die genaue Nutzlastkapazität des Lastwagens anzeigten. So stand der L 2000 für einen LKW mit 2000 kg Nutzlast und der schwere 5-Tonner L 5 wurde umbenannt in L 5000. Von wenigen Ausnahmen im Militärbereich abgesehen, blieb man im Nutzfahrzeugsegment der Daimler-Benz AG bis 1954 bei dieser Art der Lastwagentypisierung, allerdings nur nach aussen hin, bei Öffentlichkeitsarbeit, Werbung und Kundenverkehr. Werksintern wurden die Lastwagen weiterhin mit zweiziffrigen Nummern der Technikabteilungen versehen, was bisweilen beim Quellenstudium zu Verwirrungen führen kann.

Das bislang für die Niederrahmenfahrgestelle stehende N entfiel, da kein Unterschied zwischen LKW- und Onmibuschassis in Niederrahmenbauweise mehr gemacht wurde. Alle diese Fahrgestelle wurden mit dem Kürzel Lo (auch: LO) versehen, um die Doppelfunktion Lastwagen und Omnibus zu dokumentieren. Dies galt zumindest für die leichten und mittleren Chassis bis 4 t Nutzlast. Die schweren

Fahrgestelle mit drei Achsen gab es ohnehin nur in Niederrahmenbauweise, so dass man hier auf die Differenzierung zwischen L und Lo verzichtete – jedenfalls in der Theorie. In der Praxis, zum Beispiel in Prospekten, wird man die schweren Dreiachser 8.500 und 10.000 dennoch als L und als Lo gelistet finden.

Neu im 1931 vorgestellten Mercedes-Programm waren der 2-Tonner L 2000 und der 2,5-Tonner L 2500 sowie die entsprechenden Niederrahmenversionen Lo 2000 und Lo 2500. Diese Fahrzeuge sollten den alten 1,5-Tonner L 1 ersetzen. Als Ersatz für den alten L 2 erschienen die modernen 3-Tonner L 3000 und Lo 3000. In der Klasse für 4 t Nutzlast wurde der L 4000 beziehungsweise Lo 4000 eingeführt. Der schwerste zweiachsige LKW blieb zunächst der 5-Tonner L 5000, während der Dreiachser N 56 um 500 kg Nutzlast aufgewertet wurde und nun als L 8500 ins Rennen ging.

Diese zehn LKW-Grundtypen aus Gaggenauer Produktion waren ab 1932 lieferbar. Zusätzlich gab es den L 1000 als Lieferwagen auf PKW-Basis, den das Untertürkheimer Werk zur Abrundung der Nutzfahrzeugpalette beisteuerte. Die alten LKW-Modelle liefen 1932 aus, während die neuen Fahrzeuge bereits verkauft wurden. So gab es beim Baujahr 1932 für einige Monate Überschneidungen bei alten und neuen Typen.

In der Chefetage von Daimler-Benz hatte man zu dieser Zeit eine Grundsatzentscheidung getroffen, die die konsequente Nutzung des Dieselmotors als Antrieb für sämtliche Nutzfahrzeuge betraf. Man war so sehr von den technischen und ökonomischen Vorzügen des Vorkammer-Diesels überzeugt, dass man die Vergasermotoren fortan zwar weiter bauen und anbieten wollte, das Hauptaugenmerk und die größeren Anstrengungen jedoch eindeutig dem Verkauf des Dieselmotors widmete. Kaum war die neue Generation von Dieselmotoren vorgestellt, verkündete Daimler-Benz schon 1932 den Verkauf des 2000sten dieselbetriebenen Lastwagens (seit Ende 1927), und im Dezember 1933 hatte man bereits 5000 Mercedes-Benz mit Dieselmotor abgesetzt.

Um die Bedeutung des Dieselmotors angemessen zu unterstreichen und die Bekanntheit zu fördern, wurde jedem Diesellastwagen ein Mercedes-Stern mit der Aufschrift „Diesel" vor den Kühler geschraubt. Kein anderer LKW-Produzent in Deutschland oder Europa setzte damals so beharrlich auf den Dieselmotor und konnte ein so breites Nutzfahrzeugprogramm in Dieselausführung anbieten. Einige Wettbewerber hatten noch nicht einmal begonnen, Dieselmotoren zu bauen. Mercedes-Benz baute seinen technologischen Vorsprung immer weiter aus und steigerte die Absatzzahlen kontinuierlich, trotz Rezession und Krisenstimmung. Die strategische und technische Weitsicht der Stuttgarter Unternehmensführung sollte sich bald auszahlen. Man kann rückblickend sagen, dass bereits zu Beginn der 30er-Jahre durch entsprechende Weichenstellungen der Weg von Daimler-Benz zum größten Dieselmotorenhersteller der Welt vorgezeichnet worden ist.

Bei den Anfang 1931 zur Internationalen Automobilausstellung in Berlin fertig gestellten

Chassis und Motor des MB L (Lo) 2000

Baumustern neuer Dieselmotoren gab es eine Ausführung mit vier Zylindern und eine mit sechs Zylindern. Der neue Vierzylindermotor des Typs OM 59 hatte einen Hubraum von 3770 cm^3 und entfaltete eine maximale Leistung von 55 PS bei 2000/min. Er wurde speziell für die Schnelllaster der Typen L (Lo) 2000 und L (Lo) 2500 entwickelt, die sich mit dieser Motorvariante als wahre Verkaufsschlager im Mercedes-Nutzfahrzeugprogramm entpuppten, trotz der Tatsache, dass die Dieselausführung des L 2000 mit immerhin 6.040 RM (Chassis ohne Aufbau) deutlich über dem Anschaffungspreis von 4.780 RM für die Version mit Vergasermotor lag. Die unterschiedlichen Produktionszahlen des Mercedes-Benz L (Lo) 2000 verdeutlichen die sprunghaft einsetzende Beliebtheit der Diesellastwagen. Wurden von der Ausführung mit Vergasermotor nur ganze 1099 Exemplare zwischen 1932 und 1939 gebaut, so entstanden von der Version mit Dieselmotor immerhin 12.253 Einheiten.

Mercedes-Benz L 5000 mit Langholznachläufer

Metz-Kraftfahrspritze auf Basis des MB LS 3500

Mercedes-Benz Kipper LK 6500

Zusätzlich hatten die Ingenieure einen Sechszylindermotor entworfen, der die Typenbezeichnung OM 67 erhielt. Dieser 95 PS starke 7,4-l-Dieselmotor wurde in die neuen 4-Tonner L (Lo) 4000 sowie in den 5-Tonner L 5000 eingebaut. Er ersetzte teilweise den alten Dieselmotor OM 5 und kam deshalb auch in dem großen Dreiachser L 8500 zum Einsatz. Der OM 5 wurde überarbeitet und in einer auf 85 PS gesteigerten Version als OM 5 S weiter produziert. Für die schweren Laster wurden ab 1932 gar keine Ottomotoren mehr angeboten und gebaut, obwohl eine Preisliste aus diesem Jahr noch eine Vergaserversion des Mercedes-Benz L 8500 mit 25.600 RM verzeichnet. Für die Dieselausführung des teuersten Mercedes-Lastwagens musste der Kunde den stolzen Preis von 29.450 RM auf den Tisch blättern. Nur der große MAN-Dreiachser war damals noch teurer. Einige Monate später erschien zusätzlich der Dieselmotor des Typs OM 65, mit einer Leistung von 65 PS bei 2000/min. Dieses Vierzylinderaggregat mit einem Hubraum von 4942 cm³ fand seine Verwendung beispielsweise in den neuen Lastwagenmodellen L 3000 und Lo 3000.

Trotz der gelungenen Einführung neuer Fahrzeuge und Dieselmotoren war die tiefe wirtschaftliche Krise 1932 noch keineswegs überstanden – es ging nur sehr langsam und mühsam aufwärts. Die Umsätze der Daimler-Benz AG stiegen, aber auch die Schulden, ohne dass sie zu Existenz bedrohenden Ausmaßen geführt hätten, wie bei anderen Unternehmen.

Auch nach der Präsentation der neuen Lastwagengeneration verfielen die Techniker der Gaggenauer Konstruktionsabteilung nicht in Untätigkeit. Im Gegenteil, denn bereits im Laufe des Jahres 1933 kamen zwei weitere LKW-Modelle auf den Markt, die die Kluft zwischen den Typen weiter verringerten, so dass Daimler-Benz damit ein nahezu lückenloses Modellprogramm zwischen 1000 kg und 5000 kg Nutzlast vorweisen konnte. Die neuen Fahrzeuge besetzten die Nutzlastkapazitäten von 2750 kg und 3500 kg und zwar mit Chassis in normaler Rahmenausführung und in tiefer gezogener Bauart. Die Lastwagentypen L (Lo) 2750 und L (Lo) 3500 mit den Dieselmotoren OM 65 und OM 67 als Grundausstattung oder auf Wunsch mit Vergasermotoren, dienten gewissermaßen als Übergangsmodelle für wenige Jahre.

Neben all diesen Basistypen gab es von der neuen LKW-Generation natürlich auch Sondermodelle für den Kommunalbereich, die Feuerwehren und die Bauwirtschaft. Unterschiedliche Radstände, Nebenabtriebe, kräftigere Motoren sowie verstärkte Rahmen und Federn unterschieden diese Modelle von den Standardfahrzeugen. Kenntlich gemacht wurden diese Sonderausführungen, wie üblich, durch

Typenkürzel: zum Beispiel LK für Kipper, oder LS und LoS für Motorspritzenfahrzeuge beziehungsweise Kraftfahrspritzen, wie man damals sagte.

Insbesondere der Feuerwehrsektor hatte für Daimler-Benz große Bedeutung, denn der Verkauf von Feuerwehrautos machte einen nicht unwesentlichen Anteil an den Umsätzen aus. Dabei muss die langjährige Zusammenarbeit mit der Firma Carl Metz Feuerwehrgerätefabrik, einem der weltweit führenden Feuerwehrfahrzeughersteller, hervorgehoben werden. Schon die ehemalige Firma Benz & Cie. hatte sehr eng mit Metz kooperiert und zahlreiche der bekannten Metz-Drehleitern auf Benz-Chassis gebaut. Nach der Fusion zur Daimler-Benz AG wurde die Zusammenarbeit in unverbindlicher Form weiter geführt, wohl aber nicht zur vollsten Zufriedenheit der beiden Geschäftspartner. 1932 nahm man deshalb Ver-

handlungen auf, die die künftigen Geschäftsverbindungen präzise regelten.

Zum 1. Januar 1933 trat ein weit reichendes Kooperationsabkommen zwischen beiden Firmen in Kraft, das sich für beide Seiten als sehr dauerhaft und vorteilhaft erweisen sollte. Metz verpflichtete sich darin, alle Feuerwehraufbauten für Lieferungen ins Deutsche Reich auf Mercedes-Benz-LKW zu setzen. Daimler-Benz wiederum verpflichtete sich, Feuerwehraufbauten nur bei Metz anfertigen zu lassen und Fahrzeuge über Metz zu verkaufen. Außerdem sollte die Herstellung von Mercedes-Pumpen gänzlich eingestellt werden. Daimler-Benz baute damals nämlich sehr erfolgreich Feuerlöschkreiselpumpen mit 30-PS-Motoren und Wasserausstoßraten von 800 l/min bis 1500 l/min.

Der Vertrag regelte darüber hinaus die Abstimmung von Vertriebs- und Werbemaß-

Mercedes-Sattelzugmaschine LZ 8000

Sattelzug mit MB LZ 10.000 in Argentinien

3 TONNER TYP L 3000

MERCEDES-BENZ

Prospekttitel von 1936

nahmen unter der Produktbezeichnung „Mercedes-Benz-Metz". So wurden in den 30er- und 40er-Jahren fast alle Metz-Lieferungen an deutsche Feuerwehren auf Mercedes-Benz-Lastwagen ausgeführt – und das waren nicht wenige. Auch nach dem Zweiten Weltkrieg wurde die Zusammenarbeit fortgesetzt, bis 1959 ein neuer Vertrag erforderlich wurde.

1931/32 erschienen die ersten Mercedes-Feuerwehrfahrgestelle der neuen Generation, u. a. Kraftspritzen auf den Chassis LS 2000 mit 55-PS-Motoren, LS 2500 mit 70-PS-Maschinen sowie die 4-Tonner LS 4000 und LoS 4000 mit 100-PS-Motoren. Für die kleinen Drehleitertypen standen die Niederrahmenfahrgestelle LoD 2500 zur Verfügung, für die großen Drehleitern über 24 m Steighöhe wurden die LoD 3000 und LoD 4000 angeboten. Später setzten sich vor allem die 3,5-Tonner LS 3500 und L(o)D 3500 durch, die in größeren Stückzahlen Mitte der 30er-Jahre gebaut wurden.

Anfangs waren die neuen Mercedes-Feuerwehrfahrzeuge ausnahmslos noch mit Ottomotoren bestückt. Bei den Feuerwehren gab es eine tief sitzende Abneigung gegen die „unzuverlässigen und unzumutbaren" Dieselmotoren, die erst durch ein „Machtwort von oben", in Form eines Erlasses vom 22. August 1935, beseitigt wurde. Ab Baujahr 1936 mussten alle im Deutschen Reich neu zugelassenen Feuerwehrfahrzeuge ab 3 t Rahmentragfähigkeit mit Dieselmotoren ausgerüstet werden.

Doch bereits zwei Jahre zuvor waren die ersten fünf dieselbetriebenen Feuerwehrfahrzeuge im Deutschen Reich im Auftrag der Feuerwehr Kassel entstanden. Metz baute zwei Drehleitern und drei Spritzenaufbauten auf Mercedes-Benz LD 3500 und LS 3500 mit den 95 PS starken Dieselmotoren OM 67 und liefer-

te sie Ende 1934 nach Kassel. Die Berufsfeuerwehr erhielt allerdings die ausdrückliche Zusage, die Dieselmotoren, sollten sie sich nicht in der Praxis bewähren, gegen gleich starke Vergasermotoren austauschen zu können.

Das Jahr 1933 brachte die entscheidende Wende in der wirtschaftlichen Entwicklung Deutschlands und es markierte gleichzeitig den Beginn des düstersten Kapitels in der deutschen Geschichte. Bereits Ende Januar kamen die Nationalsozialisten an die Macht und damit sollte sich das gesamte politische, kulturelle und wirtschaftliche Klima hier zu Lande verändern. Die neuen Machthaber zauderten nicht lange und verursachten innerhalb weniger Monate durch Verordnungen, Gesetze, Absichtserklärungen und Investitionsprogramme einen enormen wirtschaftlichen Aufschwung, von dem ganz besonders die Automobilindustrie profitieren konnte. Für die Nationalsozialisten war das Auto eines ihrer Lieblingsspielzeuge, das nach Kräften gehätschelt und gefördert wurde.

Neue Fahrzeuge befreite man von der Kfz-Steuer, die Versicherungen senkten ihre Tarife und es wurde ein umfangreiches Straßenbauprogramm beschlossen. Staatliche Organisationen und Institutionen wurden ab 1933 kontinuierlich motorisiert oder modernisiert, beispielsweise die Post, die Reichsbahn und die Technische Nothilfe. Dies alles führte zu einer sprunghaften Nachfrage nach Personen- und Lastkraftwagen. Allein die Reichsbahn bestellte innerhalb weniger Monate 1150 neue Lastwagen.

Die Wirtschaftkrise schien wie weggeblasen, es machte sich wieder Hoffnung breit. Rund 70.000 neue Arbeitsplätze entstanden

1933 allein in der Automobilindustrie und die Unternehmen waren zum ersten Mal seit Jahren einigermaßen ausgelastet. Einige Firmen stießen Ende 1933 sogar schon wieder an ihre Kapazitätsgrenzen, auch die LKW-Fertigung von Daimler-Benz in Gaggenau, so dass im folgenden Jahr das Werk in Berlin-Marienfelde reaktiviert werden musste.

Die Stuttgarter investierten an mehreren Standorten in neue Anlagen und Fabrikhallen, insgesamt 20 Millionen Reichsmark in nur drei Jahren. Das drohende politische Unheil nahmen zu diesem Zeitpunkt nur wenige zur Kenntnis. Die Unternehmensführung der Daimler-Benz AG arrangierte sich weitgehend mit den Machthabern in Berlin, man nützte und brauchte sich gegenseitig – noch! Vorstandschef Wilhelm Kissel ging allerdings, zum Erstaunen einiger seiner Kollegen, noch einen Schritt weiter und trat der NSDAP bei – zum Wohle des Unternehmens, wie er es verstanden wissen wollte. Seine wahren Beweggründe blieben indes immer ein wenig im Dunkeln.

Eine vollkommen neue Fahrzeuggattung im Gaggenauer Nutzfahrzeugspektrum, die bislang werkseitig nicht angeboten worden war, bildeten die Sattelschlepper. Nur in Einzelexemplaren nach Kundenwunsch waren derartige Fahrzeuge bei Daimler-Benz bisher gebaut worden, erstmals 1922/23 bei Benz & Cie. mit einem 10.000 l fassenden Sprengwagenauflieger nach einer Betz-Konstruktion. In anderen europäischen Ländern und besonders in den USA waren Sattelschlepper wesentlich weiter verbreitet als in Deutschland, wo sie zudem bis zu Beginn der 30er-Jahre noch steuerlich schlechter gestellt waren als Hängerzüge.

Die erste Sattelzugkonstruktion entstand schon Anfang 1932 auf dem Reissbrett. Es war eine Zugmaschine mit einachsigem Auflieger des Modells LZ 7000, bestimmt für 7 t Nutzlast und angetrieben von einem 70 PS starken Vergasermotor. Auch wenn es Prospekte dieses Sattelzuges gibt, die Serienfertigung lief nicht an, lediglich ein Prototyp wurde gebaut. Offensichtlich war die Zugmaschine zu schwer, außerdem wollte man auch die Sattelzüge lieber mit Dieselmotoren ausstatten. Deshalb kamen 1933 neue Sattelschlepper nur mit Dieselmotoren auf den Markt, die Modelle LZ 4000, LZ 6000 und LZ 8000.

Auf der Basis der Niederrahmenchassis Lo 2000 und Lo 3000 waren die Zugmaschinen mit verkürzten Radständen von nur 3150 mm (statt 3800 mm) und 3450 mm (statt 4500 mm) entstanden, die einachsige Pritschenanhänger mit Stützrollen zogen. Der LZ 4000 hatte eine Nutzlastkapazität von 4000 kg und wurde vom 55-PS-Dieselmotor OM 59 angetrieben, der 6-Tonner LZ 6000 erhielt den 65 PS starken Dieselmotor OM 65, während der 8-Tonner LZ 8000 mit dem 95-PS-Motor OM 67 bestückt wurde.

Ein weiterer Mercedes-Benz in Sattel-schlepperausführung wurde 1937 vorgestellt: der LZ 10.000 für 10 t Nutzlast. Diese große Sattelzugmaschine zog einen zweiachsigen Sattelauflieger und wurde von dem 100-PS-Dieselmotor OM 67/3 angetrieben. Das Fahr-zeug wurde nur etwa zwei Jahre in wenigen Exemplaren gebaut. Die Herstellung der LZ 4000 und LZ 8000 wurde 1937, nach Erscheinen des LZ 10.000, mangels Nachfrage bereits eingestellt. Allzu große Verbreitung erfuhren die ersten Sattelzüge von Mercedes-Benz nicht.

Die Nutzfahrzeugproduktion bei Daimler-Benz erreichte im Jahre 1934 mit 5617 Einhei-ten neue Höchststände. In diesem Jahr wurden auch die Zulassungsbestimmungen für Last-wagen dahin gehend verändert, dass ein Zweiachser nun mit einem Gesamtgewicht von 13 t, statt der bisherigen 11 t, über die Straßen rollen durfte. Dies führte nicht nur zu der Entwicklung neuer Fahrzeugmodelle, zum Bei-spiel der mittlerweile legendären 6,5-Tonner, sondern auch zu einer zusätzlichen Nachfrage vor allem von Transportunternehmern, die die wuchtigen Boliden bevorzugt im Fernverkehr einsetzten. Der 6,5-Tonner Mercedes-Benz L 6500 bekam den 150 PS starken Reihen-sechszylinder OM 54 mit 12,5 l Hubraum. Der schwerste Zweiachser im LKW-Programm konnte sich ziemlich schnell gegen seine Wettbewerber in dieser Tonnageklasse durch-setzen, sowohl in der Ausführung als Prit-schenwagen für den schweren Fernverkehr, als auch in der Version als Kipper.

Auch der Siegeszug der Dieselmotoren-technologie begünstigte die Produzenten von Lastwagen und Bussen, vor allem jene, die ihr Programm ganz auf den Diesel fokussiert hat-ten. So stieg der Absatz der Mercedes-Benz-LKW Jahr für Jahr und ein Produktionsrekord jagte den anderen, bis 1939 mit 15.694 Nutzfahrzeugen der Höhepunkt erreicht war. Zu dieser Zeit hatten die nationalsozialistischen Machthaber die Freiheiten der Autoindustrie bereits drastisch beschnitten und den Unter-nehmen enge Zügel in Form von Produktions-richtlinien und Typenvorschriften angelegt. Das Land stand abermals am Rande der Katastro-phe mit grauenhaften Folgen, wie wir alle zur Genüge wissen.

Als Folge der Zulassungsveränderungen von 1934, die Dreiachser mit einem Gesamt-gewicht von nunmehr 18,5 t erlaubten, wur-den die ersten Prototypen eines neuen Schwer-lasters 1935 erprobt. Anfang 1936 ging das neue Flaggschiff von Mercedes-Benz an den Start, der L 10.000 (6x4). Es war eine Weiterentwicklung des L 8500, dem man immerhin 1500 kg mehr Nutzlast aufgebürdet hatte. Zunächst mit dem 150-PS-Kraftpaket OM 54 angetrieben, baute man ab 1937 den gleich starken Motor OM 57 ein, der über einen klei-ner dimensionierten Hubraum von 11.200 cm^3 verfügte. Der mächtige 10-Tonner mit dem an-getriebenen Doppelachsaggregat war ein im-posanter Anblick. Er war der König der Land-straßen, die Krone dessen, was im Nutzfahr-zeugbau der 30er-Jahre möglich und machbar war.

Zwar erfuhr der L 10.000 im Laufe der Jahre einige kleine Änderungen und Verbess-ungen, ein neues rundliches Fahrerhaus erhielt er indes nicht. Ein gelegentlich veröffentlichtes Foto eines solchen Fahrzeugs hat sich bei genauerer Überprüfung als „Fälschung" her-ausgestellt. Eifrige Werbestrategen von Daim-ler-Benz hatten hier der zukünftigen Entwick-lung zu weit voraus gegriffen und mittels Re-tusche ein Fahrzeug kreiert, das nie existiert hat, vermutlich aber in dieser Ausführung ge-plant gewesen ist. Das beweist einmal mehr, dass man auch firmeneigenen Publikationen nicht immer bedenkenlos trauen darf. Der L 10.000 wurde jedenfalls bis ins letzte Baujahr 1940 nur mit dem alten eckigen Fahrerhaus gefertigt.

Die Jahre 1936/37 brachten drei weitere LKW-Modelle hervor, die der Erwähnung wert sind: der Lex 2500, der L 1500 und der L 3750. Der Lex 2500 war eine Besonderheit im Mer-cedes-Nutzfahrzeugprogramm, denn es war der einzige Lastwagentyp jener Zeit, der nicht im Deutschen Reich verkauft wurde, sondern aus-schließlich für den Export bestimmt war. Abgeleitet vom L 2500 erhielt der Lex (Last-wagen Export) einen stärkeren Dieselmotor (OM 65/3 mit 70 PS), eine geänderte Überset-zung, einen verkürzten Radstand und einen kräftigeren Rahmen sowie Einzelbereifung an der Hinterachse.

Um das Lastwagenprogramm nach unten zu erweitern wurde 1937 wieder ein 1,5-Tonner vorgestellt, den es ja seit 1932 nicht mehr gegeben hatte. L 1500 war die Typenbezeich-

Mercedes-Benz L 10.000 (6x4) als Milchtankfahrzeug

MB LK 3750 mit neuem Ganzstahlfahrerhaus von 1937

Der erste Mercedes-Frontlenker des Typs L 10.000 (6x4) von 1937

So stiegen die Höchstgeschwindigkeiten der Fahrzeuge, bei PKW ebenso wie bei Nutzfahrzeugen, zum Teil beträchtlich. Nicht zuletzt die neuen Autobahnen verlangten geradezu nach höheren Geschwindigkeiten – 120 km/h für leichte Schnelllaster und Busse war keine Seltenheit. Doch dafür brauchten die Fahrzeuge ein entsprechendes "Blechkleid". Bis dahin wurden für alle LKW-Modelle die kantigen Kabinen mit senkrecht stehender Frontscheibe, rechteckigen Türfenstern und flachem Dach in Holzgerippebauweise mit Blechbeplankung angeboten. Dieses Relikt aus den 20er-Jahren wurde nun durch eine modern gestaltete, beinahe stromlinienförmige Ganzstahlkabine mit gerundeten Formen an Dach und Fenstern ersetzt. Die jetzt schräg stehende Frontscheibe war zumeist aus einem Stück, bei etlichen Modellen jedoch geteilt, ohne dass es bei den einzelnen Typen dafür klare Unterscheidungsmerkmale gab. Vielleicht war hier einfach die Nachschubsituation mit Zulieferteilen Ausschlag gebend. Ab dem Baujahr 1938 gab es jedenfalls für alle Lastwagen nur noch die gerundeten modernen Fahrerhäuser. Die einzige Ausnahme war, wie bereits erwähnt, der große L 10.000, der bis Produktionsende 1940 noch die kantige Kabinenausführung erhielt.

Frontlenker hielt man bei Daimler-Benz für eine Fehlentwicklung und eine kurzlebige Modeerscheinung und beschäftigte sich deshalb nicht weiter damit. Eine Ausnahme waren die schweren Dreiachser des Typs L 10.000 (6x4), die in einer Spezialausführung mit KuKa-Aufbau erstmals 1937 erschienen. Diese riesigen Frontlenker mit dem weit vorgezogenen Fahrerhaus und dem kurzen Radstand (4250 mm + 1350 mm) erhielten nur einen 120-PS-Dieselmotor (OM 79), da sie ausschließlich im innerstädtischen Müllsammelverkehr eingesetzt wurden. Die Firma Keller & Knappich (KuKa), Spezialist für Müllfahrzeuge und bereits langjähriger Kooperationspartner von Daimler-Benz, hatte für die 10-Tonner Großraummüllaufbauten für rund 15 m³ Inhalt entworfen, die in ähnlicher Form auch auf die Haubenchassis des L 10.000 gesetzt wurden. Das große Müllfahrzeug in Frontlenkerversion gab es zusätzlich mit Holzgasgenerator und 85 PS Leistung.

Zwar hatten sich Mitte der 30er-Jahre die Exporte der deutschen Nutzfahrzeughersteller wieder ein wenig stabilisiert und es gab ein paar lukrative Großaufträge, u. a. für China, Persien und die Türkei. Doch trotz zahlreicher Bemühungen und trotz Gründung einer Exportgemeinschaft, der neun deutsche Automobilunternehmen angehörten, erreichte der Export nicht wieder die Bedeutung und den Umfang, den er vor der Weltwirtschaftskrise hatte. Die Gründe dafür waren unterschiedlicher Art. Einerseits war der Bedarf an Nutzfahrzeugen

nung dieses kleinen Schnelllasters, der den PKW-Dieselmotor OM 138 mit der Spitzenleistung von 45 PS bei 2800/min erhielt. Anfangs sowohl in Gaggenau als auch im Werk Mannheim gebaut, erwies sich der kleine L 1500 als solides Erfolgsmodell. In überarbeiteter Form erschien er ab 1941 als L 1500 S und in allradgetriebener Ausführung als L 1500 A. Beide Fahrgestelle wurden in größeren Stückzahlen bei der Wehrmacht als Mannschaftswagen und bei den „Feuerlöschpolizeien" als so genanntes LLG (Leichtes Löschgruppenfahrzeug) beziehungsweise LF 8, verwendet. L 1500 S und L 1500 A wurden, entgegen der Philosphie des Hauses Daimler-Benz, nicht mit Dieselmotoren, sondern ausschließlich mit Vergasermotoren geliefert. Eingebaut wurde der Sechszylindermotor M 159 mit einer Leistung von 60 PS bei 3000/min.

Das Lastwagenmodell L 3750 ersetzte nach Erscheinen 1936 gleich zwei bisherige Typen.

Als aufgelasteter 3,5-Tonner für eine Nutzlast von 3750 kg konnte wegen des L 3750 der Bau des alten L 3500, wie auch des L 4000, eingestellt werden. Besonders der 4-Tonner L 4000 hatte als Lastwagen nur mäßige Nachfrage erzeugt und wurde deshalb ersatzlos gestrichen. Der L 3500 erfuhr durch Anhebung der Nutzlast um 250 kg und einen stärkeren Dieselmotor (OM 67/3) mit einer Leistung von 100 PS bei 2000/min eine deutliche Aufwertung. Die 95 PS starke Version mit Vergasermotor wurde nur noch selten geordert. Bis 1941 wurden L 3750 und Lo 3750 gebaut, wiederum in größeren Mengen für die Feuerwehren, zum Beispiel als Drehleiterchassis LD 3750.

Grundlegende Veränderungen gab es ab 1937 auch bei den Kabinen. Es war die Stromlinienepoche, die, wenngleich etwas zaghaft, auch in Deutschland Einzug gehalten hatte. Der Geschmack änderte sich und die technischen Möglichkeiten machten deutliche Fortschritte.

MB L 10.000 (6x4) mit KuKa-Müllaufbau in Normalausführung

im Deutschen Reich so groß (1938 wurden zirka 88.000 LKW gebaut, 1939 waren es sogar 102.000), dass die Firmen kaum Kapazitäten für größere Exportaufträge frei machen konnten. Andererseits machte sich die zunehmende Material- und Rohstoffknappheit gerade in der Automobilindustrie deutlich bemerkbar. Und letztlich orderte das Ausland immer zögerlicher wegen der sich verschärfenden politischen Isolierung, in die sich das Deutsche Reich hinein manövrierte.

Die Nationalsozialisten hatten nach ihrer Machtübernahme der Industrie nicht nur zu einem enormen Aufschwung verholfen, sondern mit den Jahren auch immer stärker reglementierend in die Wirtschaft und ihre Abläufe eingegriffen. Besonders unangenehme Auswirkungen hatte dies für die Fahrzeugindustrie, die manch eine "Kröte" schlucken musste. Die dickste war zweifellos das 1939 beschlossene Typenreduzierungsprogramm des "Generalbevollmächtigten für das Kraftfahrwesen". Zu den allgemeinen Maßnahmen zur Kriegsvorbereitung gehörte auch die Berufung des Generalbevollmächtigten Oberst von Schell im November 1938. Von Schells Aufgabe war es, die Vielfalt der gebauten Autotypen drastisch zu reduzieren, um eine weit reichende Einheitlichkeit der Konstruktionen und ihre Verwendbarkeit im Kriegsfalle zu garantieren. Ohne Zustimmung von Schells durfte kein neues Fahrzeug entwickelt und gebaut werden.

Den Firmen wurde 1939 eine Frist von nur einem Monat gewährt, um die Produktionswünsche zu beantragen. Daimler-Benz beantragte die zukünftige Herstellung von fünf PKW- und fünf LKW-Typen, erhielt aber nur die Genehmigung für drei LKW-Modelle, neben fünf Personenwagen. Die drei erlaubten Lastwagen betrafen die Nutzlastklassen 1,5 t, 3 t und 4,5 t.

Während der 1,5- und der 3-Tonner sofort aus der Serienfertigung verfügbar waren, gab es zu dieser Zeit gar keinen 4,5-Tonner im Mercedes-Typenprogramm. Ein solches Fahrzeug musste erst neu entwickelt werden. Ausgehend von dem Baumuster L 3750 konstruierten die Techniker einen LKW für 4,5 t Nutzlast, der einen 120 PS starken Dieselmotor erhielt. Die ersten Vorserienmodelle erschienen

Allrad-Lastwagen Mercedes-Benz L 4500 A

Mercedes-Benz-Militärlastwagen G 3a (6x4)

Allradfahrzeug Mercedes-Benz LG 1500 A

noch 1939 und wurden ausgiebig erprobt. Die Serienproduktion begann in Gaggenau erst 1941, nun aber mit dem auf 112 PS gedrosselten Dieselmotor OM 67/4. Gleichzeitig entstand unter der Bezeichnung L 4500 A eine speziell für das Militär konzipierte Allradversion des 4,5-Tonners. Der L 4500 wurde fast bis zum Ende des Krieges gebaut und er war der erste Lastwagen, mit dem die Produktion 1945 wieder aufgenommen wurde.

Zunächst war die Typenbegrenzung nach dem so genannten Schell-Plan noch Theorie, denn etliche andere Modelle, wie 2-Tonner oder 6,5-Tonner, wurden bei Mercedes-Benz auch weiterhin gebaut und verkauft, teils mit und teils ohne offizielle Genehmigung. Alle Nutzfahrzeughersteller versuchten irgendwie,

die Bestimmungen zu umgehen. Nach 1940 wurde dies jedoch immer schwieriger, weil immer weniger private Kunden Lastwagen kauften. Das Militär hatte das Sagen und bestimmte, was zu tun sei. Ohnehin wurde fast nur noch für die Bedürfnisse der Armee gebaut.

Die Zusammenarbeit mit dem Militär hatte bei Daimler-Benz schon Ende der 20er-Jahre begonnen, als ein Geländelaster entworfen und getestet wurde. Die ersten Prototypen des G 3 genannten leichten Dreiachsers mit dem angetriebenen Doppelachsaggregat entstanden 1929/30 im Werk Untertürkheim. Der für nur 1,5 t Nutzlast zugelassene Lastwagen erhielt einen 60-PS-Vergasermotor mit 3460 cm³ Hubraum, der aus der PKW-Motorenserie stammte. Ab 1932 ging der Dreiachser als G 3a, nun mit

einer Leistung von 68 PS, in Serie.

1934 wurde die Produktion aus Kapazitätsgründen ins reaktivierte Werk Berlin-Marienfelde verlegt, wo der G 3a und sein etwas größerer Nachfolger, der Einheits-Diesel-LKW in einigen hundert Exemplaren bis 1938 entstanden. Die inzwischen ebenfalls in Berlin angelaufene erneute Produktion von Flugmotoren wurde deswegen wieder ausgegliedert und in der 1936 neu erbauten Fabrik Genshagen, dem sechsten Daimler-Benz-Werk, eingerichtet.

Zwei weitere geländefähige Militärlaster wurden ab 1935 bei Daimler-Benz erprobt. Beide Fahrzeuge waren Dreiachser mit angetriebenem Doppelachsaggregat und beide erhielten den 95 PS starken Vorkammer-Dieselmotor OM 67. Das Modell LG 3000 war für Nutzlasten von 3000 kg konzipiert, während der LG 4000 für 3700 kg vorgesehen war. Der LG 4000 kam eigentlich nie richtig aus dem Erprobungsstadium heraus, er wurde in nur wenigen Einheiten gebaut. Demgegenüber schaffte es der LG 3000 bis 1940 auf immerhin 7400 Exemplare, die von wenigen Ausnahmen abgesehen, alle bei der Wehrmacht zum Einsatz kamen.

Neue Militärfahrzeuge für 3 t Nutzlast wurden ab 1938 entwickelt. Zunächst unter der Bezeichnung LGF 3000, ab 1939 als L 3000 S sowie L 3000 A in der Allradausführung, entstanden bis 1944 in großer Stückzahl Zweiachser als Pritschenwagen, Kipper, Löschfahrzeuge und mit dem Einheitskofferaufbau der Wehrmacht. Diese 3-Tonner waren anfangs mit einem 70 PS starken Dieselmotor ausgerüstet, ab 1939 gab es sie in einer um 5 PS gesteigerten Version.

1941 war das Jahr, in dem die letzten noch aus Friedenszeiten stammenden LKW-Modelle, L 3000 und L 3750, gebaut wurden. Danach konzentrierte sich die Produktion der Mercedes-Benz-Lastwagen nahezu ausschließlich auf Militär- und Feuerwehrfahrzeuge. Weisungsgemäss liefen nur noch die 1,5-Tonner, 3-Tonner und 4,5-Tonner von den Bändern der Werke Untertürkheim und Gaggenau sowie einige Modelle von Halbkettenfahrzeugen. Diese hochgeländegängigen Fahrzeuge basierten auf Lastwagenfahrgestellen, denen statt einer Hinterachse ein Gleiskettensatz untergebaut wurde.

Von Monat zu Monat verschärften sich die Versorgungsprobleme mit Rohstoffen aller Art, so dass immer mehr eingespart werden musste und die Fahrzeuge immer einfacher und dürftiger ausgestattet wurden. Gravierende Mängel traten bei der Treibstoffversorgung hervor und die Heeresleitung entschied, dass nur noch jenen Lastwagen Kraftstoff zugeteilt wurde, die sich im Fronteinsatz oder im Dienst der Landesverteidigung (Luftschutz, Feuerwehr etc.) befanden. Alle anderen Fahrzeuge mussten mit Generatoren ausgerüstet werden.

Mercedes LS 4500 mit Metz-Feuerlöschaufbau

Halbkettenfahrgestell L 4500 R „Maultier"

Auch bei Daimler-Benz entstanden in den Kriegsjahren tausende von Gaserzeugern für den Betrieb mit Holzkohle, Anthrazit oder Torf.

1942 kam es zu einem offenen Konflikt zwischen der Geschäftsführung der Daimler-Benz AG und den Machthabern in Berlin. Vorstandschef Wilhelm Kissel hatte sich strikt geweigert, den Bau des eigenen 3-Tonners zugunsten eines Fremdfabrikats aufzugeben. Zwar wusste man um die Schwächen der Mercedes-Konstruktion, wie zu hohes Eigengewicht und zu reparaturanfällig. Doch man hatte bereits darauf reagiert und eine neue Konstruktion in Auftrag gegeben, die allerdings noch nicht ausgereift war.

Es nützte aber alles nichts, Kissel musste im Juni 1942 einlenken, nachdem eine Anordnung vom Führer persönlich eingetroffen war. Damit war das Ende des L 3000 so gut wie besiegelt, an seiner Stelle sollte der Opel Blitz in Lizenz gebaut werden. Wenig später wurde ein Lizenzabkommen mit der Adam Opel AG geschlossen, dennoch dauerte es weitere zwei Jahre, bis die Fertigung des Opel-3-Tonners im Werk Mannheim beginnen sollte. Die Stuttgarter schafften es tatsächlich, ihren eigenen 3-Tonner, gegen die Befehle des Führers, noch bis April 1944 zu bauen. Kissel selbst erlebte den Produktionsbeginn des verhassten Opel-Lasters nicht mehr, er starb bereits im Juli 1942. Als Nachfolger wurde Wilhelm Haspel auf den Vorstandssitz berufen, was erstaunlich war, denn Haspel war kein Mitglied der NSDAP und er war mit einer Halbjüdin verheiratet.

Durch den späten Start der Lizenzfertigung des Opel-3-Tonners im Juli 1944 konnten bis Kriegsende nur noch etwa 3500 Exemplare des L 701, wie er im Typenprogramm bei Mercedes-Benz hieß, gebaut werden. Der L 701 war ein äußerst robustes Fahrzeug, trotz einiger Zugeständnisse bei Ausstattung und Verarbeitung wegen der Materialknappheit. Nicht einmal einen eigenen Dieselmotor durften die Mannheimer Daimler-Leute in den L 701 einbauen. Vorgeschrieben wurde der Sechszylinder-Benzinmotor von Opel, der 68 PS bei 3000/min leistete. Nachdem Opels eigene Lastwagenfabrik in Brandenburg im August 1944 von alliierten Bomben vollständig zerstört worden war, blieb die Herstellung des 3-Tonners allein dem Werk Mannheim der Daimler-Benz AG vorbehalten.

Doch auch die Fabriken der Daimler-Benz AG blieben nicht vom Bombenterror verschont. Teile der Produktion mussten in kleine Fabriken auf dem Lande, in Bergwerke, ja sogar in Autobahntunnel ausgelagert werden, um sie vor der Zerstörung zu retten. Im April 1943 fielen die ersten Bomben auf das Mannheimer Werk, in den folgenden Monaten wurden auch die anderen Daimler-Benz-Werke bombardiert. Zunächst konnten die Schäden ausgebessert und die Produktion fortgesetzt werden. Doch in der zweiten Hälfte 1944 wurden die Luftangriffe derart massiv, dass die Produktion praktisch zusammenbrach. Zum Ende des Jahres wurde in den vier am stärksten zerstörten Werken der Daimler-Benz AG, Sindelfingen, Untertürkheim, Berlin-Marienfelde und Gaggenau kaum noch gearbeitet, während Mannheim und Genshagen glimpflich davon kamen. Anfang 1945 ruhte die Produktion für einige Wochen, nachdem die Fabriken von Besatzungstruppen nach und nach besetzt wurden. Die Katastrophe hatte ein Ende, und abermals musste ein Neuanfang gewagt werden.

Opel-Lizenzbau MB L 701 von 1944

Gagganauer
Nachkriegsproduktion:
MB L 4500

Neubeginn und Expansion:
Die Wirtschaftswunderjahre

Viel Zeit zum Ausruhen und Durchatmen gab es nicht, galt es doch den entstandenen Scherbenhaufen so schnell wie möglich zu beseitigen. Das war aber gar nicht so einfach, denn es gab neue Herren im Lande, die alliierten Besatzungsmächte, die alle Fäden in der Hand hielten. Sie bestimmten zunächst, was zu tun und was zu lassen sei. Als erstes betätigten sich die Besatzer als wahre Abräumer, denn alles was noch brauchbar und transportierbar schien, wurde beschlagnahmt und demontiert.

Da die amerikanischen Besatzer erst im Juli 1945 in Stuttgart einmarschierten, hatten die französischen Truppen bereits zuvor aus den Daimler-Benz-Fabriken Untertürkheim und Sindelfingen viele verwendbare Maschinen abtransportiert. Nur die schweren Blechpressen blieben stehen, die passten auf keinen Eisenbahnwagen.

In den Fabriken mussten erst einmal die Trümmer beiseite geräumt werden, bevor man an ein Neuaufleben der Produktion denken konnte. So waren die meisten Arbeiter zunächst nur mit Aufräumen, Ausbessern und Aufbauen beschäftigt. Bis zum Ende des Jahres 1945 standen schon wieder 12.850 Arbeiter und Angestellte auf den Lohn- und Gehaltslisten der fünf Daimler-Benz-Werke in den westlichen Zonen Deutschlands. Die Fabrik in Genshagen lag in der sowjetischen Zone und war damit dem Einfluss der Firma entzogen.

Die drei Fabriken in der amerikanischen Zone, Mannheim, Sindelfingen und Untertürkheim, begannen bereits Mitte 1945 mit Reparaturarbeiten für die US-Armee. In Mannheim, dem am wenigsten zerstörten Automobilwerk, durften sogar schon wieder Lastwagen gebaut werden, und zwar der auch zuvor dort gefertigte Opel-Lizenzbau des Typs L 701. Da es aber an allem mangelte, was man zum Bau von Fahrzeugen brauchte, entstanden die ersten 3-Tonner im wesentlichen aus noch vorhandenen Einzelteilen. Mit der hässlichen, provisorischen Holzkabine sah er aus, wie eine Wiederauferstehung aus den 20er-Jahren. Immerhin konnten bis Jahresende bereits 740 Exemplare des L 701 ausgeliefert werden.

Viel schwieriger gestaltete sich die Situation in dem stark zerstörten Lastwagenwerk in Gaggenau, das in der französischen Zone lag. Der Einfluss der Stuttgarter Zentrale auf das operative Geschäft war, wegen fehlender Kooperation der Franzosen, stark eingeschränkt. Dennoch genehmigten die Besatzer noch 1945 die Wiederaufnahme der LKW-Herstellung, allerdings mit der Auflage, dass ein beträchtlicher Teil der Produktion an die französische Armee abgeführt werden musste. So entstanden in Gaggenau 1945 knapp 300 Lastwagen des Modells L 4500 mit der spartanischen Holzkabine und in einfachster Ausstattung, da natürlich auch hier noch keine reguläre Produktion möglich war.

Bei Daimler-Benz war man froh, dass die LKW-Produktion in Mannheim mit dem Modell L 701, so kurz nach dem Zusammenbruch, weiter lief. Auch klappte die Zusammenarbeit mit der Adam Opel AG, die einen Teil der Fahrzeuge abnahm, recht gut. Trotzdem war die Stuttgarter Geschäftsführung bestrebt, die Lizenzfertigung des Opel Blitz möglichst rasch zu beenden und eigene Lastwagenkonstruktionen herauszubringen. Die gut erhaltenen Maschinen im Mannheimer Werk sollten weiterhin genutzt werden – an neue Maschinen war damals ohnehin kaum zu denken – und so wurden die Ingenieure angehalten, zunächst einen LKW zu konstruieren, der sich weitest gehend an den Opel 3-Tonner anlehnt. 1947 wurden die ersten neuen Lastwagen von Mercedes-Benz erfolgreich erprobt. Der Beginn einer Serienfertigung verzögerte sich indes auf Grund der schwierigen Situation bei der Material- und Rohstoffbeschaffung. Deshalb dauerte es bis 1949, bis Daimler-Benz in der Lage war, sein neues Modell, den Mercedes-Benz L 3250, der Öffentlichkeit zu präsentieren und die Produktion zu starten. Die Herstellung des MB L 701 konnte demzufolge erst 1949 eingestellt werden.

Das wichtigste Ereignis für die deutsche Wirtschaft im Jahre 1949 war die Exportmesse in Hannover, die erste große Leistungsschau nach Krieg und Zusammenbruch. Die gesamte deutsche Automobilbranche nutzte diese Ausstellung, um neue Produkte vorzustellen.

Der neue Mercedes-Benz L 3250 von 1949

Feuerwehrausführungen LF und LAF. Die letzten Einheiten dieses mittelschweren Lastwagens verließen Anfang 1961 das Mannheimer Werk.

Der in Gaggenau gebaute L 4500 wurde auf der Exportmesse 1949 als L 5000 präsentiert. Es war kein neuer Lastwagen, sondern eine modifizierte und um 500 kg aufgelastete Ausführung des alten Fahrzeugs. Der 5-Tonner bekam endlich wieder eine komplette Ausstattung mit Lampen, Peilstangen und Stoßstange sowie ein neues Führerhaus aus Stahl. Der alte 112-PS-Motor wurde zunächst unverändert eingebaut. Erst drei Jahre später, als sich der L 5000 zum L 5500 verwandelte und damit 5,5 t Nutzlast aushielt, bekam er auch eine stärkere Maschine, die mit einer Leistung von 120 PS bei 2100/min unter einer neuen Motorhaube arbeitete. Ähnlich dem Mannheimer 3,5-Tonner war auch der Gaggenauer 5- beziehungsweise 5,5-Tonner in diversen Spezialausführungen mit unterschiedlichen Radständen

Rund zwei Dutzend Hersteller von Transportern und Lastwagen gab es zu diesem Zeitpunkt in der neu entstehenden Bundesrepublik Deutschland. Die meisten dieser Firmen verschwanden während der 50er- und 60er-Jahre vom Markt oder sie gaben die Nutzfahrzeugproduktion wieder auf.

Daimler-Benz zeigte auf der Exportmesse drei Neuheiten: die beiden verbesserten Personenwagenmodelle Mercedes 170 S und 170 D sowie den Lastwagen L 3250. Der neue 3¼-Tonner erschien mit einer modernen Ganzstahlkabine in der Ausführung als Pritschenwagen und als Kipper. Für den Antrieb wurde der erste Sechszylinder-Dieselmotor der neu entwickelten Baureihe 300 (Typ OM 312) verwendet, der dem flotten Laster eine Höchstleistung von 90 PS bei 2800/min ermöglichte. Der MB L 3250 kam bei Presse und Kundschaft recht gut an, trotzdem wurden LKW dieses Typs nur wenige Monate gebaut. Da die meisten Wettbewerber Fahrzeuge der 3,5-t-Klasse im Angebot hatten und diese sich durchzusetzen begannen, sahen sich auch die Verantwortlichen bei Daimler-Benz gezwungen, einen derartigen Lastwagen anzubieten.

1950 wurde der L 3250 um 250 kg aufgelastet und fortan als L 3500 verkauft. Der 3,5-Tonner entwickelte sich zu einem der beliebtesten und erfolgreichsten Lastwagen der 50er-Jahre. Bereits im Januar 1957 konnte das 100.000ste Exemplar des L 3500, der ab Ende 1954 L 311 hieß, an einen dänischen Kunden ausgeliefert werden. Fast 70 Prozent dieser Mannheimer Laster gingen zu jener Zeit in den Export, in Deutschland erreichte der L 311 im Jahr 1956 einen Marktanteil von immerhin 58,6 Prozent in seiner Klasse. Die Allradversion dieser Modellreihe wurde erstmals auf der IAA 1951 in Frankfurt/Main vorgestellt. Weit verbreitet waren die 3,5-Tonner L 3500/L 311 sowohl als Kipper LK und LAK, als auch in den

Mercedes-Benz L 3500 in Oslo

Mercedes-Benz Fünftonner L 5000

Mercedes-Benz L 6600 als Benzintanker

Mercedes-Benz Sattelzugmaschine LS 6600 in Holland

für den Einsatz im Kommunalbereich, bei Feuerwehren und auf dem Bau erhältlich.

Ein neues LKW-Modell entstand 1950 mit dem Mercedes-Benz L 6600. Er war mit 6,5 t Nutzlast und 145 PS bei 2100/min das stärkste Pferd im Stall. Mit seiner mächtigen Haube prägte er das Erscheinungsbild der großen Mercedes-Lastwagen für mehr als zehn Jahre. Seine Domäne war der schwere Fernverkehr, und die „Kapitäne der Landstraße", wie die Fernfahrer damals genannt wurden, schätzten seine robuste Art. Auch er war zu seiner Zeit der meistverkaufte LKW seiner Klasse und er trug ganz wesentlich zum guten Image der Marke Mercedes-Benz bei.

In einem Testbericht der Zeitschrift „Lastauto und Omnibus" vom April 1951 schwärmte Hans-Arnold König von dem L 6600: "Im 6,6-Tonner Mercedes-Benz steht ein Schwerlaster zur Verfügung, der als ein sehr wirtschaftlicher, wuchtig eleganter, robust zu beanspruchender Diener der verladenden Wirtschaft angesprochen werden muss. (...) Leichte Bedienbarkeit, anspruchslose Wartungsbedingungen, überzeugende Leistungs-, Gewichts- und Verbrauchsdaten ließen einen Schwerlastkraftwagen entstehen, der berufen ist, den Glanz des Mercedes-Sternes im In- und Auslande zu verstärken." Ab 1954, nachdem eine Allradversion heraus gekommen war und er in L(A) 315 umbenannt wurde, konnte man den großen Mercedes-Benz auch auf vielen Baustellen sehen.

Zu Beginn der 50er-Jahre, als die Techniker und Ingenieure in Gaggenau und Mannheim ihren Sachverstand und ihre Fähigkeiten einsetzten, die Lastwagenbaureihen durch neue und bessere Konstruktionen zu erweitern, überraschte die Geschäftsleitung mit der Entschei-

dung, ein neues und recht ungewöhnliches Nutzfahrzeug in die Firma einzuführen. Unimog hieß das neue Gefährt, das man im Herbst 1950 aufkaufte und das kurz darauf in Gaggenau in Produktion ging. Ganz so ungewöhnlich war die Übernahme der Unimog-Fertigung auch wieder nicht, wenn man bedenkt, dass die Unimogs mit Mercedes-Motoren angetrieben wurden und dass der Erfinder oder "Vater" des Unimogs, Albert Friedrich, ehemaliger Daimler-Benz-Konstrukteur war und enge Kontakte zur Stuttgarter Firmenzentrale pflegte.

Friedrich war 1945, mit dem Ende der Flugzeugmotorenfertigung, entlassen worden. Wenig später begann er Pläne für ein kleines

Allradfahrzeug, halb Traktor halb Laster, zu entwickeln. Gemeinsam mit anderen ehemaligen Daimler-Benz-Mitarbeitern baute er 1946 bei der Firma Erhard & Söhne in Schwäbisch Gmünd den Prototypen. Das multifunktionale Fahrzeug hatte vier gleich große angetriebene Räder, eine offene, zweisitzige Kabine mit Faltdach, eine kleine Pritsche und einen Mercedes-PKW-Motor (Typ M 136). Das als Universal-Motorgerät (UNIMOG) bezeichnete Gefährt bestand die Tests und Probeläufe mit Bravour, so dass bereits Anfang 1947 ein Vertrag mit der Firma Gebr. Boehringer in Göppingen über eine Serienfertigung unterzeichnet werden konnte.

Erste Unimog-Generation aus Gaggenau: U 25

Im Herbst 1948, nachdem der Unimog auf der Landwirtschaftsausstellung in Frankfurt/Main sein Debüt gefeiert hatte, begann die Produktion in Göppingen. Die Serienmodelle waren nun mit 25 PS starken Mercedes-Dieselmotoren (OM 636) bestückt und sie waren für ein Gesamtgewicht von 3150 kg bei einer Nutzlast von etwa einer Tonne zugelassen. Im ersten Produktionsjahr wurden bereits einige hundert Fahrzeuge gebaut, doch die Kapazitäten der Firma Boehringer waren begrenzt. So suchte man 1950 nach alternativen Produktionsstandorten und kam erneut mit Daimler-Benz ins Gespräch.

Vorstandsvorsitzender Wilhelm Haspel hatte mit Interesse die Entwicklung und die Anfangserfolge des Unimogs beobachtet und er sah in seinem Unternehmen gute Zukunftsperspektiven für dieses Multitalent. Kurzentschlossen kaufte Daimler-Benz sämtliche Rechte an Produktion und Vertrieb des Unimogs. Anfang 1951 wurde die gesamte Entwicklung und Fertigung von Göppingen nach Gaggenau verlegt, und der Unimog wurde ein echtes Daimler-Benz-Produkt, auch wenn für einige Monate weiterhin der Ochsenkopf, das bisherige Unimog-Emblem, verwendet wurde und nicht der Mercedes-Stern.

Alle frühen Modelle des Unimogs hatten die offene Kabine mit Faltdach erhalten, ab 1953 war schließlich ein geschlossenes Ganzstahlfahrerhaus lieferbar. In jenem Jahr wurden dann neue Typenbezeichnungen für den Unimog eingeführt. Das Modell mit kurzem Radstand (1720 mm) hieß U 401, das Modell mit langem Radstand (2120 mm) U 402, auch bekannt geworden unter der Kennung U 25.

Ein neuer Unimog erschien 1955, der Typ 404, auch Modell S genannt. Dieses Fahrzeug hatte einen wesentlich längeren Radstand, war also weniger ein Geräteträger und Schlepper, als vielmehr ein geländegängiger Lastwagen für unterschiedliche Aufgaben. Der für 1,5 t Nutzlast bestimmte Unimog S erhielt nun wieder einen Ottomotor aus der Mercedes-PKW-Fertigung mit immerhin 82 PS Leistung. Vorrangig konzipiert für den militärischen Einsatz wurde der Unimog S an die neu gegründete Bundeswehr geliefert. Von den insgesamt 64.000 bis 1980 gebauten Einheiten kamen mehr als die Hälfte (36.000) zur Bundeswehr, insbesondere in den Ausführungen als Mannschaftstransporter, Funkwagen, Werkstattwagen oder Sanitätsfahrzeug. Auch andere Armeen erwarben den Unimog S, beispielsweise die französischen Besatzungsstreitkräfte, die rund 1100 Exemplare orderten. Zahlreiche Organisationen und Verbände, wie Technisches Hilfswerk, Rotes Kreuz und die Feuerwehren nutzten das vielseitige Geländefahrzeug für ihre Zwecke gleichfalls in großem Umfang.

1956 lief die erste Unimog-Baureihe, die 25-PS-Modelle U 401 und U 402, aus und es

Unimog U 401 (U25) mit Ganzstahlfahrerhaus

Unimog S (U 404) als Sanitätsfahrzeug für Tunesien

Unimog U 406 von 1966

Mercedes-Benz 3,5-Tonner in Westafrika

Tata-Mercedes-Benz L 3500 in Indien

kam das Nachfolgemodell U 411, mit der neu gestalteten Front auf den Markt. Dieses Fahrzeug hatte 30 PS (später 32 PS) und war wahlweise mit offener oder geschlossener Kabine lieferbar, außerdem in unterschiedlichen Radständen. Der U 411 wurde bis 1974 erfolgreich gebaut, während bereits 1963 ein weiteres Unimog-Modell, der U 406, vorgestellt wurde, gefolgt von dem sehr ähnlichen U 416. So konnten die Kunden Mitte der 60er-Jahre aus einer ganzen Familie von Unimogs das passende Fahrzeug für ihre Bedürfnisse wählen.

Eine ganz spezielle Bauart der Unimogs waren die Triebköpfe, die unter anderem für die bekannten Niederflur- oder Schräghubwagen der Firmen Anton Ruthmann GmbH, Eylert KG und Wumag GmbH verwendet wurden. Hierbei stammte von Unimog nur das Fahrzeugvorderteil, d. h. angetriebene Vorderachse, Motor und Fahrerhaus. Der hydraulisch zu bewegende hintere Teil des Fahrzeugs und die einzeln am zweigeteilten Rahmen aufgehängten Hinterräder wurden von den Aufbauherstellern an den Triebkopf angebaut. Auch heute noch werden derartige Fahrzeuge für spezielle Transportaufgaben mit modernen Unimog-Triebköpfen versehen.

Eine wichtige Säule für den Erfolg der Fahrzeuge aus dem Hause Daimler-Benz, PKW ebenso wie LKW, war seit jeher der Export ins europäische und außereuropäische Ausland. Direktor Haspel hatte Ende der 40er-Jahre sein Augenmerk auf die lebenswichtigen Exporte gerichtet, als dies noch recht kompliziert und mit vielerlei bürokratischen Hürden behaftet war. Erst nachdem die Alliierten 1948 die Bedingungen für Exporte gelockert und die Exportmesse 1949 die Nachfrage des Auslandes deutlich stimuliert hatten, kam Bewegung ins Geschäft.

Den ersten großen Auftrag erhielten die Lastwagenbauer von Daimler-Benz aus Brasilien. 1949/50 sollten 1000 zerlegte und in Kisten verpackte LKW, so genannte CKD-Lieferungen, nach Südamerika verschifft werden, wo die Lastwagen zusammengebaut und verkauft wurden. Ende 1950 folgte ein noch umfangreicherer Anschlussauftrag über gleich 2000 LKW, 500 Busfahrgestelle und 1500 Personenwagen. Aus Argentinien kam 1951 eine Order über 350 Omnibuschassis.

Mit diesen Aufträgen begann das intensive und bis heute bestehende Engagement der Daimler-Benz AG in den wichtigsten und größten Märkten Südamerikas. Die Bedeutung, die man dem riesigen Halbkontinent insbesondere für die Nutzfahrzeugsparte von Daimler-Benz schon damals zumaß, lässt sich auch daran ablesen, dass Wilhelm Haspel persönlich im Sommer 1951 nach Brasilien und Argentinien reiste, um mit dortigen Geschäftspartnern und Politikern zu sprechen.

In Argentinien wurde daraufhin 1952 die Aktiengesellschaft Mercedes-Benz Argentina gegründet, an der Daimler-Benz 30 Prozent der Anteile hielt. Ein Jahr später entstand in Brasilien Mercedes-Benz do Brasil, eine Produktions- und Vertriebsgesellschaft für Mercedes-Lastwagen. In São Bernardo do Campo, in der Nähe von São Paulo, wurde ein großes Grundstück zum Bau einer Lastwagenfabrik erworben und noch Ende 1953 mit den Bauarbeiten begonnen. Doch selbst 1955, als das Werk im Rohbau längst fertig war, hatten die Deutschen noch immer keine Produktionsgenehmigung von der brasilianischen Regierung erhalten. Die bürokratischen Mühlen in Lateinamerika mahlen traditionell sehr langsam und oft nur mit entsprechendem "Schmierstoff".

Nach allerlei Schikanen, nervenaufreibenden Verhandlungen und Interventionen durch höchste politische Stellen konnte am 28. September 1956 doch noch das neue LKW-Werk in São Bernardo offiziell eingeweiht werden. Die ersten Lastwagen der Typen L 312 und LP 312 aus CKD-Teilesätzen liefen endlich vom Band. Nach den vielen Schwierigkeiten mit brasilianischen Politikern bekam Daimler-Benz, kaum dass die Produktion angelaufen war, nun Probleme mit den eigenen Gesellschaftern, die auch nicht beseitigt wurden, nachdem die Stuttgarter 1957 ihren Firmenanteil auf 50 Prozent erhöht hatten. Ruhe kehrte erst zehn Jahre später ein, als der wichtigste Anteilseigner starb und die Deutsche Bank AG 48 Prozent von Mercedes-Benz do Brasil übernahm, um sie schließlich an die Daimler-Benz AG zu verkaufen. Unterdessen hatte die LKW-Produktion beträchtlich zugenommen und es wurde ein kontinuierlich steigender Anteil an Komponenten aus brasilianischer Fertigung montiert. Zwischen 1956 und 1966 erhielt Mercedes-Benz do Brasil rund 75.000 Lastwagenteile-sätze zur Montage aus Deutschland.

Nicht nur in Brasilien hatte Daimler-Benz bisweilen sorgenvolle Jahre mit seiner Lastwagenproduktion zu bestehen, auch in Argentinien waren die Verhältnisse alles andere als einfach. Südlich von Buenos Aires entstand eine Lastwagenfabrik, in der die aus Deutschland eingetroffenen Teilesätze zusammengeschraubt wurden. Die Produktion lief gut an, so dass Argentinien 1953 mit einem Exportanteil von 26 Prozent (LKW und PKW) an der Spitze aller Länder stand. Doch auch hier erwiesen sich die Geschäftspartner als problematisch, so dass Daimler-Benz seine Anteile an Mercedes-Benz Argentina 1955 um weitere 24 Prozent erhöhte und damit die erforderliche Mehrheit besaß, um die Firma zu beherrschen.

Ausgerechnet zu dieser Zeit stürzten die Militärs die Regierung von Präsident Peron und errichteten eine Militärdiktatur, die kurzerhand alle ausländischen Unternehmen unter ihre Zwangsverwaltung stellte. Drei Jahre stand die Fahrzeugproduktion still, und die Daimler-Benz AG versuchte mit allen politischen und juristischen Mitteln, ihre Fabrik und ihr Vermögen zu retten. Erst Ende 1958 waren die Fronten soweit geklärt, dass Anfang 1959 wieder mit der Montage von Lastwagen begonnen werden konnte. Durch Kapitalerhöhung erlangte Daimler-Benz 1960 einen Anteil von 90 Prozent an der Mercedes-Benz Argentina und 1969 konnten endlich die restlichen Anteile vom argentinischen Staat erworben werden.

Auch in anderen Teilen der Welt begann ab 1950 der Export von Personen- und Lastwagen von Daimler-Benz zu florieren. In Europa waren es vor allem die Verkäufe nach Schweden und Spanien, die sich besonders gut entwickelten. In den Benelux-Staaten liefen die Geschäfte so erfolgreich, dass 1955 in Belgien ein Montagewerk eröffnet wurde.

Ein großer außereuropäischer LKW-Markt, der nicht unbedingt im Blickfeld der Daimler-Benz-Geschäftsführung lag, war Indien. Als ehemalige britische Kolonie, die erst 1947 unabhängig wurde, fuhren in Indien hauptsächlich englische Lastwagenfabrikate und Lizenzfertigungen. Deshalb waren in Stuttgart alle überrascht, als ein leitender Techniker der Firma Hindustan Motors Company bei Daimler-Benz erschien und anfragte, ob man in Kalkutta Mercedes-Lastwagen in Lizenz montieren könne. Es wurde die Lieferung von vier allradgetriebenen Testfahrzeugen vereinbart, die man besonders der indischen Armee andienen wollte. Anfang 1951 verließen die vier Bausätze Deutschland, dann hörte man viele Monate nichts mehr aus Indien. Auf Nachfrage stellte sich heraus, dass der indische Zoll die Einfuhr blockierte, die Armee im übrigen an derartigen Fahrzeugen gar kein Interesse hatte. Nach einem Jahr vergeblichen Wartens beendete Daimler-Benz die Zusammenarbeit mit der indischen Firma.

In Stuttgart war man jetzt auf den riesigen indischen Markt aufmerksam geworden, man erhoffte sich lukrative Geschäfte dort, sofern man an den richtigen Partner käme. Und den fand man noch 1952 in der Firma Tata Engineering & Locomotive Comp. Ltd. (Telco). Tata, Indiens führender Stahlproduzent und Lokomotivenbauer, zeigte sich an dem Plan, Lastwagen nach Mercedes-Benz-Bauart zu fertigen, interessiert.

Zum 1.April 1954 begann die ausgehandelte Zusammenarbeit zwischen Telco und Daimler-Benz für die Dauer von 15 Jahren, wobei sich die Stuttgarter auch finanziell in Indien engagierten. Telco durfte demzufolge Mercedes-LKW ab 3 t Gesamtgewicht bauen und in Indien allein verkaufen. Die Fahrzeuge hiessen offiziell Tata-Mercedes-Benz und führ-

Mercedes-Benz L 6600 in Südafrika

Prospekttitel von 1954

von CKD-Teilesätze in den 50er-Jahren eine enorme Bedeutung für Daimler-Benz, so dass die Exportquote deutlich stieg und die Gewinne sprudelten. Rund 217.000 CKD-Lieferungen unterschiedlichen Umfangs gingen zwischen 1954 und 1969 in die drei Länder. Der massenhafte Versand von "Lastwagen in Kisten" nahm Mitte der 60er-Jahre ab, weil die Regierungen der betreffenden Länder einen immer höheren Anteil vom im Inland produzierten Komponenten bei der LKW-Montage zur Bedingung gemacht hatten. Doch dafür begann schon bald die Montage von Mercedes-Lastwagen in anderen Teilen der Welt.

Die Jahre 1954 bis 1956 brachten für die Lastwagensparte der Daimler-Benz AG viel Neues. Es erschienen neue Modelle und Baureihen und es gab neue Typenbezeichnungen für alle Lastwagen. Bislang wurden die Mercedes-Lastwagenmodelle, wie dies bei fast allen Herstellern üblich war, nach ihren Nutzlastkapazitäten klassifiziert und bezeichnet. Aus unerfindlichen Gründen änderte der Daimler-Benz-Vorstand diese durchaus sinnvolle Praxis und führte neue Typenbezeichnungen ein.

Die ab Herbst 1954 gültige Terminologie richtete sich nach hausinternen Typennummern der Chassisbaureihen und Motoren. Da niemand außerhalb der Werkstore diese Typennummern kannte, war die Verwirrung in der Öffentlichkeit, bei Kunden und in der Fachpresse ziemlich groß, zumal es kein logisch nachvollziehbares System bei der Nummerierung gab. Selbst heute ist es im Rückblick nur mit

ten den Mercedes-Stern auf dem Kühler. Die ersten 500 CKD-Sätze mit Lastwagen des Typs L 3500 wurden noch 1954 in Indien montiert. Bereits 1962 konnte der 60.000 Mercedes-Lastwagen bei Tata fertiggestellt werden, wobei der Anteil der Komponenten aus indischer Produktion auf fast 90 Prozent gestiegen war. Bis 1969 hatte Tata 126.300 LKW unterschiedlicher Modelle nach Mercedes-Benz-Lizenz montiert. Nach Ablauf des 15-Jahres-

Vertrages wurde die Zusammenarbeit in gelockerter Form weiter geführt. Die Lizenzfertigungen wurden nur noch unter dem Markennamen Tata verkauft und führten keinen Mercedes-Stern mehr. Telco durfte seine LKW seither beliebig abändern und unbegrenzt exportieren, da auch kein gemeinsamer Vertrieb mit Mercedes-Benz bestand.

Durch die LKW-Exporte nach Brasilien, Argentinien und Indien gewann die Lieferung

Mercedes-Benz LS 315 mit Haller-Tankauflieger

Kipperfahrgestell MB LK 315

großer Mühe möglich, die unterschiedlichen LKW-Modelle der 50er-Jahre anhand ihrer Bezeichnungen zu identifizieren, nicht zuletzt, weil sie äußerlich teilweise absolut baugleich waren und sich lediglich durch den Einbau diverser Motortypen unterschieden.

Erst 1963 wurde dieser verwegene Vorstandsbeschluss rückgängig gemacht und die Lastwagen fortan nach Gesamtgewicht und PS-Leistung gekennzeichnet, so dass es nun möglich war, jeden Mercedes-LKW anhand seiner Typenkennzahl eindeutig zu identifizieren.

Aus dem 3,5-Tonner L 3500 wurde 1954 der L 311; der erst ein Jahr alte L 4500 wandelte sich zum L 312; der mittlerweile zum 5,5-Tonner aufgewertete L 5500 (ehemals L 5000) lebte als L 325 weiter und der schwere L 6600 erschien nun als L 315.

Dabei blieb es natürlich nicht, denn in den Wirren der 50er-Jahre, als sich die politisch Verantwortlichen in der Bundesrepublik Deutschland alle paar Jahre neue Zulassungsbestimmungen für Lastwagen ausdachten (vier Änderungen in zehn Jahren!) erschienen und verschwanden die Modelle bisweilen im Jahresrhythmus. Bei Mercedes-Benz wurden unter anderem die Typen L 321, L 331, L 329, L 326, L 333 und L 334 vorgestellt, die entsprechend den politischen Vorgaben, für den Verkauf im Inland oder für den Export konzipiert waren. Nie zuvor hatte es so viele LKW-Modelle gegeben, denn niemals zuvor waren die Hersteller gezwungen gewesen, so deutlich zwischen dem Inlandsmarkt und dem Export zu unterscheiden.

Bei Daimler-Benz gab es seit jeher eine tief sitzende Abneigung gegen Lastwagen in Frontlenkerbauart. Bereits in den 30er-Jahren, als viele Firmen diverse Frontlenker im Programm hatten, gab es von Mercedes-Benz nur die Sondermodelle mit KuKa-Mülltrommel. Die verantwortlichen Techniker bei Daimler-Benz hielten den Frontlenker lange Zeit für eine Modeerscheinung, die sich letztlich überleben

Mercedes-Benz LA 311 als Wasserwerfer

Mercedes-Benz LP 311 mit Binz-Fahrerhaus

Kommunalfahrgestell LPM 329 mit KuKa-Aufbau

würde. Dies war allerdings eine eklatante Fehleinschätzung der Entwicklung. Spätestens zu Beginn der 50er-Jahre, als sich der Frontlenker in den meisten Ländern durchzusetzen begann, stand man bei Daimler-Benz endgültig vor der Entscheidung: Frontlenker ja oder nein?

Nach langem Zögern bot man schließlich ab 1954 die ersten Frontlenker offiziell ab Werk an. Zuvor, seit 1950, hatte es schon einige wenige Mercedes-Frontlenker gegeben, die aber als Einzelanfertigungen im Kundenauftrag in den Karosseriebaubetrieben Kässbohrer GmbH, Binz GmbH und Gebr. Wackenhut GmbH entstanden waren. Auch die ab Anfang 1954 im Katalog angebotenen Frontlenker der Typen LP 3500 und LP 4500 und ihre Nachfolger erhielten Fahrerhäuser von diesen Karosseriefirmen. Besonders die Firma Gebr. Wackenhut baute viele Kabinen für die schweren Frontlenker aus Gaggenau, insgesamt etwa 6000 zwischen 1954 und 1961. Bei Daimler-Benz in Mannheim stellte man erst Ende der 50er-Jahre Frontlenkerfahrerhäuser in der eigenen Fabrik her.

Mercedes-Benz LP 333 (6x2) von 1958

Dreiachsige Sattelzugmaschine LPS 333 (6x2)

Zur Kennzeichnung der Frontlenker benutzte man das Kürzel LP für Lastwagen-Pullmann. Mit diesem Namen, einem amerikanischen Waggonbauer entlehnt, glaubte man, die geräumigen und komfortablen Fahrerhäuser angemessen charakterisieren zu können. Die beiden ersten Frontlenkertypen LP 3500 und LP 4500 wurden in nur wenigen Exemplaren verkauft, denn ab Ende 1954 hießen sie dann LP 311 und LP 312. Zu diesem Zeitpunkt kam als drittes Modell der große LP 315 heraus, ein 8-Tonner mit dem 145 PS starken Dieselmotor OM 315.

Da die Nachfrage nach Frontlenkern stieg, wurden immer mehr Modelle in Frontlenkerausführung werkseitig angeboten, so dass Ende der 50er-Jahre ein komplettes Typenpro-

gramm daraus entstanden war. Dazu gehörten, neben den gewöhnlichen Pritschenwagen, spezielle Sattelzugmaschinen (LPS) und Kipper (LPK) mit kürzeren Radständen, aber auch einige wenige Sondermodelle für die Feuerwehr (LPF) und den Kommunalfahrzeugsektor (LPKo und LPM).

Der bekannteste und gleichzeitig markanteste aller Mercedes-Pullmann, wenngleich in nur geringen Stückzahlen zwischen 1958 und 1961 gebaut, war der LP 333. Dieser 200 PS starke Lastwagen hatte drei Achsen und war für ein Gesamtgewicht von 16 t bei 9200 kg Nutzlast konzipiert. Ungewöhnlich war bei diesem LKW, dass er nur eine angetriebene Hinterachse besaß, dafür aber zwei gelenkte Vorderachsen. Diese Bauweise, in England

unter dem Spitznamen „China Six" schon lange bekannt, war in Deutschland ein absolutes Novum und erregte deshalb natürlich große Aufmerksamkeit.

Möglich und notwendig wurde dieses Fahrzeug nur auf Grund der seit dem 1. Januar 1958 in Deutschland bestehenden neuen Achslastbestimmungen, die eine drastische Reduzierung aller Gewichte erforderten. Ein Zweiachser durfte nur noch 12 t Gesamtgewicht haben und ein Dreiachser 18 t. Das Zuggewicht wurde auf 24 t festgelegt und die Gesamtlänge auf 14 m reduziert. Erstmals gab es auch eine dreiachsige Sattelzugmaschine für 16 t Gesamtgewicht, den Mercedes-Benz LPS 333 (6x2), der gleichfalls zwei lenkbare Achsen hatte, wobei die zweite gelenkte Achse unmit-

Mercedes-Benz L 319 D als Pritschenwagen

Mercedes-Transporter in Feuerwehrausführung (LF8)

Zeichen der Zeit erkannt, denn der Transporter-markt erlebte in den 50er-Jahren einen enormen Aufschwung. Noch gab es eine ganze Reihe von Herstellern, die um Marktanteile rangen, und Daimler-Benz wollte dabei mitmischen. Es schien auch durchaus angebracht, das eigene LKW-Programm nach unten zu komplettieren, denn da klaffte eine Lücke zwischen den leichten Lieferwagen auf PKW-Basis und dem MB L 311.

Ein bisschen merkwürdig sahen die Dinger schon aus, die dort auf dem Ausstellungsstand von Mercedes-Benz zu sehen waren. Die Front mit der breiten, durchgehenden Windschutz-scheibe, optisch den größeren Pullmann-Fahrzeugen angenähert, lag versetzt über der ungewöhnlich weit vorgeschobenen Vorder-achse. Lieferbar war der L 319 D genannte Mercedes-Transporter mit einem Vierzylinder-Dieselmotor (OM 636 VI) mit 43 PS Leistung, ein Jahr später auch mit dem Vierzylinder-Vergasermotor des Typs M 121 und einer Leistung von 65 PS. Zunächst stand nur ein Radstand mit 2850 mm zur Verfügung, sowohl für den Kastenwagen, als auch für die Pritschen- und die Omnibusversion. Die Nutz-last der ersten Baureihe betrug 1,75 t, das Ge-samtgewicht lag bei 3,6 t. Anfang 1956 begann die Serienfertigung des L 319 D im Werk Sindelfingen. Trotz des ziemlich lauten und nicht sehr zugkräftigen Dieselmotors wurden stets weitaus mehr Dieselfahrzeuge verkauft, als die Ausführungen mit Ottomotor.

1961 gab es für die Transporter neue Motoren und eine Fahrgestellversion mit lan-gem Radstand (3600 mm). Der neue Vergaser-motor M 121 leistete nun 68 PS, während der Diesel OM 621 50 PS erreichte. Zwei Jahre spä-ter wurden neue Typenbezeichnungen einge-führt und es kam eine Doppelkabine ins Liefer-programm. Aus dem Diesellastwagen L 319 D entstand der L 405 und die Version mit Vergasermotor hieß fortan L 407. Die Nutzlast erhöhte man wahlweise auf 2000 kg und das Gesamtgewicht auf jetzt 3900 kg. Weitere zwei Jahre später erhielten die Transporter stärkere Motoren und abermals andere Typenbezeich-nungen. Der nunmehr 55 PS starke Diesellaster hieß L 406, während der 80 PS leistende Ver-gasermotor in den L 408 eingebaut wurde. Bei diesen Ausführungen blieb es dann bis 1968, bis zum Ende der ersten Mercedes-Transpor-terbaureihe, die mit über 100.000 gebauten Einheiten als durchaus erfolgreich gelten kann.

Die Jahre 1956/57 bedeuteten die erste Krise und einen Einschnitt in der stürmischen Aufbruchphase der deutschen Automobilin-dustrie nach dem Krieg. Zehn Jahre waren seit dem Neubeginn vergangen, Jahre in denen es mit der Wirtschaft immer steil bergauf gegan-gen war. Nun gab es eine Delle im Aufschwung, eine Konsolidierung von kurzer Dauer, dann

telbar vor der angetriebenen Hinterachse lag.

Wie fast alle deutschen Nutzfahrzeugher-steller so beteiligte sich auch Daimler-Benz an den Ausschreibungen für die Fahrzeugerstaus-stattung der neu gegründeten Bundeswehr. Neben dem Unimog S, der in großen Mengen für die Bundeswehr gebaut worden ist, lieferten die Schwaben einen 5-Tonner in Geländeaus-führung, der zusammen mit einem MAN-Mo-dell in dieser Klasse das Rennen gemacht hatte.

Der "hochbeinige" einzelbereifte und all-radgetriebene MB LG 315, der zwischen 1956 und 1964 in knapp 8300 Exemplaren an die Bundeswehr geliefert worden ist, erhielt den 6-Zylindermotor OM 315 mit einer Leistung von 145 PS bei 2100/min. Das Chassis wurde vom

schweren L 6600 beziehungsweise LA 315 ab-geleitet und entsprechend den Bedürfnissen und Forderungen des Militärs modifiziert. Die Fahrerkabine war offen (mit Faltdach), hatte eine senkrecht stehende zweigeteilte Wind-schutzscheibe und dünne Türen mit Sicken. Auch Kotflügel und Kühlerhaube waren in Einfachausführung und entsprachen in keiner Weise den Serienmodellen des L 315. Geliefert wurde der Mercedes LG 315 mit Pritsche und Plane oder mit dem Einheitskofferaufbau.

Auf der Frankfurter Automobilausstellung 1955 feierte Daimler-Benz seinen Einstand in einer neuen Nutzfahrzeugklasse: dem leichten und schnellen Transporter. Man hatte die

Auto Union und DKW

Jene vier Firmen der Auto Union, die im Juni 1932 unter dem Symbol der vier Ringe fusionierten, gehörten nicht gerade zu den bedeutendsten Unternehmen der deutschen Nutzfahrzeugindustrie. Jedoch bauten Audi, DKW und Horch immerhin einige Jahre auch Liefer- und Lastwagen.

Die älteste der vier Automobilfirmen wurde bereits 1885 in Chemnitz als Fahrradfabrik Winkelhofer & Jaenicke gegründet, woraus 1896 die Wanderer Fahrradwerke AG entstand. Die Herstellung von Motorrädern wurde 1902 aufgenommen und die ersten Autos verließen 1905 die Werkstore. Bis 1932 wurden ausschließlich PKW unter dem Namen Wanderer gebaut.

August Horch begann seine Karriere in der Automobilbranche als Assistent und Betriebsleiter bei Benz & Cie. in Mannheim. 1899 machte er sich unter dem Firmennamen A. Horch & Cie. in Köln selbstständig. Nach der Motorenproduktion begann ab 1902 auch die Automobilherstellung. Ein Jahr später wurde die Firma nach Reichenbach im Vogtland verlegt. Finanzielle Schwierigkeiten führten dazu, dass Horch 1909 seine eigene Firma verlassen musste. Wenig später begann bei Horch die Nutzfahrzeugproduktion mit 55 PS starken Krankenwagen. Kurz darauf wurde ein 3-Tonner (27/42 PS) entwickelt und in den folgenden Jahren in mehr als 2000 Exemplaren gebaut. Dennoch blieben Nutzfahrzeuge nur eine Randerscheinung bei Horch, im Vordergrund standen hochwertige Personenwagen.

Nach dem Ausscheiden August Horchs bei Horch & Cie. gründete er noch im gleichen Jahr eine neue Firma in Zwickau. Weil er seinen Namen nicht verwenden konnte, nannte er die Firma Audi Automobilwerke GmbH (Audi (lat.) = Horch). Ab 1910 wurden PKW gebaut und 1914 erschienen mit dem Audi Bt die ersten 2-Tonner mit 25/28-PS-Motoren. Die Modelle Ct, Fc und Hc entstanden in diversen Ausführungen. Insgesamt baute Audi zwischen 1914 und 1928 rund 2100 LKW. 1928 wurde Audi von der Zschopauer Motorenwerke J. S. Rasmussen AG übernommen.

Horch 3-Tonner um 1917

Die vierte der Vorläuferfirmen entstand 1904 in Chemnitz, gegründet von dem Dänen Jørgen S. Rasmussen. 1907 verlagerte Rasmussen seine Firma nach Zschopau und begann Dampfkessel und Dampfmobile zu bauen. Aus dem von Rasmussen entwickelten „Dampf-Kraft-Wagen" leitete sich der ab 1922 verwendete Markenname DKW ab. Noch bevor Rasmussen 1923 die Herstellung von Dampfwagen einstellte, entstanden in seiner Maschinenfabrik Hilfsmotoren für Fahrräder und schließlich Motorräder. Erst 1927 baute die Firma, die inzwischen Zschopauer Motorenwerke J. S. Rasmussen AG hieß, ihre ersten Autos, sowohl PKW als auch, gemeinsam mit der AEG, kleine elektrisch betriebene Lieferwagen, genannt DEW („Der Elektro-Wagen").

DKW war nach Gründung der Auto Union 1932 zunächst die einzige Marke, die weiterhin leichte Nutzfahrzeuge baute, beispielsweise Lieferwagen auf der Basis des DKW F7. Ab 1935 begann auch das Horch-Werk erneut mit der LKW-Fertigung, nun aber fast ausschließlich für die

DKW-Transporter F 89 L

Wehrmacht. Während des Krieges entstanden in den Auto-Union-Werken Militärfahrzeuge, u. a. LKW, Panzerspähwagen, Halbkettenfahrzeuge und Schlepper. Nach dem Krieg begann ab 1947 erneut die Produktion. In Zwickau wurden 3-Tonner des Typs Horch H3 gefertigt. Daraus entstand 1950 der H3 A, nun aber bereits unter der DDR-Bezeichnung IFA. Ein Teil der ehemaligen Mitarbeiter war nach Westdeutschland gegangen und hatte in Ingolstadt eine neue Gesellschaft gegründet, die Auto Union GmbH. Dort wurde als erstes Fahrzeug ab 1948 der Transporter DKW F 89L hergestellt. Die PKW-Produktion begann 1950 in einer neuen Fabrik in Düsseldorf. Absatzprobleme, Konzeptionslosigkeit und Kapitalmangel führten die neue Auto Union GmbH Mitte der 50er-Jahre in eine ernste Krise. Es blieben nur zwei Auswege: Liquidation oder Übernahme. 1958 gelangte die Daimler-Benz AG in den Mehrheitsbesitz der Auto Union GmbH und führte die Geschäfte weiter.

DKW-Transporter F 1000 L aus spanischer Produktion

ging das beneidete und bestaunte Wirtschaftswunder unvermindert weiter. Die Automobilindustrie konnte die kurzfristige Krise ohne allzu tiefe Blessuren weit gehend verkraften. Doch hier und da wurde die Luft gefährlich dünn und bei Firmen wie Auto Union, BMW oder MAN, merkte man nur zu deutlich, auf was für schwachen Füßen man sich bewegte. Bei Daimler-Benz hinterließ die Konjunkturdelle keinen nennenswerten Schaden, 1958 war bereits alles wieder vergessen.

Zu dieser Zeit kündigten sich wichtige Ereignisse für Daimler-Benz an: Die erste große Firmenübernahme seit der Fusion von 1926 stand bevor. In der Zwischenzeit hatten sich auch die Besitzverhältnisse der Firma geändert. Ohne viel Aufhebens hatte ein bekannter Investor, Friedrich Flick, seit 1952 ein beträchtliches Aktienpaket der Daimler-Benz AG aufgekauft. 1955, als man sich in Stuttgart dieser Tatsache bewusst wurde, lag der Flick-Anteil bereits bei 25 Prozent. Ein zweiter Grossaktionär, mit immerhin rund 9 Prozent, war die Familie Quandt, die gleichzeitig an BMW umfangreiche Anteile hielt und noch heute hält. Flick hatte ebenfalls in eine zweite Automobilfirma investiert, die Auto Union, an der er gleich 41 Prozent besaß. Durch die Konjunkturdelle 1956 war die Auto Union, die ihre anfänglichen Erfolge mit Motorrädern, Transportern und PKW nicht fortsetzen konnte, in eine wirtschaftliche Schieflage geraten und benötigte eine kräftige Finanzspritze.

Teilhaber Flick hätte es natürlich gern gesehen, wenn sich Daimler-Benz an der Auto Union beteiligt hätte. Doch die Stuttgarter winkten ab, obwohl sie durchaus an einem Mittelklassemodell für ihr PKW-Programm interessiert waren. Erst nachdem Flick mit der Ford AG

Kontakt aufgenommen hatte und sich eine Übernahme der Auto Union durch die Amerikaner anbahnte, änderte der Daimler-Benz-Vorstand seine Meinung und verhandelte erneut mit Flick. Anfang 1958 kaufte Daimler-Benz Flicks 41-Prozent-Anteil an der Auto Union sowie einen ähnlich großen Anteil eines Schweizer Investors, so dass die Stuttgarter nunmehr Mehrheitseigner der Auto Union wurden und die unternehmerische Führung ausüben konnten.

Mit der Übernahme der beiden Auto-Union-Fabriken in Düsseldorf und Ingolstadt und der Produktion von Motorrädern und der bekannten Zweitakter-PKW, kam Daimler-Benz auch in den Besitz der DKW-Transporter. Diese Fahrzeuge wurden seit 1949 äußerlich nahezu unverändert gebaut. Nur die Motoren und die Typenbezeichnungen hatten sich im Laufe der Jahre geändert. 1958 wurde das Modell 3=6 mit dem Dreizylinder-DKW-Motor angeboten, der 32 PS bei 4000/min leistete. Die Nachfrage nach diesen Fahrzeugen hatte bereits deutlich nachgelassen und so ließ man die Produktion langsam auslaufen. 1961 entstanden die letzten Fahrzeuge in Ingolstadt.

Ein Jahr zuvor hatte die Fertigung dieser Transporter in Nordspanien begonnen, in einer Fabrik der Firma IMOSA in Vitoria, an der die Auto Union beteiligt war. Schon 1963 stellte man die dortige Herstellung des alten DKW-Transporters ein. In der Zwischenzeit war nämlich in Vitoria ein neues Transportermodell entworfen worden, der DKW F 1000 L – moderner, gefälliger, eleganter und technisch anspruchsvoller als der Vorgänger. In Spanien wurde dieser Transporter sowohl mit Mercedes-Dieselmotor, als auch mit DKW-Dreizylinder-Vergasermotor, bis 1975 gebaut und erfolgreich ver-

kauft. In der Bundesrepublik Deutschland war das Fahrzeug nur mit dem DKW-Zweitakter erhältlich, folglich war das Interesse an diesem Transporter sehr gering.

Die Übernahme der Auto Union stellte sich für die Daimler-Benz AG schon nach wenigen Jahren als verlustreiches Unterfangen heraus. Mit den technisch überholten Personenwagen gab es viel Ärger, die Firma verschlang beträchtliche Finanzmittel und die Neuentwicklung von Mittelklassefahrzeugen gestaltete sich schwieriger als zunächst angenommen. Die unrentable PKW-Produktion wurde 1962 ins Werk Ingolstadt verlegt, so dass das Düsseldorfer Werk nun freie Kapazitäten hatte, um die Herstellung der Mercedes-Transporter L 319 aus dem Werk Sindelfingen zu übernehmen. 1964 waren die Verluste der Auto Union so groß geworden, dass der Vorstand in der Stuttgarter Zentrale die Notbremse zog. Das Ende der Auto Union und der Marke DKW schien ausgemacht.

Der Volkswagen-Konzern, der zu dieser Zeit von Kapazitätsengpässen geplagt wurde, interessierte sich für die Fabrik in Ingolstadt. Das passte gut zusammen, denn Daimler-Benz wollte die Düsseldorfer Fabrik weiterhin für seine Transporterproduktion nutzen. Unter Hinzuziehung zweier Anlagegesellschaften wurden die gesamten Anteile der Auto Union mittels eines komplizierten Vertragswerkes etappenweise 1965/66 auf die Volkswagen AG übertragen. So endete das erste große Übernahmeabenteuer der Daimler-Benz AG zwar nicht sehr ruhmreich, aber auch nicht in einer Katastrophe.

Während die Auto-Union-Krise bewältigt werden musste, hatte sich in der Nutzfahrzeugsparte von Daimler-Benz einiges getan. Zwei vollkommen neue Baureihen von Hauben- und Frontlenkerlastwagen waren entwickelt und herausgebracht worden und es wurde ein nagelneues Lastwagenwerk auf die „grüne Wiese" gebaut.

Im Frühjahr 1959 erschienen die ersten Modelle der neuen Hauberbaureihen, die sich so grundlegend von den Vorgängern unterschieden. Die Designer hatten eine sehr moderne und nahezu zeitlose Form für einen Haubenlaster entworfen. Erstmals waren die Kotflügel nicht mehr separat ausgestellt, sondern in die gesamte Front integriert, so dass sie nur noch im Ansatz herausragten. Die Haube erstreckte sich über die ganze Breite des Fahrzeugs und der Kühlergrill, bis dahin stets steil und hoch aufragend, lag flach und quer unter der Haube, eingerahmt von den Scheinwerfern. Dieser damals gewagte Gestaltungsentwurf – ein wenig mag man hier auf die Hauber des Konkurrenten MAN geschielt haben – wurde seinerzeit als Pontonform mit Alligatorhaube bezeichnet, denn die Motorhaube wurde in einem Stück nach oben aufgeklappt, wie der Oberkiefer einer Riesenechse.

Zwei unterschiedliche Hauberbaureihen wurden damals produziert. Es gab die mittelgroßen Modelle aus Mannheimer Fertigung für Gesamtgewichte von 7,5 t (L 323) bis 14 t (L 327), die eine kurze breite Haube erhielten und vorrangig für den innerstädtischen Verteilerverkehr sowie den leichten Baustelleneinsatz konzipiert worden waren. Außerdem gab es die schweren LKW mit der langen Haube aus Gaggenau, die anfangs Gesamtgewichte von 12 t (L 337) bis 19 t (L 332 B) abdeckten, und die für schweren Baustellen- und Fernverkehr vorgesehen waren.

Diese wuchtigen Haubenlaster wurden in der Vergangenheit in diversen Publikationen und selbst in Werksunterlagen absurderweise immer als Kurzhauber bezeichnet – eine völlige Fehlinterpretation dieses Begriffs. Tatsächlich waren die Motorhauben dieser LKW deutlich länger, als die der wirklichen Kurzhauber, nämlich der mittelgroßen Mercedes-Fahrzeuge jener Epoche. Viel sinnvoller erscheint es, beide Baureihen als Rundhauber zu bezeichnen, um sie von den vorherigen Haubenfahrzeugen mit den schmalen und spitz zulaufenden Motorhauben zu unterscheiden.

Mercedes-Benz L 322, L 327 und L 337 waren die ersten, ab 1959 eingeführten Rundhaubermodelle. Die beiden Lastwagen L 322 und L 327 bekamen den Sechszylindermotor OM 321, der eine Leistung von 110 PS bei 3000/min abgab. Deutlich stärker motorisiert war der Gaggenauer L 337 mit dem OM 326 (172 PS bei 2200/min). L 327 und L 337 waren LKW, die die damals gültigen Bestimmungen von 12 t Gesamtgewicht bei 7 bis 7,3 t Nutzlast für Zweiachser erfüllten. Da aber bereits Anfang 1960 die Bestimmungen erneut verändert wurden, so dass nun wieder 16 t Gesamtgewicht zulässig waren, wurden die unrentabel arbeitenden Modelle L 327 und L 337 wenig später wieder vom Markt genommen. Aus dem L 327 wurde ab 1961 ein 14-Tonner (9 t Nutzlast) während sich der L 337 zum L 338 wandelte mit ebenfalls 14 t Gesamtgewicht bei

Mannheimer Allradkipper LAK 322

Gaggenauer Allradsattelschlepper LAS 334 B

Mercedes-Benz LS 322 mit Kroll-Anhänger

Sonderfahrgestell für Betonmischer: Mercedes-Benz LB 327

Die ersten Dreiachskipper: LK 2220 (6x4) und LAK 2220 (6x6)

8 t Nutzlast. Bei dieser Gelegenheit wurden auch die Motoren ausgetauscht beziehungsweise in der Leistung erhöht.

Weitere Rundhaubermodelle der frühen 60er-Jahre waren die leichten Mercedes-Benz L 323 und L 328 (ab 1961 im Angebot) sowie die schweren Rundhauber L 334 B (ab 1960), L 332 B (ab 1962) und L 334 C (ab 1962). Die beiden letztgenannten waren Schwerlastwagen der 19-t-Klasse, die hauptsächlich für den Export gebaut wurden. Äußerlich nahezu baugleich, bestand der Unterschied vor allem in der Motorisierung. Der L 332 B bekam den OM 326 mit einer Leistung von 180 PS bei 2200/min während die L 334 C die Ausführung des OM 326 mit 192-200 PS erhielt.

Die meisten dieser Rundhaubermodelle gab es auch in den gängigen Spezialausführungen als Kipper (LK), Sattelzugmaschinen (LS) und in Allradversion (LA), und einige davon in Sonderversionen für Feuerwehren (LF 322/LAF 322), Kommunalbetriebe (LKo 322/LKo 327) und Transportbetonunternehmen (LB 327). Darüber hinaus waren diese Chassis, mit Ausnahme des L 332 B/C, auch in der Pullmannversion (LP), d. h. als Frontlenker, lieferbar.

Im Spätsommer 1963 beschloss die Geschäftsleitung der Daimler-Benz AG, die unseligen Fahrgestellbezeichnungen der Lastwagen,

die nur Verwirrung gestiftet hatten, wieder zu ändern und ein Kennzeichnungssystem einzuführen, das eine klare und eindeutige Zuordnung der Modelle ermöglichte.

So finden wir ab Baujahr 1964 bei sämtlichen Lastwagen Typenkennungen, die die Fahrzeuge nach ihren ungefähren Gesamtgewichten (in Tonnen) und ihren Motorleistungen (in PS nicht in kW) problemlos identifizierbar machen. Dieses System, das auch heute noch Bestand hat und von den meisten mitteleuropäischen LKW-Herstellern in ähnlicher Form angewandt wird, hat sich zweifellos bewährt.

Ein Mercedes-Benz LA 911 war nach diesem System unschwer als ein allradgetriebener LKW mit 9 t Gesamtgewicht (erste Ziffer 9) und einer Motorleistung von 110 PS (zweite Zahl 11) erkennbar. Der Mercedes-Benz LP 1619 war demzufolge ein 16-Tonner in Frontlenkerausführung mit einem 192 PS starken Motor.

Die mittelschweren Rundhauber des Baujahres 1964 hießen nach neuer Terminologie: L 710 (vorher L 323), L 911 (vorher L 328), L 1113 (vorher L 322) und L 1413 (vorher L 327).

Die schweren Fahrzeuge nannte man nun: L 1418 (vorher L 338), L 1618 (vorher L 331 B), L 1620 (vorher L 334 B), L 1920 (vorher L 334 C). Hinzu kamen die neuen erstmals werkseitig angebotenen Dreiachser mit angetriebenen

Doppelachsaggregaten L 2220 (6x4) und L 2620 (6x4) sowie die Allradausführungen LA 2220 (6x6) und LA 2620 (6x6).

Die Einführung neuer Typenbezeichnungen ging einher mit dem Umzug der Lastwagenproduktion aus den Werken Mannheim und Gaggenau in eine vollkommen neu gebaute Fabrik in der Nähe von Karlsruhe. In Wörth, am Ufer des Rheins, hatte Daimler-Benz im Sommer 1960 ein großes Areal erworben, auf dem die neue Fabrik entstehen sollte. Als die Bauarbeiten Ende 1961 begannen, war sich der Vorstand eigentlich noch gar nicht im Klaren darüber, was in dem neuen Werk eigentlich hergestellt werden sollte. Von einer Zusammenlegung der Aggregate- und Grossmotorenfertigung war die Rede, doch dafür bot sich eine andere, günstigere Variante an.

Dann erwog man, alle Lastwagenfahrerhäuser in Wörth zu bauen. Diese Idee wurde insofern 1963 realisiert, als im Spätherbst des Jahres die Herstellung der modernen LKW-Fahrerhäuser in der neuen Fabrik begann. Doch erst 1964 fiel die endgültige Entscheidung, im Werk Wörth die gesamte Produktion und Endmontage der mittleren und schweren Lastwagenbaureihen zu konzentrieren. Dieser einleuchtende Gedanke war erst gereift, nachdem die Betriebsleiter der Werke Mannheim und

Mercedes-Benz Frontlenker LP 1620

Mercedes-Benz Sattelzugmaschine LPS 2020 (6x2) mit zwei gelenkten Achsen

Mercedes-Benz Sattelzugmaschine LPS 2223 (6x4) mit Tandemachsaggregat

Gaggenau über ihre Platz- und Kapazitätspro-bleme berichtet und dem Vorstand als Alternative den Standort Wörth vorgeschlagen hatten.

So wurde in den Jahren 1964 und 1965 ein Großteil der LKW-Produktion nach Wörth verla-gert, wo am 14. Juli 1965 der erste komplette Lastwagen vom Band rollte. Zunächst montier-te man die modernen Frontlenkerbaureihen in Wörth, dann wurden die Haubenmodelle Zug um Zug nach Wörth verlegt, so dass die LKW-Fertigung in Mannheim und Gaggenau Ende 1967 eingestellt werden konnte.

Auf Grund der Konzentration der gesamten Lastwagenmontage in Wörth erfolgte Mitte der 60er-Jahre eine Neustrukturierung der Produk-tionsabläufe und -schwerpunkte aller mittler-weile neun inländischen Daimler-Benz-Werke:

- Mannheim baute weiterhin die LKW-Motoren und behielt die gesamte Omnibusherstellung
- Gaggenau fertigte alle Unimog-Baureihen sowie Achsen und Getriebe für Lastwagen
- Sindelfingen und Untertürkheim waren für die Personenwagenproduktion zuständig
- Düsseldorf baute alle Transportermodelle bis 4 t (später bis 6 t)
- Berlin-Marienfelde montierte komplette Motoren und lieferte Fahrzeugteile
- Friedrichshafen, das 1960 erworbene ehemalige Maybach-Werk, hatte die Großmotorenherstellung übernommen
- Bad Homburg, das ebenfalls seit 1960 im Konzern integrierte ehemalige Horex-Werk, fertigte Kleinteile für Motoren

Weitere Werke kamen gegen Ende der 60er-Jahre hinzu. Bei seiner Eröffnung 1965 war Wörth das modernste und größte Lastwagen-montagewerk in Europa, welches ursprünglich für eine Jahresproduktion von 48.000 LKW kon-zipiert worden war. Diese Zahl konnte schon 1969 erreicht werden und die Kapazitäten wur-den schrittweise, mit dem Ziel 100.000 Einhei-ten, erhöht. Diese Zielvorgabe wurde erstmals im Jahre 1975 mit 105.200 Lastwagen über-schritten, nachdem die Fabrik zweimal vergrö-ßert worden war.

Zurzeit der Inbetriebnahme des LKW-Werkes in Wörth erfolgte eine Erweiterung und Erneuerung des Lastwagenprogramms. Für die Frontlenkerbaureihen hatten die Designer neue Fahrerhäuser entworfen, die bedeutend geräu-miger und komfortabler waren als die alten Konstruktionen. Die Motoren waren sehr tief liegend eingebaut, so dass der üblicherweise hoch in das Fahrerhaus hineinragende Motor-tunnel kaum vorhanden war. Wegen seiner breiten Frontscheibe und seiner kantigen Form wurde dieses fortschrittliche Fahrerhaus als kubische Kabine bekannt. In der ersten Ausfüh-rung war das Fahrerhaus noch nicht kippbar,

Mercedes-Benz LP 608 mit Tiefkühlkoffer

stattdessen gab es diverse Klappen für Wartungsarbeiten am Motor. Erst 1969 erschien ein modifiziertes, mit Kippmechanismus versehenes Haus auf dem Markt.

Präsentiert wurde die neue Fahrerhauskonstruktion erstmals auf der Frankfurter Automobilausstellung 1963 bei dem Nachfolger des LP 334, dem Mercedes-Benz LP 1620, einem Zweiachser mit dem damals zugelassenen Gesamtgewicht von 16 t. Die Serienfertigung der kubischen Kabinen begann Ende 1963 mit dem Produktionsbeginn im neuen Wörther Werk. Zunächst gab es die neuen Kabinen nur für die schweren Frontlenker, doch zwischen 1964 und 1967 wurden sämtliche Frontlenkerbaureihen mit den kubischen Fahrerhäusern ausgestattet. Die letzten alten Kabinenausführungen in der gerundeten Form wurden 1967, mit dem Ende der LKW-Produktion im Werk Mannheim, aus dem Programm genommen.

Besondere Aufmerksamkeit erlangte Daimler-Benz 1965 mit der Vorstellung der modernen dreiachsigen Frontlenkersattelzugmaschinen mit zwei gelenkten und einer angetriebenen Achse. Der Mercedes-Benz LPS 2020 (6x2) war speziell für den nun endlich erlaubten 38-t-Zug konzipiert worden und er wurde von dem 210 PS starken Dieselmotor OM 346 vorwärts bewegt. Bereits zwei Jahre später erhöhte man die Leistung auf 230 PS (Motor: OM 355) und nannte die Zugmaschine demzufolge LPS 2023 (6x2). Gleichzeitig kam eine dreiachsige Sattelzugmaschine mit angetriebenem Doppelachsaggregat und gleichem 230-PS-Motor heraus, die ein um zwei Tonnen höheres Gesamtgewicht auf die Waage brachte, Typ LPS 2223 (6x4).

1965 betrat Daimler-Benz ein bislang eher vernachlässigtes Lastwagensegment, das die Lücke zwischen den mittelschweren LKW und den Transportern ausfüllen sollte. Das erste Modell eines kleinen Frontlenkers mit der kubischen Kabine, analog zu den großen LKW, der 6-Tonner LP 608, war mit dem neuen Dieselmotor OM 314 bestückt, der seine 80 PS bei 2800/min abgab. Bei diesem Motor handelte es sich um einen der ersten Direkteinspritzer von Daimler-Benz.

Bislang arbeiteten alle Mercedes-Dieselmotoren seit der Fusion von 1926 traditionell nach dem Vorkammerverfahren. Die Geschäftsführung hatte 1964 die Grundsatzentscheidung getroffen, künftig in alle Lastwagen ab 3,5 t Nutzlast Dieselmotoren mit dem Direkteinspritzsystem einzubauen. Man versprach sich von der neuen Technik einen besseren Wirkungsgrad, geringeren Verbrauch, weniger Reparatur- und Wartungsaufwand sowie niedrigere Kosten. Der LP 608 war übrigens der erste Lastwagen, der am 14. Juli 1965 die offiziell eröffnete Montagehalle im neuen LKW-Werk in Wörth verließ.

Zwei Jahre nach dem LP 608 erschien ein weiteres kleines Frontlenkermodell für nunmehr 7,5 t Gesamtgewicht, der LP 808, dem ebenfalls der neue 80-PS-Motor eingebaut wurde. Weitere Typen dieser Baureihe mit

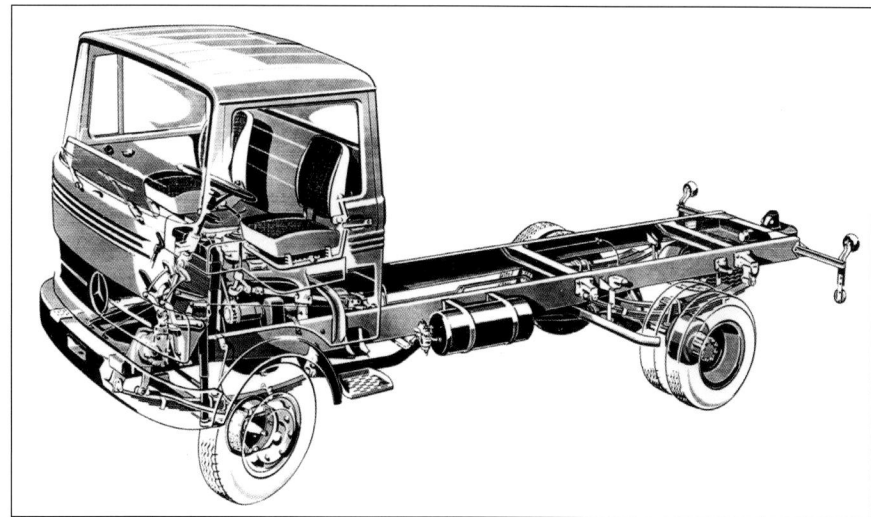

Mercedes-Benz Kleinlastwagen

Maschinenfabrik Esslingen

Der Industrielle Emil Kessler, Besitzer einer Maschinenfabrik in Karlsruhe, wurde 1845 von der Württembergischen Eisenbahnkommission mit der Gründung einer Fabrik für Eisenbahnzubehör beauftragt. Daraufhin entstand 1846 die Maschinenfabrik Esslingen (ME). Die ersten 23 Lokomotiven bestellte die Württembergische Eisenbahn noch im gleichen Jahr, deren Auslieferung begann im Oktober 1847. Der Produktionsumfang der ME umfasste, neben Lokomotiven und Eisenbahnwagen, Signalanlagen, Kräne, Dampfmaschinen, Kessel, Walz- und Hammerwerke sowie, zwischen 1850 und 1859, Schiffe. Es entstanden zahlreiche Dampf- und Schleppschiffe für den Binnenverkehr auf Donau, Neckar und Bodensee.

1853 wurde ein neuer Produktionszweig eingeführt, der Brückenbau, der zunehmende Bedeutung gewann. Mit den Jahren stieg der Exportanteil der ME auf über 50 Prozent, zahlreiche Aufträge kamen aus Österreich, der Schweiz und Italien, später auch aus Russland, der Türkei und sogar aus Indien. 1867 starb Firmengründer Kessler. Sein ältester Sohn, Emil Kessler jun., übernahm die Geschäftsführung und schon drei Jahre später konnte die 1000ste Esslinger Lokomotive ausgeliefert werden. 1881 wurde eine Firma in Cannstatt übernommen und die Produktion neu gegliedert. Im Werk Esslingen entstanden weiterhin Lokomotiven, Kessel und Eisenbahnwagen, während das Cannstatter Zweigwerk die Herstellung von Maschinen, Brücken und Gussteilen übernahm.

ME EL 2002 um 1935

1887 ließ Gottlieb Daimler sein erstes Automobil bei der ME anfertigen, seither kooperierte die ME mit der Daimler-Motoren-Gesellschaft. Zwischen 1914 und 1918 entstanden neben zahlreichen Eisenbahnwagen, Rangierloks und Rüstungsgütern auch Flugzeughangars und Luftschiffhallen. 1923 wurde schließlich der Bau von Elektrofahrzeugen aufgenommen, zunächst kleine Gepäck- und Transportkarren. Zwei Jahre später entstand der erste richtige Elektro-LKW, ein 1,5-Tonner. Weitere Modelle für 2,5 t und 3 t folgten ab 1926. Die Herstellung von Baumaschinen, zum Beispiel Straßenwalzen, wurde

1928, nach nur drei Jahren, erfolglos eingestellt. Das LKW-Programm wurde indes weiter geführt und während der 30er-Jahre erneuert – es gab sogar einen schweren dreiachsigen 5-Tonner. Rund ein Drittel aller im Deutschen Reich gebauten Elektrofahrzeuge stammte aus Esslinger Produktion, durchschnittlich 450 Fahrzeuge pro Jahr. Für den boomenden Autobahnbau der 30er-Jahre lieferte die ME zahlreiche Autobahnbrücken.

Nach dem Zweiten Weltkrieg war der Lokomotivenneubau zunächst verboten, die ME durfte bis 1949 nur Reparaturarbeiten ausführen. Die Herstellung von Elektrolastwagen und Elektrokarren begann mit den Vorkriegsmodellen. Erneut arbeiteten die Esslinger mit Daimler-Benz zusammen, indem man LKW-Komponenten und ganze Chassis bezog. Hauptkunde der Esslinger Elektrowagen war zu Beginn der 50er-Jahre die Bundespost, die größere Mengen des Paketpostwagens EL 2500 orderte. 1953 wurden Schwerlast-Hubfahrzeuge und Gabelstapler ins Pro-

ME 5-Tonner mit Mercedes-Kabine

gramm aufgenommen. Das Ende der einst erfolgreichen Elektrolastwagen kam 1956, als die letzten Modelle ausgeliefert wurden. Wenig später wurden die Dampfloks von den diesel- und elektrisch betriebenen Lokomotiven verdrängt und die Herstellung von Straßenbahnwagen gewann immer größere Bedeutung. 1966 wurde mit der allerletzten Lokomotive dieser ehemals so wichtige Produktionsbereich endgültig eingestellt. Insgesamt sind rund 5300 Lokomotiven und 26.000 Wagen in Esslingen gebaut worden.

Auf Grund finanzieller Schwierigkeiten der ME stieg 1965 eine Beteiligungsgesellschaft der Daimler-Benz AG mit 51 Prozent in die Esslinger Firma ein. Mit der Gründung der Fahrzeugwerke Esslingen GmbH 1968 durch die Daimler-Benz AG endete die Geschichte der Maschinenfabrik Esslingen als produzierendes Unternehmen.

Mercedes-Benz LP 808

etwas stärkeren Motoren erschienen in den folgenden Jahren für Gesamtgewichte von 9, 10 und 11 t. Bis 1984 wurden diese kleinen Frontlenker gebaut und damit waren sie die letzten Lastwagen, die noch Mitte der 80er-Jahre mit der kubischen Kabine erhältlich waren.

Die nicht so recht gelungene Übernahme der Auto Union war noch nicht ganz verdaut und die Übertragung der Anteile an die Volkswagen AG war noch nicht restlos vollzogen, da bot sich bereits ein anderes Unternehmen zur Übernahme an. Vielen dürfte die Maschinenfabrik Esslingen (ME) eher als Lokomotiven- und Waggonhersteller bekannt sein, weniger als Lastwagenbauer. Dennoch entstanden in Esslingen rund 30 Jahre lang Nutzfahrzeuge mit Elektroantrieb. Für kurze Zeit war die ME sogar Marktführer in diesem speziellen Bereich in Deutschland. Auch wenn die Daimler-Benz AG die bereits eingestellte LKW-Herstellung der ME nicht weiter geführt hat, so ist doch die Firmenübernahme an dieser Stelle durchaus erwähnenswert.

Die Maschinenfabrik Esslingen war in die roten Zahlen gerutscht und sah sich deshalb nach einem finanzstarken Unternehmen um. Die Geschäftsleitung von Daimler-Benz nahm

im Sommer 1964 die Verhandlungen auf. Man kannte sich ja gut, arbeitete seit den Tagen von Gottlieb Daimlers erstem Automobil in manigfacher Hinsicht zusammen. Daimler-Benz hatte beispielsweise Fahrgestelle für die Esslinger Elektrolastwagen geliefert und baute Dieselmotoren für die Lokomotiven der ME. So konnte es kaum verwundern, dass die Daimler-Benz AG bereits Ende 1964 mit einem Anteil von 25 Prozent bei der ME einstieg. Natürlich war den Stuttgartern nichts an der Produktionspalette der ME gelegen, denn schienengebundene Fahrzeuge passten damals ebenso wenig zu Daimler-Benz, wie Flurförderfahrzeuge (Gabelstapler, Hubwagen etc.) und Maschinenbau.

Das eigentliche Interesse der Daimler-Geschäftsführung galt einzig und allein den Werksanlagen der ME, schließlich liegt Esslingen in unmittelbarer Nachbarschaft zu den Werken Sindelfingen und Untertürkheim. Weil das Werk Untertürkheim nicht ausbaufähig war und stets Platzprobleme hatte, war eine Angliederung der ME-Fabriken geradezu ideal. So wurde das große Ersatzteillager 1965 von Stuttgart nach Esslingen verlagert, nachdem man dort die Mehrheit der Anteile erworben hatte. Die noch verbliebenen Unternehmensteile der ME wurden ab 1966 geschlossen oder

veräussert. Nur der Bereich Flurfördermittel wurde von der Fahrzeugwerke Esslingen GmbH, einer Daimler-Benz-Tochter, übernommen, um sie dann mit der Firma Hans Still GmbH in Hamburg zu verschmelzen. Damit endete 1968 die Existenz der Maschinenfabrik Esslingen als produzierendes Unternehmen. Die Werksanlagen wurden komplett an die Daimler-Benz AG verpachtet, so dass die ME nur als Immobiliengesellschaft weiterhin Bestand hatte.

Noch 1966 lief die Nutzfahrzeugproduktion bei Daimler-Benz auf Hochtouren und neue Modelle erblickten das Licht der Welt. Überraschend knickte die Wirtschaftskonjunktur zu diesem Zeitpunkt ein, und das so oft bestaunte deutsche Wirtschaftswunder neigte sich seinem Ende zu. Während sich die Produktion von Personenwagen und Transportern aus dem Hause Daimler-Benz kaum abschwächte, brach die Herstellung und der Absatz von Lastwagen deutlich ein. 50.763 Mercedes-Benz-LKW (inkl. Unimogs) verließen 1966 die Werkstore, 1967 waren es nur 37.950 Einheiten. Schon ein Jahr später zog die Produktion wieder an, dank steigender Exporte und Bereinigungen beim Inlandswettbewerb.

Mercedes-Benz LPKo 1519 mit Nachlaufachse und Schörling-Müllsammelaufbau

Mercedes-Benz LP 2223 (6x2) für Lebensmitteltransporte

Mercedes-Benz L 407 D
als Gerätewagen des THW

Der Stern aus Stuttgart überstrahlt den Stern aus Kassel

Mit zahlreichen Neuheiten bei Lastwagen und Motoren erschien Daimler-Benz 1967 in der Öffentlichkeit. Im unteren Nutzlastsegment, bei den Transportern, wurde eine Baureihe vorgestellt, die ein neues, ansprechendes "Gesicht" mit großer Frontscheibe und leicht vorstehender Motorabdeckung erhielt. Es gab die 4- und 4,5-Tonner als Kastenwagen und mit Pritschenaufbau in zwei verschiedenen Radständen, außerdem in Sonderausführungen mit Hochdach und Doppelkabine. Der Mercedes-Benz L 408 erhielt zunächst den Vergasermotor M 121 mit einer Leistung von 80 PS bei 5000/min, wenige Monate später den M 151 mit 75 PS bei 4400/min. Die Dieselversion des Transporters bekam die Bezeichnung L 406 D und wurde mit dem Dieselmotor OM 621 und einer Leistung von 55 PS ausgestattet. Ein Jahr später baute man den OM 615 ein, der nunmehr 60 PS bei 4200/min erreichte.

Als weitere Varianten dieser Transporterbaureihe kamen 1968 die Modelle MB L 508 D (5 t Gesamtgewicht) und MB L 608 D (5,6 t zGG) heraus. Beide Laster wurden von dem Dieselmotor OM 314 (80 PS) angetrieben, eine Version mit Vergasermotor war bei den schweren Transportern nicht erhältlich. Weil diese zweite Transporterbaureihe von Mercedes-Benz im Werk Düsseldorf gefertigt wurde, sprach man allgemein von den "Düsseldorfer Transportern" oder, zunächst werksintern, später auch öffentlich, von der Baureihe T 2. Bis

Ende 1985 liefen diese Fahrzeuge in mehr als 450.000 Exemplaren vom Band und entwickelten sich zu einem der erfolgreichsten Transporterprogramme in Europa. Ab 1972 wurden einige schwere Transportermodelle, beispielsweise der MB L 608 D, außer in Düsseldorf auch im brasilianischen Mercedes-Benz-Werk gebaut.

Weitere Neuheiten und Modellpflegemaßnahmen des Jahres 1967 gab es bei den Hau-

bern und den schweren LKW aus Wörth. Die großen Rundhauber erhielten erstmals seit Baubeginn Änderungen am Fahrerhaus. Das Dach wurde erhöht und mit einer Luke versehen, die Frontscheibe wurde entsprechend höher gezogen. Statt zwei Scheibenwischern hatten die modernisierten Hauber nunmehr drei. Auch unter der imposanten Haube gab es Ende 1967 Veränderungen. Der Hubraum des

Mercedes-Benz L 406 D in Pritschenausführung

Alter Motor, neues Fahrerhaus: Mercedes-Benz LAK 1620 von 1967

Das Erfolgsmodell der Bauwirtschaft: Mercedes-Benz LAK 2623 (6x6)

alten Motors OM 346 wurde auf 11,3 l erhöht, wodurch die Leistung um 20 PS auf 230 PS gesteigert wurde. Das neue Aggregat erhielt die Typenbezeichnung OM 355 und die Laster führten eine 23 auf ihrem Typenschild. Dies betraf allerdings nicht nur die Hauber, auch die Frontlenkermodelle der schweren LP-Baureihen wurden mit dem OM 355 ausgerüstet.

Nur eineinhalb Jahre später erfuhr dieser Motor eine erneute Leistungssteigerung um 10 PS, so dass die entsprechenden Lastwagen nun mit der Zahl 24 für 240 PS versehen wurden. Während die schweren Rundhauber in zwei- und dreiachsiger Ausführung mit dem 240-PS-Motor noch bis in die 90er-Jahre hinein für den Export gebaut wurden, war bei den schweren Frontlenkern mit der kubischen Kabine bereits 1974 Produktionsende, dann folgte eine völlig neue Fahrzeuggeneration.

Mit dem 240-PS-Motor entwickelten sich die wegen ihrer Robustheit und Zuverlässigkeit geschätzten schweren Rundhauber zu den beliebtesten Baustellenfahrzeugen in Deutschland. Besonders der schwere Dreiachskipper

Mercedes-Benz LP 1924 in Frankreich

Der 38-Tonnen Fernlastzug mit Mercedes-Zugmaschine LPS 1932

L(A)K 2624 (6x4 oder 6x6) wurde zum erfolgreichsten Vertreter seiner Klasse. Allein 1970 entstanden 4175 derartige Fahrzeuge, wovon über 1600 Exemplare im Inland verkauft wurden. Damit erzielte Mercedes-Benz einen Marktanteil von fast 40 Prozent.

Die Expansion der Nutzfahrzeugproduktion von Daimler-Benz im Ausland ging auch zum Ende der 60er-Jahre unvermindert weiter. 1967 begann die Montage von LKW-Teilesätzen (CKD) im Iran, in einer Fabrik nahe Teheran. Bevor dort mittelschwere Haubenlastwagen vom Band liefen waren bereits zahlreiche Busse zusammengeschraubt worden.

Erstmals hatte Mercedes-Benz 1953 einen Großauftrag aus dem Iran über die Lieferung von 500 Omnibussen des Typs O 3500 erhalten, ein weiterer Großauftrag über mehr als 850 Busse wurde 1958/59 abgewickelt. Damit war der Grundstein für den iranischen Markt gelegt. Dem Baubeginn der LKW-Montage folgte 1970 die Errichtung einer Motorenfabrik in Täbris, wo Dieselmotoren nach Mercedes-Lizenz gefertigt wurden. Die Daimler-Benz AG war mit 30 Prozent an dieser Motorenfabrik beteiligt. Dadurch wurde der Iran in den 70er-Jahren zu einem der wichtigsten außereuropäischen Absatzmärkte für die Stuttgarter Nutzfahr-

zeuge. Dies änderte sich erst 1979 nach der Machtübernahme der Mullahs, als die Betriebe verstaatlicht wurden und das Land für einige Jahre ins wirtschaftliche Abseits geriet.

Südafrika nahm eine gewisse Sonderstellung im Daimler-Benz-Konzern ein, denn es war bis vor wenigen Jahren das einzige Land außer Deutschland, in dem Mercedes-PKW gebaut wurden. Wichtiger war jedoch seit Ende der 60er-Jahre die Montage von Lastwagen. Die im Werk East London montierten LKW wurden von Beginn an nicht nur in der Republik Südafrika verkauft, sondern in mehrere Staaten des südlichen Afrikas (Namibia, Botswana, Zimbabwe

Krupp

Wie kein anderer Name der deutschen Industriegeschichte symbolisiert Krupp Aufstieg und Fall, Ruhm und Schmach über fast 200 Jahre. Heute gehört Krupp, nach der Fusion mit Thyssen, wieder zu den Großen der Stahlbranche, wie bereits vor Jahrzehnten.

1811 hatte Friedrich Krupp in Essen eine kleine Gussstahlgießerei, in der er hauptsächlich Bohrer, Münzstempel und Werkzeuge herstellte, gegründet. Bereits 1826, mit nur 39 Jahren, starb der Firmengründer, den häufig finanzielle und gesundheitliche Probleme geplagt hatten. Seine Frau und sein Sohn Alfred führten die Gießerei weiter. Ab 1835 stellten sich mit der Produktion von Achsen, Federn und Maschinenteilen für Eisenbahnwagen und Lokomotiven spürbare Erfolge ein. Die ersten Geschützrohre, für die Krupp so berühmt und berüchtigt war, entstanden ab 1851 und im gleichen Jahr stellte Alfred Krupp den nahtlosen Eisenbahn-Radreifen vor. Mit dieser Erfindung gelang endgültig der geschäftliche Durchbruch und der Weg zum Großunternehmen. Noch 1850 arbeiteten erst 300 Beschäftigte bei Krupp, 1857 waren es bereits 1300.

1864 begann Krupp mit dem Erwerb von Kohle- und Erzminen, um die eigene Rohstoffversorgung sicher zu stellen. Schiffs- und Eisenbahnzubehör sowie der Geschützbau dominierten das Kruppsche Geschäft zum Ende des 19.Jahrhunderts. Alfred Krupp starb 1887 und sein Sohn Friedrich Alfred führte die Firma in dritter Generation weiter.

Krupp LD 3,5 M von 1937

1897 wurde die Germaniawerft in Kiel erworben und es begann der Bau von Schiffsdieselmotoren in Zusammenarbeit mit der MAN AG und dem Erfinder Rudolf Diesel. 1903 erfolgte schließlich die Umwandlung des Familienunternehmens in eine Aktiengesellschaft, der Fried. Krupp AG. Frühe Versuche mit Dampflastwagen zu Beginn des 20. Jahrhunderts wurden nach kurzer Zeit wieder eingestellt.

Während des 1. Weltkriegs produzierten 115.000 Menschen bei Krupp Rüstungsgüter: Kriegsschiffe, Kanonen, Panzerfahrzeuge, Munitionswagen etc. Gemeinsam mit der DMG entstand der Artillerieschlepper KD I. 1918 wurde die Waffenherstellung verboten und die Krupp AG mußte die Produktion umstellen. Ab 1919 entstanden Lokomotiven, Landmaschinen und erstmals Lastwagen. Es begann mit einem 5-Tonner sowie mit

LKW-Aufbauten, vornehmlich für Kommunalaufgaben. 1921 wurde eine dreirädrige Kehrmaschine vorgestellt und sehr erfolgreich verkauft. Während der 20er-Jahre entstand eine komplette LKW-Generation von 1,5 t bis 6 t Nutzlasten. Dennoch blieb der LKW-Bau ein vergleichsweise kleiner Geschäftsbereich in dem riesigen Konzern.

Eine Firmenübernahme wurde 1929 getätigt. Der Ratinger LKW-Hersteller DAAG musste aufgeben und Krupp übernahm die Firmenreste, ohne jedoch die Marke weiter zu führen. Nach 1933 begann bei Krupp erneut die Rüstungsproduktion, die immer mehr Konzernteile umfasste, so auch den Lastwagensektor. Wegen starker Kriegszerstörungen im Stammwerk Essen mussten Teile

Krupp KF 360

der Produktion ausgelagert werden. Die LKW-Montage wurde zunächst nach Mülhausen/Elsass verlegt, dann nach Kulmbach und Nürnberg. Dort blieb sie als Südwerke GmbH (SW) bis Anfang der 50er-Jahre.

1950 entstand der wohl berühmteste aller SW (Krupp)-Lastwagen, der Titan. Ab Ende 1950 zog die LKW-Produktion wieder nach Essen und die Fahrzeuge hießen erneut Krupp. Das Vermögen der Krupp-Familie hatte man 1948 enteignet und die Vorstandsmitglieder erhielten lange Haftstrafen, waren aber 1951 vorzeitig freigelassen worden. Die Produktionsbereiche des Konzerns umfassten während der 50er-Jahre Anlagen- und Maschinenbau, Baumaschinen, Bagger, Krane, Stahlbau, Elektrogeräte, Rohrleitungsbau, Transportanlagen, Eisenbahnen und vieles mehr.

Die Lastwagensparte des Konzerns verlor an Bedeutung und konnte auch nicht mit neuen Cummins-Motoren (ab 1962) und modernen Kippfahrerhäusern (ab 1965) vor dem Abstieg bewahrt werden. 1967 war die Schuldenlast so groß, dass die Krupp-Geschäftsführung die Aufgabe des Nutzfahrzeugbaus beschloss. Im Juni 1968 wurde die LKW-Fertigung eingestellt und ein Jahr später die Muldenkipperproduktion. Zum 1. März 1968 übernahm die Daimler-Benz AG die Vertriebsorganisation von Krupp.

etc.) exportiert. Damit erlangte das südafrikanische Werk eine große Bedeutung im weltweiten Nutzfahrzeugverbund der Daimler-Benz AG. Heute entstehen dort Lastwagen mit einem sehr hohen Anteil im Lande gefertigter Komponenten.

Argentinien war das erste Land neben Deutschland, in dem der Unimog in Lizenz gebaut worden ist. Es begann 1968 mit einem speziell entwickelten Modell, dem Unimog U 426, gefolgt von dem U 431 im darauf folgenden Jahr. Beide Typen gab es als Schlepper und Geräteträger mit kurzem Radstand sowie als Laster mit langem Radstand und sie waren nur in Südamerika erhältlich.

Der Konjunktureinbruch der Jahre 1966/67 hatte für die deutschen Fahrzeughersteller nachhaltige Folgen. Besonders jene Firmen, die ausschließlich Lastwagen und Busse bauten, litten sehr unter der mangelnden Nachfrage. Unternehmen, wie Daimler-Benz, die ein starkes Bein im PKW-Markt hatten, überstanden die Flaute weitaus besser. So kann es kaum verwundern, dass zum Ende der 60er-Jahre wieder einmal eine Konsolidierungs- und Konzentrationswelle die deutsche Nutzfahrzeugindustrie erfasste. Während LKW-Marken wie Magirus-Deutz und Faun noch einmal mit dem "blauen Auge" davon kamen, MAN und Mercedes-Benz eher gestärkt die Krise überwanden, blieb der Fahrzeugbau anderer renommierter Unternehmen wie Büssing Automobilwerke, Rheinstahl-Henschel und Friedrich Krupp AG endgültig auf der Strecke. Allerdings nicht ganz ohne eigene Schuld, hatte man sich doch besonders bei Büssing und Krupp mit der LKW-Modellpolitik reichlich verzettelt. Hinzu kamen erhebliche Liquiditätsprobleme.

Die Fried. Krupp AG gab als erste auf und beschloss 1967, die unrentable Lastwagenfertigung einzustellen. Kurz darauf erschreckte ein Gerücht den Daimler-Benz-Vorstandsvorsitzenden Joachim Zahn: Fiat übernimmt die Krupp-Vertriebsorganisation! Tatsächlich gab es Verhandlungen zwischen Fiat und dem Krupp-Vorstand. Um zu vermeiden, dass sich Fiat mittels eines gut ausgebauten Vertriebsnetzes auf dem deutschen Markt breit machte, beschlossen die Stuttgarter ebenfalls mit der Fried. Krupp AG in Verhandlung zu treten. Innerhalb weniger Wochen erzielte man Übereinstimmung, so dass im Januar 1968 das Geschäft perfekt war.

Es folgte die Gründung der KRAWA Kraftwagen-GmbH, einer Tochtergesellschaft der Daimler-Benz AG, die die noch laufende LKW-Produktion in Essen und den Vertrieb der Fahrzeuge zum 1. März 1968 übernahm. Teil der Abmachung war die Übernahme der gesamten Vertriebsorganisation – das wichtigste für die Stuttgarter – und die Ersatzteilversorgung für die nächsten Jahre. Eine Fortfüh-

Mercedes-Benz LP 1313 mit Kässbohrer-Tank

rung der Krupp-Lastwagenproduktion, die noch bis Sommer 1968 lief, stand für den Daimler-Vorstand nicht zur Diskussion. Damit hatte Mercedes-Benz auf einen Schlag seine eigene LKW-Vertriebsstruktur beträchtlich gestärkt, ohne gleich eine ganze Lastwagenfabrik zu kaufen und gleichzeitig hatte man einen ausländischen Konkurrenten vom deutschen Markt fernhalten können.

Eine Kooperation ganz anderer Art führte die Daimler-Benz AG mit der MAN AG 1967 in ersten Gesprächen zusammen. Hierbei ging es anfangs nicht um Lastwagen, sondern um Großmotoren und Flugzeugtriebwerke. Die Idee war, die Friedrichshafener Großmotorenfertigung von Daimler-Benz mit der Münchner MAN Turbo GmbH zusammenzuschließen. 1969 entstand zunächst eine „Entwicklungsgesellschaft für Turbomotoren GmbH", an der beide Konzerne zu gleichen Teilen beteiligt waren. Schließlich wurde daraus ab 1. Januar 1970 die Motoren- und Turbinen-Union GmbH (MTU) mit den Werken München-Allach und Friedrichshafen.

Dies alles hatte natürlich nur wenig mit den Nutzfahrzeugaktivitäten der beiden Konkurrenten zu tun. Noch während der Gründungsphase der MTU wurde hinter den Kulissen bereits über Kooperationen auf ganz anderen Feldern des Motorenbaus beraten, nämlich bei LKW-Dieselmotoren. So kam es 1970 zum Abschluss eines "Komponenten- und Aggregate-Vertrages" zwischen MAN und Daimler-Benz für die Dauer von zehn Jahren. Der Vertrag sah vor, dass bestimmte Komponenten für Achsen und Motoren in jeweils nur einer Fabrik gefertigt werden sollten, aber bei beiden Unternehmen in ihrem Lastwagenbau Verwendung fanden. So sollte Mercedes-Benz Teile herstellen und an MAN liefern und MAN

gleichzeitig andere Komponenten bauen, die Mercedes-Benz für seine LKW und Busse nutzt.

Was sich die Verantwortlichen da ausgedacht hatten war ein in dieser Art sicherlich einmaliges Vertragswerk zwischen zwei Firmen, die im harten Wettbewerb standen. Das Erstaunliche ist, dass diese Zusammenarbeit, nach kleinen Anfangsschwierigkeiten, sogar zehn Jahre lang funktioniert hat. Hintergrund und Grundgedanke war natürlich, die Kosten bei Entwicklung und Fertigung von Aggregaten durch hohe Stückzahlen zu senken und somit schneller rentabel zu arbeiten.

Resultat dieser ungewöhnlichen Zusammenarbeit waren bei Mercedes-Benz die neuen Motoren der Baureihe 400, die Teile aus der MAN-Fertigung enthielten. Während die neuen Mercedes-Benz-Motoren die Zylinderanordnung in V-Form bekamen, favorisierte man bei MAN die Reihenbauart, deshalb sind die Motoren der beiden Marken, trotz vieler gleicher Bauteile, vollkommen unterschiedlich.

Die ersten beiden Dieselmotoren der neuen Baureihe, die Typen OM 403 und OM 402 wurden 1970 und 1971 herausgebracht. Sie lagen im obersten Leistungsspektrum und waren für die schwersten Lastwagen vorgesehen. Der OM 403 war ein V10-Motor mit 15,9 l Hubraum und einer Leistung von 320 PS bei 2500/min. Das stärkste Aggregat von Mercedes-Benz wurde in die großen Frontlenker der Typen LP 1632, LP 1932 und den Dreiachser LP 2232 (6x2 oder 6x4) eingebaut sowie in die entsprechenden Sattelzugmaschinen und Kipper. Ein Motor im Leistungsspektrum von 320 PS war notwendig geworden, weil ab 1972 eine Mindestleistung von 8 PS/t im Fernverkehr vorgeschrieben war. Für den 38-t-Zug bedeutete dies mindestens 304 PS. Der zweite neue Motor, der Mercedes-Benz OM 402, war ein 256 PS starker V8-Motor

Mercedes-Kommunalchassis LPKo 1513 mit Schörling-Aufbau

mit einem Hubraum von 12,7 l. Er fand Verwendung in den Pullmann-Modellen LP(S) 1626, LP(S) 1926 und LP(S) 2226 (6x2) und (6x4).

Die Jahre um 1970 brachten für die Daimler-Benz AG und ihre Nutzfahrzeugsparte noch ganz andere Ereignisse mit sich, die alles bisherige in den Schatten stellen sollten. Während die Friedrich Krupp AG gerade ihre Lastwagenproduktion einstellte, geriet auch der LKW-Bereich der Rheinstahl AG in Schwierigkeiten. Die Absatzeinbrüche 1968 machten den Tochterunternehmen Rheinstahl-Henschel und Rheinstahl-Hanomag schwer zu schaffen und der Mutterkonzern verlor allmählich das Interesse am Lastwagengeschäft, das die Erwartungen der Geschäftsführung nicht erfüllen konnte.

Es musste mal wieder ein starker Kooperationspartner her, der sich um die Automobilsparte des Konzerns kümmern konnte und eine Neuausrichtung der Produktion und Distribution in die Wege leiten sollte. Bei Daimler-Benz in Stuttgart dachte zunächst niemand an eine Zusammenarbeit mit Rheinstahl. Im Spätsommer 1968 war die Geschäftsleitung ausserdem noch mit der Klöckner-Humboldt-Deutz AG, wegen einer möglichen Übernahme des LKW-

Werkes von Magirus-Deutz in Ulm, im Gespräch. Doch schon wenig später wurden die Stuttgarter hellhörig, als nämlich durchsickerte, dass Rheinstahl mit British Leyland über die Übernahme der Lastwagensparte verhandelte.

Die British Leyland Motor Corporation (BLMC) hatte sich gerade erst zu einem wahren LKW-Giganten und somit zu einer ernst zu nehmenden Konkurrenz für Mercedes-Benz entwickelt. Innerhalb weniger Jahre waren zwölf mehr oder weniger erfolgreiche britische Nutzfahrzeugmarken, u. a. Scammell, Thornycroft, AEC, Guy und Daimler (das einst 1893 von G. Daimler und F. Simms gegründete Unternehmen), zusammengekauft und zu einem riesigen Firmenkonglomerat geschmiedet worden, das schon wenige Jahre später wieder zerfiel und einen gigantischen Scherbenhaufen hinterließ.

Der BLMC-Konzern wollte seine Aktivitäten auch auf den europäischen Kontinent ausdehnen, besonders nach Deutschland, wo sich nie ein englischer Lastwagenhersteller etablieren konnte – mit Ausnahme von zwei kurzfristigen Kooperationen der Marken Commer und Bedford. Deshalb war das Rheinstahl-Angebot für British Leyland höchst interessant. Nicht nur ein komplettes Nutzfahrzeugangebot der Firmen Rheinstahl-Henschel und Rheinstahl-

Hanomag stand zum Kauf, sondern zusätzlich zwei separate, gut ausgebaute und weit reichende Vertriebsorganisationen.

Vor allem dieser Aspekt dürfte dem Vorstand von Daimler-Benz Kopfschmerzen bereitet haben. Nur sehr ungern hätte man gesehen, dass sich British Leyland mittels einer Übernahme in Deutschland zum schärfsten Rivalen der Mercedes-Benz-Lastwagen in den europäischen Schlüsselmärkten aufschwingen würde. Wieder reagierte Vorstandschef Joachim Zahn ziemlich rasch und nahm Verhandlungen mit Rheinstahl auf. Schon im Dezember 1968 war man sich einig, eine neue Firma zu gründen, ein Gemeinschaftsunternehmen mit dem Namen Hanomag-Henschel Fahrzeugwerke GmbH (HHF), an dem die Daimler-Benz AG 51 Prozent der Anteile halten sollte und die Rheinstahl AG 49 Prozent. Am 19. Januar 1969 wurde der Vertrag besiegelt und zum 1. April 1969, dem Datum des Inkrafttretens, übernahm Daimler-Benz die industrielle Führung der neuen Firma.

Als echte Übernahme der Marken Hanomag und Henschel war diese Vereinbarung zunächst nicht gedacht. Die Werke in Hannover, Bremen, Hamburg-Harburg und Kassel wurden an HHF lediglich verpachtet, nicht verkauft.

Darüber hinaus verblieben die Sparten Baumaschinen und Motorenbau im Stammwerk Hannover-Linden im Rheinstahl-Konzern und waren nicht Verfügungsmasse der HHF.

Doch nach wenigen Monaten änderten sich die Besitzverhältnisse in diesem eigentlich auf mehrere Jahre ausgelegten Gemeinschaftsunternehmen HHF. Die finanziellen Probleme der Rheinstahl AG verschlimmerten sich 1970 zusehends, so dass sich die Konzernleitung entschloss, ihren Anteil an HHF zu veräußern. Daimler-Benz übernahm dankbar die 49 Prozent und wurde dadurch alleinige Besitzerin der HHF. Die Produktionsstätten in Bremen, Hamburg-Harburg und Kassel wurden auf eine vorübergehend existierende Verpachtungsgesellschaft übertragen, die 1972 gleichfalls vollständig in den Besitz der Daimler-Benz AG überging. Damit wurde HHF faktisch doch noch übernommen und Daimler-Benz hatte nicht nur eine zweite Nutzfahrzeugmarke im Konzern, sondern zusätzlich drei neue Werke und eine große Händlerorganisation, die es zu integrieren galt. Ähnlich wie im Fall der Übernahme der Krupp-Vertriebsorganisation, handelte man auch bei HHF aus Wettbewerbsdenken und der Sorge um Marktanteile.

Mit den Nutzfahrzeugmarken Mercedes-Benz und Hanomag-Henschel verfügte die Daimler-Benz AG zu Beginn der 70er Jahre über einen Marktanteil von rund 75 Prozent in Deutschland und 33 Prozent auf dem Gebiet der damaligen Europäischen Gemeinschaft bei Lastwagen über 3,5 t Gesamtgewicht.

Wie wirkte sich nun die Übernahme von HHF in der Praxis aus und wie ließ sich die neue Marke in den Daimler-Benz-Konzern integrieren? Von Anfang an versicherten die Verantwortlichen im Hause Daimler-Benz, dass man keinesfalls daran dächte, die Hanomag- und Henschel-Baureihen einzustellen. Vielmehr beabsichtigte man, eine Zweimarkenstrategie im Nutzfahrzeuggeschäft durchzuziehen. Spätestens zu dem Zeitpunkt, als Daimler-Benz alleinige Besitzerin der HHF wurde, zweifelten nicht wenige, ob die Stuttgarter diese Strategie wirklich durchhalten werden.

In der Anfangsphase der HHF liefen tatsächlich die alten Lastwagenmodelle von Hanomag und Henschel unverändert von den Bändern. Einzige Neuerung 1969 war der Name Hanomag-Henschel, der nun auf allen LKW-Kühlern prangte. Der Henschel-Stern hatte zwar damit ausgedient, aber noch wurde er nicht durch den Mercedes-Stern ersetzt, das dauerte noch ein paar Monate länger. Und selbstverständlich verschwand auch der Rheinstahl-Bogen auf den Hanomag-Fahrzeugen. Unter dem Markennamen Hanomag-Henschel wurden 1969 weiterhin die Henschel-Modelle im Stammwerk in Kassel und die Hanomag-Schnelllaster und -Transporter in den Werken Bremen und Hamburg-Harburg gebaut.

Hanomag Henschel F 65

Hanomag-Henschel F 161

Mercedes-Transporter L 206 D als Kastenwagen

Hanomag und Henschel

Viel später als andere Unternehmen begannen die einst bekannten LKW-Hersteller Hanomag und Henschel mit dem Automobilbau. Dennoch handelt es sich in beiden Fällen um recht alte Firmen, deren Wurzeln weit ins 19. Jahrhundert zurückreichen. Die Produktpalette und die Entwicklungsgeschichte von Hanomag und Henschel weisen über einen langen Zeitraum gewisse Gemeinsamkeiten auf. Beide Firmen wurden als Gießerei und Maschinenfabrik gegründet und sie produzierten in den ersten Jahren hauptsächlich Dampfmaschinen, Dampfkessel, Spritzen, Pumpen und Pressen. Henschel ist die ältere der beiden Firmen, 1810 von Christian Carl Henschel und seinem Sohn Johann Werner in Kassel gegründet. Die Ursprünge der Hanomag gehen auf das Jahr 1835 zurück, als sich Georg Egestorff in Linden bei Hannover selbstständig machte.

Henschel und Egestorff beteiligten sich früh am Aufschwung der deutschen Eisenbahnen. Egestorff präsentierte seine erste Dampflokomotive namens Ernst-August 1846. Henschel folgte zwei Jahre später mit seiner Schöpfung, die er Drache taufte. Bei Egestorff entwickelte sich der Lokomotivenbau prächtig, so dass kurz vor seinem Tod 1868 bereits die 300. Dampflok ausgeliefert werden konnte. Egestorff baute 1863 als erster in Deutschland eine Dampffeuerspritze, die von der Feuerwehr Hannover in Dienst gestellt wurde. Im März 1871 wurde Egestorffs Firma umbenannt in Hannoversche Maschinenbau Actien-Gesellschaft vormals Georg Egestorff und daraus wurde das Telegrammkürzel „Hanomag" abgeleitet, welches 1904 offizieller Firmenname wurde.

Bereits 1873 konnten die Hannoveraner ihre 1000ste Lokomotive fertigstellen, bei Henschel wurde die Baunummer 1000 im Jahr 1879 ausgeliefert. Zum Ende des 19. Jahrhunderts gehörten die beiden Firmen zu den wichtigsten Lokomotivenherstellern in Deutschland. Unmittelbar nach der Jahrhundertwende erwarb die Hanomag eine Lizenz zum Nachbau eines Dampflastwagens nach dem System Stoltz. Doch schnell bemerkte man, dass der Dampfantrieb nicht durchzusetzen war und der Einstieg in die Nutzfahrzeugproduktion wurde bei der Hanomag bereits nach wenigen Monaten gestoppt. Nach dem Ende des 1.Weltkrieges gab es kaum

Hanomag HL

noch Aufträge für Lokomotiven. Nachdem Hanomag im Juli 1922 die 10.000ste Lokomotive ausgeliefert hatte, ging fast nichts mehr. Hanomag und Henschel rutschten in eine Existenz bedrohende Krise, nur der Automobilbau schien Rettung zu versprechen.

1924 begann die Hanomag mit der Herstellung von kleinen preiswerten Personenwagen, bekannt geworden unter dem Spitznamen „Kommissbrot", die bereits ab 1925 am Fließband produziert wurden. Wenige Jahre später stieg man mit einem sehr fortschrittlichen Frontlenker-Lastwagen mit Unterflurmotor (Modell HL) auch in die Nutzfahrzeugherstellung ein.

Bei Henschel interessierte man sich von Anfang an nur für Lastwagen. 1924 nahm die Firmenleitung Kontakt zum Schweizer LKW-Hersteller FBW auf und verhandelte

Henschel 40 S um 1937

um eine Baulizenz für einen 5-Tonner. Kurz nach Vertragsabschluss, im Januar 1925, begann in Kassel der Bau der ersten Henschel-Lastwagen. In Hannover-Linden wurde der unrentable Lokomotivenbau gänzlich eingestellt und Hanomag widmete sich fortan den Bereichen Ackerschlepper, Planierraupen und Nutzfahrzeuge. Die Hanomag veräußerte auf dem Höhepunkt der Weltwirtschaftskrise alle Baulizenzen ihrer Lokomotiven an Henschel.

Die Kasseler Lastwagenfertigung florierte trotz des starken Wettbewerbs. 1928 erschien der erste Henschel-Dreiachser und 1932 stellte man den ersten Dieselmotor vor. 1934 erweiterte Henschel die Modellpalette um kleine 2,5- und schwere 6,5-Tonner. Bei der Hanomag lagen die Produktionsschwerpunkte während der 30er-Jahre etwas anders. Normale LKW wurden nur wenige hergestellt, dafür baute man zahlreiche Straßenschlepper und Zugmaschinen. Einen immer größeren Raum nahm die Fertigung von Kettenfahrzeugen (Schlepper und Raupen) und Ackerschleppern ein.

Nach Kriegszerstörungen und Zusammenbruch konnte die Hanomag 1946 bereits die Zugmaschinenproduktion wieder aufnehmen. Aus dem stärksten Schleppermodell entwickelten die Ingenieure einen Lastwagen, außerdem baute man einige Jahre vermehrt LKW-Anhänger. Der endgültige Durchbruch im Nutzfahrzeugbereich gelang aber erst 1950 mit der Vorstellung des legendären L 28, der sich im Laufe der 50er-Jahre zu einem der beliebtesten und erfolgreichsten Kleinlaster entwickelte. Im Oktober 1952 übernahm die neu gegründete Rheinstahl-Union Maschinen- und Stahlbau AG aus Düsseldorf die Firma Hanomag.

In Kassel lief es nach 1945 weniger reibungslos. Die amerikanischen Besatzer verboten zunächst den LKW-Bau, so dass Henschel nur Reparaturarbeiten ausführen konnte. Lediglich der Lokomotivenbau wurde ab 1946 genehmigt. Erst 1949 konnte Henschel wieder mit der Lastwagenproduktion beginnen und neue Modelle vorstellen, erstmals auch Frontlenker. Bereits 1956/57 geriet die Fabrik in ernsthafte Schwierigkeiten. Das bis dahin noch mehrheitlich im Familienbesitz befindliche Unternehmen wurde an eine Investorengruppe veräußert, um den drohenden Konkurs abzuwenden. Ab da ging es wieder aufwärts und 1961 wurde eine gänzlich neue LKW-Baureihe vorgestellt, die durch ihre moderne und wegweisende Gestaltung auffiel. Kooperationen mit dem französischen LKW-Hersteller Saviem und der englischen Rootes-Gruppe (Commer-Lastwagen) erfüllten nicht die Erwartungen und wurden nach wenigen Monaten wieder beendet.

Die 60er-Jahre waren eine überaus bewegte Zeit in der deutschen Nutzfahrzeugindustrie. 1961 mussten die Borgward-Werke die Produktion einstellen. Deren modernes Montagewerk in Bremen-Sebaldsbrück wurde von Rheinstahl-Hanomag, wie die Firma nun hieß, günstig erworben, so dass die LKW-Produktion von Hannover nach Bremen verlegt werden konnte. Hanomags Muttergesellschaft, die Rheinstahl AG, wollte zu einem

Hanomag L 28

Henschel H 140 AK

großen Nutzfahrzeugkonzern wachsen und übernahm 1964 die Merhheit bei Henschel. Und ein weiterer Nutzfahrzeughersteller wurde 1965 dem Rheinstahl-Konzern eingegliedert. Nachdem Rheinstahl-Hanomag bereits seit 1955 50 Prozent der Tempo-Werke in Hamburg-Harburg hielt, wurde auch der restliche 50 Prozent-Anteil von der Familie Vidal erworben. Mit ihren drei LKW-Marken war die Rheinstahl AG in der Lage, das gesamte Spektrum, vom leichten Transporter bis zum Schwerlastwagen, anbieten zu können. Doch die wirtschaftlichen Probleme nahmen kein Ende und Rheinstahl verlor das Interesse an seinen Nutzfahrzeugtöchtern.

Auf der Suche nach einem kapitalkräftigen Helfer kam man mit der Daimler-Benz AG ins Gespräch und vereinbarte schließlich 1969 die Gründung eines Gemeinschaftsunternehmens, Hanomag-Henschel Fahrzeugwerke GmbH (HHF), an dem Rheinstahl 49 Prozent der Anteile hielt und Daimler-Benz 51 Prozent. Mit dem Einstieg der Daimler-Benz AG, die 1970 auch die restlichen Firmenanteile von Rheinstahl übernahm, war das Ende der Nutzfahrzeugmarken Henschel und Hanomag besiegelt.

Im Falle der Hanomag waren allerdings nur die LKW-Aktivitäten betroffen, andere Unternehmensbereiche, wie Motorenbau, Ackerschlepper und Baumaschinen, gehörten nicht zur HHF. Doch Rheinstahl trennte sich auch von diesen Firmenteilen. Der Motorenbau ging an Volvo und die Produktion von Ackerschleppern wurde 1971 ganz eingestellt. Die Baumaschinensparte erwarb der kanadische Konzern Massey-Ferguson. In den vergangenen 30 Jahren gab es bei Hanomag ein ständiges Auf und Ab mit Zusammenbrüchen, Neugründungen und Besitzerwechsel. Heute werden nur noch Baumaschinen, unter der Führung des japanischen Komatsu-Konzerns, in Hannover-Linden gebaut.

Mercedes-Benz Transporter L 306 D mit Sonderaufbau (Viehtransporter)

Mercedes-Benz LAP 1632 mit Siloaufbau und Anhänger von Hermanns

Erstaunlich ist, dass noch 1969 und 1970 neue Henschel-Baureihen eingeführt wurden, u. a. die Modelle F 130/F 131, Frontlenker mit und ohne Allradantrieb für die Bauwirtschaft, die seit jeher zu den wichtigsten Kunden von Henschel-Lastwagen gehört hatte. Hinter den Kulissen dachten die Techniker aber bereits über Rationalisierungen und Zusammenlegungen der Produktion nach. Zweimarkenstrategie hin oder her, es galt Kosten einzusparen, Komponenten sinnvoller und vielfältiger zu nutzen, d. h. Synergieeffekte auszuschöpfen. Die ersten unmittelbaren Auswirkungen dieser neuen Vorgabe war der Austausch von Aggregaten zwischen den beiden Marken Mercedes-Benz und Hanomag-Henschel.

Die Hanomag-Henschel Transporter bekamen bereits ab 1970 wahlweise den 55-PS-Dieselmotor von Mercedes-Benz. Diese ehemaligen Tempo-Matador aus dem Werk Hamburg-Harburg wurden sogar als „echte" Mercedes-Benz-Transporter mit Mercedes-Stern auf dem Kühler verkauft. Unter den Typenbezeichnungen L 206 D, L 207, L 306 D und L 307 waren sie ab 1970 über die Mercedes-Benz-Händler erhältlich. MB L 206 D und MB L 306 D waren mit dem Dieselmotor OM 615 (55 PS) lieferbar, während die Modelle MB L 207 und MB L 307 von dem ebenfalls 55 PS starken Austin-Vergasermotor angetrieben wurden. Diese Transporterreihe in vier Gewichtsklassen (2400 kg, 2700 kg, 3000 kg, 3300 kg) gab es als Kastenwagen mit und ohne Hochdach sowie in Pritschenausführung mit Hoch- und Tiefpritsche. Darüber hinaus waren Chassis für Sonderaufbauten lieferbar und Kleinkipper. Auch nach dem Ende der Marke Hanomag-Henschel wurden diese Transporter als Mercedes-Benz bis 1977 weiter gebaut.

Durch die Übernahme der HHF war Daimler-Benz unverhofft in den Besitz von 26 Prozent der Anteile an der Bajaj Tempo Ltd. in Indien gekommen. In Poona wurden nach alter Tempo-Lizenz Transporter für den indischen Markt gebaut. Zunächst hatte man die alten Tempo-Dreiräder montiert, dann wurde die Modellreihe Tempo-Matador gefertigt, später auch mit Mercedes-Benz-Dieselmotoren.

Ein anderes Beispiel für die Kooperationsbestrebungen von Daimler-Benz mit ihren zwei Nutzfahrzeugmarken waren die Düsseldorfer Transporter. Diese seit 1967 in Düsseldorf hergestellte Baureihe war zwischen 1970 und 1974 auch unter der Markenbezeichnung Hanomag-Henschel erhältlich. Ebenfalls im Werk Düsseldorf gefertigt, erhielten die Hanomag-Henschel-Transporter andere Motoren (nur Diesel) und einen veränderten Kühlergrill, waren aber ansonsten nahezu baugleich mit den Mercedes-Benz-Modellen. Unter den Typenbezeichnungen F 40 Ka, F 45 Ka, F 46 Ka, F 55 Ka und F 65 Ka für Gesamtgewichte von 4000 kg bis 6000 kg entstanden immerhin

8600 derartige Transporter für die HHF-Vertriebsorganisation.

Auch im Falle der Henschel-Produkte aus Kassel gab es zu Beginn der 70er-Jahre den Austausch von Komponenten und ganzen Baureihen mit den Lastwagen von Mercedes-Benz. Da Henschels stärkster Motor nur 240 PS leistete, wurden ab 1970 einige schwere Hanomag-Henschel, wie beispielsweise die Modelle F 163, F 193 und F 223, mit den 320 PS starken Mercedes-Benz-Motoren des Typs OM 403 ausgestattet. Wegen der günstigen Abmessungen des Mercedes-V10-Motors gab es keinerlei Schwierigkeiten beim Einbau unter die Henschel-Fahrerhäuser.

Ab 1972 fand zusätzlich der 256 PS starke Mercedes-Benz V8-Motor OM 402 in einigen schweren HHF-Modellen Verwendung. In diesem Jahr erhielten die Schwerlastwagen aus Kassel ein neue, überarbeitete Frontpartie mit breitem Kühlergrill. Dies war zugleich die letzte Modellkosmetik, bevor die Produktion der schweren Hanomag-Henschel gänzlich eingestellt wurde. Neben Motoren erhielten einige HHF-Laster auch Achsen aus der Daimler-Benz-Produktion sowie neue Getriebe.

Eine nagelneue Achsenfertigung wurde 1970 im Kasseler Werk installiert. Damit wurden sowohl die hauseigenen HHF-Fahrzeuge ausgestattet, als auch diverse Mercedes-Benz-Modelle. Mit den Jahren weitete sich die LKW-Achsenproduktion immer weiter aus, so dass bereits Mitte der 70er-Jahre der größte Teil der Mercedes-Nutzfahrzeuge mit Kasseler Achsen ausgerüstet wurde. Ab 1980 wurde schließlich die gesamte Achsenfertigung des Konzerns vom Werk Kassel besorgt.

Gewissen Unmut in Kreisen der Mercedes-Benz-Händler verursachte die Tatsache, dass es zu Beginn der 70er-Jahre keinen allradgetriebenen Frontlenker für die Bauwirtschaft im Angebot gab. Lieferbar waren nur die beliebten Modelle der mittelschweren und schweren Rundhauber mit 4x4- oder 6x6-Antrieb. Doch die Frontlenker der LP-Baureihen waren nur in der Konfiguration 4x2 oder 6x4 verfügbar. So mussten die Händler interessierte Kunden an die konzerneigene Konkurrenzmarke Hanomag-Henschel verweisen. Dort waren mehrere geeignete Allradchassis in Frontlenkerausführung erhältlich.

Aber nicht jeder Mercedes-Benz-Kunde wollte einen Hanomag-Henschel kaufen und so drängten die Händler die Geschäftsleitung, endlich die benötigten Fahrgestelle zur Verfügung zu stellen. Eine Weiterentwicklung der alten Frontlenkerchassis kam aber ebenso wenig in Frage, wie eine kurzfristige Neukonstruktion, denn die Ingenieure waren gerade damit beschäftigt, eine komplette Baureihe von schweren Frontlenkerfahrzeugen zu konzipieren. Diese neuen Modelle sollten spätestens 1973 vorgestellt werden. Deshalb kam man auf die Idee, für eine Übergangszeit von zwei Jahren, den Händlern Hanomag-Henschel-Frontlenker mit angeschraubtem Mercedes-Stern auf den Hof zu stellen.

So entstand eine LKW-Reihe für Mercedes-Benz, die praktisch nicht von den HHF-Modellen zu unterscheiden war. Drei allradgetriebene Grundmodelle wurden angeboten: Es gab einen zweiachsigen 16-Tonner, basierend auf dem Hanomag-Henschel F 163 AK, der als Mercedes-Benz LAP(K) 1632 angeboten wurde.

Mercedes-Benz LAPK 2632 (6x6) aus Kasseler Produktion von 1971/72

Die Kasseler Sattelzugmaschine Mercedes-Benz LAPS 1632 (4x4)

Der dreiachsige 26-Tonner Hanomag-Henschel F 263 AK (6x6) hieß in der Mercedes-Benz-Terminologie LAPK 2632 (6x6). Außerdem war eine allradgetriebene Sattelzugmaschine erhältlich, die dem Hanomag-Henschel F 163 S entstammte und bei Mercedes-Benz LAPS 1632 (4x4) hieß. Sowohl die Hanomag-Henschel- als auch die Mercedes-Benz-Fahrzeuge waren mit dem 320 PS starken V10-Dieselmotor OM 403 versehen. In Kassel entstanden 1971/72 im Auftrag von Mercedes-Benz insgesamt 1176 Einheiten der Allradfrontlenker, 633 Zweiachser und 543 Dreiachser.

Die LKW-Produktion der HHF brach Mitte 1973 kräftig ein und in der Chefetage der Stuttgarter Konzernmutter machte man sich ernsthafte Gedanken über die Zukunft der Nutzfahrzeugmarke Hanomag-Henschel. Zu dieser Zeit dürfte jedem klar geworden sein, dass die Zweimarkenstrategie nicht länger ohne erhöhtes Risiko betrieben werden konnte. Nicht zuletzt, weil Mercedes-Benz im Herbst 1973 mit seiner "neuen Generation" von Schwerlastwagen an die Öffentlichkeit trat.

Die bereits begonnene Neuausrichtung der Nutzfahrzeugproduktion und ihrer Fertigungsstandorte wurde weiter geführt. Nachdem man in Kassel das Kompetenzzentrum für LKW-Achsen geschaffen hatte, wurde das Bremer Werk für die Transporterherstellung ausgebaut. In Hamburg-Harburg wurden, nach der Auslagerung der Transportermontage, Fahrzeugkomponenten hergestellt. So wurden alle drei Fabriken der HHF allmählich in den Produktionsverbund der Daimler-Benz-Werke eingegliedert. 1977 war die Neustrukturierung abgeschlossen, die HHF waren voll integriert und konnten aufgelöst werden.

Die Produktion von Lastwagen und Transportern unter der Marke Hanomag-Henschel wurde schon 1974 beendet. Mit Ausnahme der leichten Hanomag-Transporter (ehemals Matador) waren damit alle Baureihen ehemaliger Henschel- und Hanomag-Lastwagen eingestellt worden. Die letzten 1974 in Kassel gebauten Hanomag-Henschel waren dreiachsige Betonmischerchassis des Typs F 261 BM (6x4), danach erlosch die Marke endgültig. In genau 50 Jahren waren im Kasseler Werk 111.555 Lastwagen und Omnibusse der Marken Henschel und Hanomag-Henschel entstanden.

Doch der Fahrzeugbau war damit in Kassel noch keineswegs beendet, denn seit 1973 wurden in den alten Henschel-Hallen Haubenlaster von Mercedes-Benz gebaut. Im Werk Wörth waren die Fertigungskapazitäten nahezu erschöpft, in Kassel aber gab es genügend Spielraum wegen der sinkenden Nachfrage nach Hanomag-Henschel-Fahrzeugen. Deshalb verlagerte man einen Teil der Hauberproduktion von Wörth nach Kassel. Mehr als die Hälfte der dort eingerichteten Rundhauberproduktion,

die 1975 mit 12.750 Einheiten ihren Höhepunkt erreichte, wurde in den Nahen Osten exportiert. Selbst die Motorenfertigung wurde in die Kasseler Fabrik der HHF verlagert, dort wurden zwischen 1973 und 1980 rund 44.000 Dieselmotoren gebaut. 1980 endete schließlich die Haubermontage und damit endgültig der Fahrzeugbau. Seit dieser Zeit werden ausschließlich LKW-Achsen für alle Mercedes-Benz-Typen im Kassler Werk gebaut.

Ein kaum bekannter Aspekt in der Nutzfahrzeuggeschichte des Daimler-Benz-Konzerns ist der Versuch einer weiteren Übernahme einer europäischen Lastwagenmarke im Jahre 1970. Da zu dieser Zeit die Integration der HHF mit Volldampf vorangetrieben wurde, nahmen die meisten Zeitgenossen von den Verhandlungen des Daimler-Vorstands mit der

Geschäftsleitung des traditionsreichen österreichischen LKW-Herstellers Gräf & Stift AG keine Notiz. Die kleine und vielen heute kaum noch bekannte Lastwagenmarke steckte in großen Liquiditätsproblemen und damit kurz vor dem endgültigen Aus. Mit einem dringenden Hilfeersuchen wandten sich die Österreicher auch an Daimler-Benz, um die Aktienmehrheit anzudienen. Doch im Dezember 1970 wurden die Verhandlungen ergebnislos abgebrochen, zu unterschiedlich waren die Ansichten und Preisvorstellungen. Eine weitere Firmenübernahme durch die Stuttgarter fand nicht statt. Daraufhin verhandelte Gräf & Stift erfolgreich mit dem österreichischen Tochterunternehmen der MAN, der Firma Österreichische Automobilfabrik (ÖAF). 1971 wurde Gräf & Stift von der ÖAF übernommen und kam damit in den Einflußbereich des MAN-Konzerns.

Mercedes-Benz LAK 2624 (6x6) in Saudi Arabien

Mercedes-Benz L 2213 (6x4) in Brasilien

Mercedes-Benz L 1418 in Australien

Mercedes-Benz LA 1513 in Spanien

Bachert Tanklöschfahrzeug auf MB-Allradkipper 1626 AK

Ein Jubiläum und einen Rekord konnte Daimler-Benz 1972 voller Stolz melden: der Einmillionste Diesellastwagen seit 1945! Damit unterstrichen die Schwaben erneut ihre Bedeutung als größter und ältester Diesellastwagenhersteller der Welt. Am 30. November lief das Jubiläumsfahrzeug des Typs LP 1113 in Wörth vom Band. Vorstandschef Joachim Zahn ließ es sich nicht nehmen, diesen Anlass gebührend zu feiern und den Lastwagen als Spende dem Präsidenten des Deutschen Roten Kreuzes zu übergeben.

Mit der Übernahme der Hanomag-Henschel Fahrzeugwerke GmbH und der Krupp-Vertriebsorganisation gelang Daimler-Benz bei der Produktion von Schwerlastwagen innerhalb kürzester Zeit der Sprung an die Weltspitze sowie eine deutliche Verbreiterung der europäischen Vertriebsstruktur. 1973 konnte bei LKW über 16 t Gesamtgewicht erstmals die weltweite Führungsposition eingenommen werden und dies angesichts von Öl- und Wirtschaftskrise. Mit einem Mal spielte Daimler-Benz in der „Lastwagen-Weltliga" auf einem der vorderen Plätze mit. Seither wurde diese Spitzenstellung erfolgreich gehalten.

Es ist schon erstaunlich, dass zu einer Zeit, als die Öl- und Benzinpreise explodierten, das Auto fahren beschränkt wurde, die Inflation exorbitante Höhen erreichte, die Wirtschaft ins Trudeln geriet und die meisten LKW-Hersteller vor großen Absatzproblemen standen, die Nutzfahrzeuge der Marke Mercedes-Benz sogar noch zulegen konnten – als einzige. 1973 war auch das Jahr, in dem der Auslandsabsatz der Daimler-Benz AG erstmals höher war, als der Inlandsabsatz.

Zurückzuführen war dies insbesondere auf die enorme Nachfrage nach Mercedes-Benz-Fahrzeugen in Afrika und im Nahen Osten, den damaligen Gewinnern der Energiekrise. Die Lastwagen mit dem Mercedes-Stern genossen damals wie heute einen ausgezeichneten Ruf im Orient und waren bei Fahrern und Spediteuren gleichermaßen beliebt. Besonders Länder wie der Iran, Irak, Saudi Arabien, Kuwait, Nigeria und andere bestellten die mittleren und schweren Haubenfahrzeuge gleich kontingentweise. Die Rundhauber schienen den Fahrern sicherer und robuster zu sein und Längenbeschränkungen gab es ohnehin in diesen Ländern keine. Deshalb war es auch kein Wunder, dass die Produktion in Wörth, die inzwischen 51 Fahrzeugtypen mit 386 Baumustern umfasste, 1973 wieder einmal an die Grenzen stieß und man nach Kassel ausweichen musste.

Mit 105.203 Lastwagen (inkl. CKD-Lieferungen) erreichte das Wörther Werk 1975 erstmals einen Produktionsrekord jenseits der einhunderttausender Marke! Die Gesamtproduktion an Nutzfahrzeugen im Daimler-Benz-Konzern belief sich in jenem Jahr auf 215.935

Einheiten. Ein beträchtlicher Teil dieser Lastwagen, nämlich 10.000 mittelschwere und schwere Frontlenker der neuen Generation, gingen allein auf einen Großauftrag zurück, den der Irak 1974 erteilt hatte.

Im selben Jahr entstand zusätzlich in Saudi Arabien ein Lastwagenmontagewerk, um die riesige Nachfrage auf der Arabischen Halbinsel zu befriedigen. Und selbst in Nigeria wurde 1975 ein Gemeinschaftsunternehmen zur Lastwagenherstellung gegründet. Als das neue Werk 1979 mit der LKW-Produktion und -Montage begann, befand sich das Land wieder auf wirtschaftlicher Talfahrt und der Absatz ging nur schleppend voran. Beide Werke produzieren indes noch heute Mercedes-Benz-Lastwagen.

Von den zahlreichen europäischen Nutzfahrzeugherstellern, die noch zu Beginn der 70er-Jahre Lastwagen bauten, blieben während und nach der Ölkrise wieder einige auf der Strecke, während andere sich zu größeren Einheiten zusammenschlossen. Büssing wurde von MAN geschluckt, Magirus-Deutz ein paar Jahre später von Fiat (IVECO). In England zerfiel die British Leyland Motor Corporation, wodurch die meisten LKW-Marken die Produktion endgültig einstellen mussten, während Foden, Atkinson und Dennis knapp am Konkurs vorbei schrammten. In Frankreich mussten sich Saviem und Berliet zusammenraufen, um überleben zu können. Daimler-Benz jedoch spürte von alledem recht wenig. Nachdem man die Zweitmarke Hanomag-Henschel aufgegeben hatte und alle Anstrengungen auf Mercedes-Benz konzentrierte, zeigte man sich selbstbewusster und zuversichtlicher als je zuvor.

Im Herbst 1973, noch mitten in der Krise, erschien Daimler-Benz auf der Internationalen Automobilausstellung in Frankfurt/Main mit seiner neuesten Schwerlastwagenbaureihe, der so genannten "neuen Generation". Jahrelang hatten die Techniker und Ingenieure, ungeachtet aller konjunktureller Wirren, auf diesen Zeitpunkt hingearbeitet, denn es ging um nicht weniger als die Einführung eines vollkommen neu konzipierten Bauprogrammes mittlerer und schwerer Lastwagen in Frontlenkerausführung.

Die neue Generation war als Ersatz für alle bisherigen LP-Modelle zwischen 10 t und 26 t Gesamtgewicht gedacht. Nur die kleinen LKW im Gewichtsbereich zwischen 7,5 t und 10 t waren nicht von diesem Generationenwechsel betroffen, so dass die kleinen LP-Typen noch bis 1984 fast unverändert weiter gebaut wurden. Natürlich war es nicht möglich, eine komplette Lastwagengeneration mit einem Schlag auf den Markt zu werfen, so etwas ging nur etappenweise über zwei oder drei Jahre verteilt.

Es begann, aus gutem Grund, 1973 zunächst mit schweren Baustellenfahrzeugen. Die LP-Modelle ab 16 t zGG waren in der Baubranche nicht sonderlich beliebt, nicht zuletzt, weil sie nicht mit Allradantrieb lieferbar waren.

Die Sonderbaureihe der Hanomag-Henschel Allradfrontlenker mit dem Mercedes-Stern war nur als Übergangslösung 1971/72 gefertigt worden. Deshalb war es für Mercedes-Benz dringend notwendig, moderne, wettbewerbsfähige Frontlenkerbaufahrzeuge mit und ohne Allradantrieb anzubieten.

Auf der Automobilausstellung stand der Kundschaft ein ganzes Sortiment von 15 Kippern bei vier Basismodellen zwischen 16 t und 26 t Gesamtgewicht zur Verfügung. Durch ein optimal abgestimmtes Baukastensystem, bestehend aus den Grundkomponenten Fahrgestellrahmen, Antriebsstrang und Fahrerhaus war es problemlos und schnell möglich, dem Kunden sein passendes Fahrzeug auf die Räder zu stellen.

Benzintanker Mercedes-Benz 2219 (6x2)

Kühlzug mit Mercedes-Benz 1932 S

Die drei zweiachsigen Basismodelle für 16, 17 und 19 t erhielten das gleiche Chassis mit dem gleichen Radstand von 3800 mm und natürlich das gleiche Fahrerhaus. Wahlmöglichkeiten gab es bei den Motoren, den ZF-Getrieben, den Antriebsachsen und der Federung. Das dreiachsige Grundmodell für ein Gesamtgewicht von bis zu 26 t war in zwei Motorvarianten und mit Außenplanetenachsen in unterschiedlichen Übersetzungen lieferbar. Durch stärkere Kröpfung der Vorderachse verfügten die Dreiachser über eine etwas höhere Bodenfreiheit gegenüber den Zweiachsern. Auf Wunsch waren alle angetriebenen Achsen mit Differentialsperren erhältlich.

Bei der Motorisierung dieser neuen Kippergeneration griff man auf die starken

Dieselmotoren der Baureihe 400 zurück, die man bereits vorübergehend in die LAP(K)-Modelle (Hanomag-Henschel-Baureihe) eingebaut hatte. Der OM 402 mit seiner Leistung von 256 PS bei 2500/min war für alle vier Basismodelle lieferbar, während der große V10-Motor OM 403 mit seinen 320 PS den Kippern für 16, 19 und 26 t vorbehalten blieb. Neu war das V6-Aggregat OM 401, das 192 PS bei 2500/min leistete und zunächst nur in die 17- und 19-Tonner eingebaut wurde.

Die beiden Fahrgestelle für 16 t und 17 t zGG waren insbesondere für den deutschen Markt bestimmt, der zweiachsige 19-Tonner war ein reines Exportmodell, denn in Deutsch-land waren Zweiachser damals nur mit maximal 16 t Gesamtgewicht zugelassen. Der Drei-achser für 26 t zGG war ebenfalls als Export-fahrzeug gedacht. In Deutschland mußte er auf 22 t abgelastet werden, mehr war auf öffentlichen Straßen nicht erlaubt.

Um keine Verwechslungen mit den alten LP(K)- und LAP(K)-Typen zu stiften, änderte Mercedes-Benz für die neue Generation seine bisherigen Typenbezeichnungen dahingehend, dass das Kürzel LP bei Frontlenkerfahrzeugen entfiel, und die übrigen Buchstabenkennungen, wie A für Allrad, K für Kipper, oder auch F für Feuerwehr und Ko für Kommunal, hinter die Zahlenkombination gestellt wurden. Folglich lautete die Typenkennung der Baustellenfahr-zeuge der neuen Generation beispielsweise 1626 (A)K, 1719 (A)K, 1932 (A)K oder 2626 (A)K (6x6 oder 6x4). Die weiterhin gebauten mittleren und schweren Hauber blieben von dieser Änderung unberührt, ihre Kennbuchstaben standen unverändert vor den Ziffern.

Mit Ausnahme der Dieselmotoren, war für die 1973 vorgestellten Baustellenfahrzeuge alles neu konzipiert worden. Besonders auffällig war natürlich die neue Kabine mit der leicht schräg stehenden Windschutzscheibe. Sie hatte deutlich stärkere Rundungen als die kubische Kabine und erzielte wesentlich günstigere Luftwiderstandswerte. Die Designer hatten sich

Zugmaschine Mercedes-Benz 1632 S mit Bitumen-Auflieger

Sattelzugmaschine mit zwei lenkbaren Achsen: Mercedes-Benz 2032 S (6x2)

Mercedes-Benz 2224 (6x2) in Jugoslawien

um optimale Funktionalität bemüht und um bestmögliche Platzausnutzung bei begrenzten Außenmaßen. Dank eines kleinen Kippzylinders war das neue Fahrerhaus automatisch weit nach vorn kippbar und gewährte idealen Zugang zum Motor.

Neu war auch die weiche Lagerung der Kabine auf dem Rahmen, was besonders die rückengeschädigten Fahrer dankbar registrierten. Ebenfalls der Bequemlichkeit und dem Komfort föderlich war die neue, in Höhe und Neigung verstellbare Lenkung. Einziger Minuspunkt des neuen Fahrerhauses, gegenüber der Vorgängerkonstruktion, war der deutlich höhere Motortunnel. Produktionstechnisch brachte das Fahrerhaus zusätzlich einige Vorteile gegenüber der kubischen Kabine, da es aus wesentlich weniger Pressteilen zusammengesetzt wurde. Damit entfielen einige Montageschritte, was eine höhere Herstellungsquote ermöglichte und letztlich die Umstellung auf mechanisierte Fertigung zur Folge hatte. Dies bedeutete ein nicht unerhebliches Sparpotential für die LKW-Produktion im Werk Wörth.

In einem Testbericht in der Zeitschrift „Lastauto und Omnibus" vom Juli 1974 fasste Chefredakteur Richard Köbberling die Qualitäten des neuen Mercedes-Benz 1632 K in einem Satz zusammen: „Handlichkeit im Verkehr, Bequemlichkeit in der Bedienung, Fahrsicherheit und Fahrkomfort hat es bisher in dieser Form und Konsequenz bei Straßenkippern und Geländekalibern noch nicht gegeben."

Nach erfolgreicher Einführung der neuen Generation für die Bauwirtschaft folgte 1974 die Vorstellung der neuen Schwerlastwagen und Sattelzugmaschinen für den normalen Nah- und Fernverkehr. Es waren vor allem Fahrzeuge für die beiden wichtigsten, in Deutschland zugelassenen, Gewichtsklassen, 16 t und 22 t, die nun der verladenden Wirtschaft ab der zweiten Jahreshälfte 1974 angeboten wurden. Der zweiachsige 16-Tonner der schweren Klasse war in einer zusätzlichen

Motorvariante als Mercedes-Benz 1619 mit dem neuen Motor OM 401 (192 PS) erhältlich, neben den bereits als Kipper bekannten Typen MB 1626 (256 PS) und MB 1632 (320 PS). Diese drei Grundmodelle gab es als Pritschenwagen mit drei unterschiedlichen Radständen und als Sattelzugmaschinen und Kipper mit zwei Radständen, sowohl mit Straßen- als auch mit Allradantrieb. Einige Modelle waren auf Wunsch schon mit Luftfederung erhältlich, sie wurden demzufolge mit einem L kenntlich gemacht. Der beliebteste und mit fast 20.000 Exemplaren zwischen 1973 und 1983 meistgebaute 16-Tonner der neuen Generation war der MB 1632 als Pritschenwagen und Sattelzugmaschine. Er diente bevorzugt als Antriebseinheit für den 38-t-Zug im schweren Fernverkehr.

Auch die großen Dreiachser waren – gemäß den deutschen Vorschriften für nur 22 t Gesamtgewicht zugelassen – hauptsächlich für den Fernverkehr konzipiert worden, und damit gleichfalls für Gesamtzuggewichte von 38 t. Als MB 2226 und MB 2232 waren die Dreiachser sowohl in der Antriebskonfiguration 6x2, als auch 6x4, mit 4100 mm + 1350 mm Radstand als Pritschenwagen lieferbar. Die entsprechenden Sattelzugmaschinen verfügten über einen Radstand von 3000 mm + 1350 mm, sie gab es nur mit der angetriebenen Tandemhinterachse. Beide Ausführungen kamen auch in L-Ausführung mit Luftfederung auf den Markt. Ein Mercedes-Benz 2224 (6x4) erschien 1975 mit drei Radständen als Fahrgestell für Pritschen und Sonderaufbauten. Gleichzeitig gab es den MB 2224 B (6x4), ein Spezialfahrgestell mit kurzen Radständen, das nur für den Aufbau von Betonmischtrommeln vorgesehen war.

Nachdem es bei den Fahrzeugen für die Bauwirtschaft zunächst nur eine Fahrerhausversion gegeben hatte, die kurze oder Standardkabine, kam nun, mit Einführung der Fernverkehrslaster, auch eine lange Kabinenversion, das so genannte Fernfahrerhaus ins Fertigungsprogramm von Mercedes-Benz. Diese Kabine

war besonders auf die Bedürfnisse und Ansprüche der Langstreckenfahrer zugeschnitten und verfügte über zwei Liegepritschen hinter den Sitzen und zusätzliche Stauräume. Eine dritte Kabinenvariante erschien drei Jahre später, das mittellange Fahrerhaus, ein Kompromiss zwischen der kurzen und der langen Ausführung, die besonders in der Bauwirtschaft und bei Exportfahrzeugen große Beliebtheit erlangte.

Zur Abrundung und vorläufigen Komplettierung der neuen Generation im mittelschweren Gewichtsbereich erschienen auf der Automobilausstellung im Spätsommer 1975 die Fahrzeuge mit den Gesamtgewichten zwischen 10 t und 16 t. Es handelte sich durchweg um zweiachsige Fahrzeuge mit und ohne Allradantrieb, die sowohl für den Verteilerverkehr, als auch für den leichten Baustellenverkehr und Sonderaufgaben entwickelt worden waren. Vier Grundmodelle in vier Gewichtsklassen standen zur Verfügung: 10 t, 12 t, 14 t und 16 t.

Die 10-Tonner und 12-Tonner wurden zunächst als MB 1013, 1017, 1213, 1217 und 1219 präsentiert, einige Monate später kam noch der MB 1019 als Spezialausführung hinzu. Die Pritschenwagen dieser Modelle wurden in drei Radständen, die Allradversionen in zwei Radständen angeboten. Die Kippervarianten MB 1013 AK, 1017 AK, 1213 AK, 1217 AK und 1219 AK sowie die Allrad-Sattelzugmaschinen MB 1017 AS, 1213 AS und 1217 AS wurden mit 3200 mm Radstand geliefert.

Die 14-Tonner erschienen in gleich vier Versionen: 1413, 1417, 1419 und 1424 mit drei Radständen für Pritschenwagen und 3200 mm Radstand für Kipper. MB 1413 A, 1417 A und 1419 A waren allradgetriebene Fahrzeuge und MB 1419 S und MB 1424 S Sattelzugmaschinen. Nach dem Auftreten der 16-Tonner aus der schweren Klasse in verschiedenen Ausführungen (1619, 1626, 1632) kamen 1975 drei weitere 16-Tonner der mittelschweren Klasse auf den Markt (1613, 1617, 1624). Diesen Prit-

Turmwagen mit Spezialkabine auf Mercedes-Benz 1417 Ko

schenfahrzeugen standen sogar sechs Radstände zur Verfügung und alle Modelle gab es als Kipper und mit Luftfederung. Allradantrieb bekam nur der MB 1617 A und mit einer Sattelkupplung wurde der Typ 1624 S ausgerüstet.

Für diese mittelschweren Modelle der neuen Generation stellte Mercedes-Benz vier Dieselmotoren der Baureihen 300 und 400 bereit. Der schon betagte Sechszylinder OM 352 mit seiner Leistung von 130 PS bei 2800/min bildete das Einstiegsmodell am unteren Ende. Er wurde hauptsächlich in die 12-Tonner und 14-Tonner eingebaut, wo er sich tausendfach bewährte. Für den 16-Tonner erschien er den Kunden in der Regel etwas zu schwach. Die Turboladerausführung des OM 352 (mit einem A gekennzeichnet) leistete immerhin schon 168 PS bei 2800/min, was sich in einer deutlich erhöhten Zugkraft bemerkbar machte. Der Mercedes-Benz 1017 und der 1217 waren mit dieser Maschine besonders verbreitet. Das kleinste Modell der großen V-Motoren, der Sechszylinder OM 401 mit seiner Leistung von 192 PS bei 2500/min, arbeitete erfolgreich in den Typen 1219 und 1419. Stärkste Maschine in der Mittelklasse, und nur für die 14-Tonner und 16-Tonner bestimmt, war der V8-Motor OM 402 mit seinen 240 PS. Sein Verbreitungsgrad in diesen Chassis war verhältnismäßig gering, nur etwa 7200 LKW wurden in dieser Version gebaut.

Im großen und ganzen war das umfangreiche Erneuerungsprogramm der Frontlenkergeneration Ende 1975 zunächst abgeschlossen. Einige Nachzügler erschienen dennoch 1976

und 1977, z. B. die dreiachsigen Sattelzugmaschinen mit zwei lenkbaren Achsen der Typen 2026 S (6x2) und 2032 S (6x2). Die Produktion der alten LP-Frontlenkerfahrzeuge mit der kubischen Kabine wurde 1974 in der zentralen LKW-Fabrik in Wörth eingestellt, mit Ausnahme der kleinen Modelle im Bereich 7,5 t bis 10 t.

Die neue Generation verfügte ab 1976 über die ersten Sonderfahrgestelle der Serienmodelle, beispielsweise für den Feuerwehrdienst und die Getränkebranche. So war der Mercedes-Benz 1019 (A)F mit Nebenabtrieb und aufgelastet auf 11 t Gesamtgewicht vorrangig für den Einsatz als normgetreue Löschfahrzeuge (LF 16/TLF 16) und Rüstwagen (RW 2) konzipiert worden, wurde aber schon bald vom MB 1219 (A)F und MB 1222 (A)F abgelöst. Für die 30 m-Standarddrehleitern (DLK 30 – ab 1980 DLK 23/12) stand der Typ 1419 F zur Verfügung, später durch den Mercedes-Benz 1422 F ersetzt. Feuerwehrfahrzeuge dieser Bauart wurden Ende der 70er- und Anfang der 80er-Jahre zu Tausenden von Fachfirmen für deutsche und ausländische Feuerwehren aufgebaut.

Die Getränkebranche erhielt zu jener Zeit ebenfalls maßgeschneiderte Fahrzeugangebote von Mercedes-Benz. Neben den gängigen mittelschweren LKW, bot man Bierbrauern, Mineralbrunnen und Getränkeverlegern Fahrzeuge mit Zentralrohrrahmen an, die zum Aufbau spezieller Getränketieflader geeignet waren. So war es für die Lieferanten möglich, Flaschenkästen zu beiden Seiten im Aufbau besonders tief zu lagern und bequem zu entladen. Diese modifizierten Spezialchassis aus

dem Baukasten der neuen Generation gab es in drei Ausführungen, als Typen 1013 Z, 1213 Z und 1413 Z (Z = Zentralrohrrahmen).

1976 unternahm Mercedes-Benz gemeinsam mit der Firma WABCO-Westinghouse Versuche, das Bremssystem von Lastwagen effektiver und sicherer zu machen. Dazu wurde in einen Kipper aus der neuen Generation, einen MB 1632 K, erstmals ein Antiblockiersystem (ABS) eingebaut, dass das Blockieren der Räder bei Vollbremsungen verhinderte. Nach zahlreichen erfolgreich verlaufenden Tests, entschied die Geschäftsführung, den Einbau dieses neuartigen Systems in das Nutzfahrzeugprogramm des Konzerns aufzunehmen. Ab dem Jahre 1981 wurden einige Lastwagenmodelle und Omnibusse, auf Kundenwunsch, mit ABS ausgestattet.

Das umfangreiche Programm der neuen Generation blieb zunächst bis 1980 nahezu unverändert. Dann erschienen eine neue Motorenfamilie und neue Modelle in den Katalogen. Die Frontlenker der neuen Generation trugen ganz wesentlich zu den großen Erfolgen des Bereichs Nutzfahrzeuge der Daimler-Benz AG während der 70er-Jahre bei. Es waren nicht allein die im Ausland so beliebten und so zahlreich in den Nahen Osten verkauften Rundhauber, die Mercedes-Benz an die Spitze der Weltproduktion bei schweren Lastwagen schoben, auch die neue Generation hatte daran einen beträchtlichen Anteil. Die Markteinführung 1973/74 fand zu einer Zeit statt, als die Absätze bei den Transportern konjunkturbedingt um rund ein Drittel einbrachen, der Bereich Schwerlastwagen aber um fast ein Drittel zulegen konnte. So war denn auch der 500.000ste Lastwagen, der das Werk Wörth am 28. Juli 1975 verließ, ein Fahrzeug der neuen Generation, eine Sattelzugmaschine des Typs Mercedes-Benz 1926 S.

Der Daimler-Benz-Konzern geriet Ende 1974 massiv in die Schlagzeilen. Große Aufregung herrschte, als bekannt wurde, dass einer der Großaktionäre, die Familie Quandt, seinen Anteil von zirka 14 Prozent des Aktienkapitals verkaufen wollte. Nicht die Verkaufsabsicht als solche verursachte die Aufregung, sondern die Tatsache, dass nicht bekannt gegeben wurde, wer denn der Käufer dieses umfangreichen Aktienpaketes sei. Die ausführende Bank weigerte sich zunächst beharrlich, den Käufer zu benennen, man war zu Diskretion und Verschwiegenheit verpflichtet. Nicht einmal Vorstand und Aufsichtsrat der Daimler-Benz AG wussten, wer neuer Großaktionär werden wollte. Erst nach erheblichem öffentlichen Druck – schließlich handelte es sich um das größte bis dahin stattfindende Aktiengeschäft der deutschen Wirtschaftsgeschichte – wurde Anfang Dezember 1974 der Käufer verraten: das Emirat Kuwait.

Die Nachricht schlug wie eine Bombe ein. Ausgerechnet Kuwait, eines jener durch Öl zu Reichtum gelangten aufstrebenden Länder des Orients, dem Europa und die westliche Welt gerade erst den Ölschock und die Krise zu verdanken hatte. Dieser Staat wollte nun einen beträchtlichen Teil des wohl bekanntesten und renommiertesten deutschen Industrieunternehmens erwerben.

Nicht wenige waren beunruhigt und verunsichert. Was mochte hinter der Absicht der Araber stecken? Die Stuttgarter Geschäftsleitung musste die Öffentlichkeit und ihre Belegschaft beruhigen. Man teilte mit, dass alles weiter gehen würde, wie bisher, dass Kuwait sich aus dem operativen Geschäft völlig heraushalten, ja nicht einmal einen Platz im Aufsichtsrat beanspruchen wolle. Vorstandsvorsitzender Joachim Zahn verkündete: "Daimler-Benz ist ein deutsches Unternehmen und bleibt es auch, es bleibt in gleicher Weise ein schwäbisches Unternehmen."

Doch damit nicht genug. Zur gleichen Zeit hatte der andere Großaktionär, Friedrich K. Flick, seinen 39 prozentigen Anteil zum Verkauf angeboten und bereits einen unterschriftsreifen Vertrag auf dem Tisch liegen. Und er hatte auch schon einen Käufer gefunden: den Staat Iran! Flick war sich natürlich bewusst, welchen "Sprengstoff" dieser Vertrag barg und er hielt mit seiner Unterschrift zurück. Zwei wichtige Ölförderländer aus dem Nahen Osten, die die Mehrheit bei Daimler-Benz bekämen und den Konzern kontrollieren - einfach undenkbar. Da würde auch die Politik gewiss nicht mitspielen.

So nahm Flick Kontakt mit dem Vorstand der Deutschen Bank AG auf, die als dritter Grossaktionär über rund 28 Prozent des Aktienkapitals verfügte. Im Januar 1975 wurde Flick überredet, 10 Prozent der Aktien zu behalten und die restlichen 29 Prozent für runde zwei Milliarden Mark gewissermaßen an eine Auffanggesellschaft (Holding) zu verkaufen. Die Deutsche Bank verpflichtete sich, damit nicht ihren Eigenanteil an Daimler-Benz zu erhöhen, sondern dieses riesige Aktienpaket der Holding, aufgeteilt in kleine Päckchen, auf dem Finanzmarkt an unterschiedliche Interessenten zu veräussern. Der Iran war somit aus dem Geschäft raus und alle atmeten auf, nachdem die Transaktionen in der Öffentlichkeit bekannt wurden. Die Eigentumsfrage war erst einmal gelöst und die Daimler-Benz AG konnte beruhigt und zuversichtlich ihrem 50. Geburtstag entgegensehen, der im Jahre 1976 anstand.

Kurz vor Beginn des Jubiläumsjahres kamen mal wieder Neuigkeiten aus Gaggenau, denn es wurde eine neue Unimog-Baureihe gestartet. Der Prototyp der neuen Unimog-Generation, der U 120, hatte bereits auf einer Landwirtschaftsausstellung 1974 seine Premiere gehabt, die Serienherstellung begann ab

1975. Die neuen Unimogs erhielten ein unvergleichliches Aussehen, in Form von kantigen Fahrerhäusern mit hohen Windschutzscheiben und kurzen Motorhauben, ganz dem damaligen Zeitgeschmack entsprechend. Dem Verlangen nach mehr Raum und mehr Komfort gegenüber den alten, recht engen und ungemütlichen Unimog-Kabinen waren die Ingenieure nachgekommen. Das neue Fahrerhaus bot erstmals drei Personen Platz.

Maßgeblichen Anteil an der Neuentwicklung der Unimogs hatte die Bundeswehr, die gerade Ausschreibungen für ihre zweite Fahrzeuggeneration verschickte und Nachfolgemodelle für die alten Unimog S benötigte. Deshalb wurde eine der neuen Baureihen ganz auf die Bedürfnisse und Forderungen der Militärs zugeschnitten. Drei Baureihen in drei Gewichtsklassen erschienen anfangs, später um weitere Baureihen ergänzt.

Die Baureihe 424 umfasste die leichte Gewichtsklasse zwischen 7 t und 8 t mit den Typen U 1000 und U 1200 sowie dem U 1250. In der mittleren Gewichtsklasse, der Baureihe 425, reichte das Angebot bis 10,5 t Gesamtgewicht und es standen die Typen U 1300 und U 1500 zur Verfügung. Die schwere Klasse, die Baureihe 435, brachte vier Modelle hervor mit Gesamtgewichten bis zu 12 t. U 1300 und U 1700 repräsentierten die Typen mit kurzen Radständen, während die Modelle U 1300 L und U 1700 L mit langen Radständen als reguläre Geländelastwagen erschienen.

Motorisiert wurden die neuen Unimogs mit dem guten alten Sechszylindermotor OM 352, der bei 2600/min eine Leistung von 95 PS erbrachte und bei 2800/min 130 PS. Die Version mit Abgasturbolader, OM 352 A, wurde in den Leistungsstufen 150 PS und 168 PS nur für die großen Modelle U 1500 und U 1700 angeboten. Moderne Motoren des Typs OM 366 (A) gab es für die Unimogs erst in den 80er-Jahren.

Wie schon bei den Vorgängerfahrzeugen, so fanden auch die neuen Unimogs weniger Abnehmer im Bereich Landwirtschaft, als viel-

mehr in der Baubranche, dem Kommunalsektor, bei Feuerwehren und Hilfsdiensten sowie beim Militär. Erwartungsgemäß bestellte auch die Bundeswehr ab 1976 in großen Stückzahlen die neuen Fahrzeuge. Standardmodell wurde der U 1300 L für eine Nutzlast von 2 t mit 130 PS und 3700 mm Radstand. Mit Sanitäts-, Funk- oder Werkstattkoffer und als Pritschenwagen bildete er das Rückgrat der leichten Bundeswehr-Radfahrzeuge bis in die Gegenwart. Auch andere Armeen griffen auf diese Unimog-Modelle zurück. Einen lukrativen Auftrag für Australien und Neuseeland konnte das Werk Gaggenau mit der Lieferung der damals größten und stärksten Unimog-Ausführung, dem U 1700 L, abwickeln, die teilweise in Australien montiert wurden.

Die Produktion der Leichttransporter aus dem ehemaligen Hanomag-Henschel-Programm, die 1969/70 von Hamburg-Harburg ins Werk Bremen umgesiedelt worden war, lief Anfang 1977 endgültig aus. Damit verschwanden auch die letzten der alten Hanomag-Henschel-Fahrzeuge vom Markt. Das Bremer Werk war das einzige des Konzerns, das nicht ausgelastet war und zeitweise unrentabel arbeitete, denn die Nachfrage nach Transportern war seit der Krise 1973/74 stark zurückgegangen. Um gegenüber den beiden Hauptwettbewerbern, Volkswagen und Ford, bei leichten Transportern bestehen zu können, war Daimler-Benz gezwungen, eine neue Baureihe zu konzipieren. Überstürzen wollte man indes nichts und ließ sich deshalb viel Zeit mit der Neuentwicklung, um der Kundschaft schließlich ausgereifte leichte Transporter, bekannt geworden als T 1 (Transporterbaureihe 1), zu präsentieren.

Kurz nach dem Produktionsstart in Bremen Anfang 1977, beschloss der Vorstand, dem Werk auch die Herstellung der T-Modelle aus dem PKW-Programm zuzuteilen. Damit konnten endlich die Beschäftigungsprobleme und Geldsorgen der Bremer gelöst werden. Das Werk Bremen war das einzige im Daimler-Benz-Konzern, das zeitweise zweigleisig fuhr und

Mercedes-Benz LK 1921 im Iran

Mercedes-Benz L 1519 in Brasilien

Mercedes-Benz L 2624 (6x4) in Deutschland

Mercedes-Benz LKo 1113 in Italien

Mercedes-Benz L 1413 (6x4) in Namibia

Allradkipper Mercedes-Benz LAK 1113

sowohl Nutzfahrzeuge als auch Personenwagen produzierte. Aber dies war nur eine Übergangslösung, denn man erwog, aus Rationalisierungsgründen die gesamte Transporterherstellung in nur einem Werk zu konzentrieren, in Düsseldorf. Die Bremer Fabrik sollte zu Beginn der 80er-Jahre zu einem reinen PKW-Produktionsstandort ausgebaut werden. Nach Abschluss der Produktionsneugliederung verfügte Daimler-Benz damit über zwei PKW-Werke (Sindelfingen und Bremen), drei LKW-Werke (Wörth, Gaggenau, Düsseldorf) und ein Omnibus-Werk (Mannheim). Alle übrigen deutschen Fabriken des Konzerns dienten als Zulieferbetriebe für Aggregate und Fahrzeugkomponenten.

Die Modelle der neuen Transporterbaureihe waren keine richtigen Frontlenker, sondern eher Kurzhauber mit einer kurz gehaltenen Motorabdeckung. Technisch und gestalterisch gab es keinerlei Bezüge zu ihren Vorgängern. Die Fahrzeuge verfügten über Blattfederung und Starrachsen. Breite Türen mit niedrigem Einstieg ermöglichten den Fahrern im innerstädtischen Verteilerverkehr ein rasches und einfaches Ein- und Aussteigen. Lieferbar waren die Transporter als Kastenwagen oder Kombi mit Flach- und Hochdach mit zwei Radständen und mit Tief- oder Hochladepritsche mit drei Radständen. Später kamen die Ausführungen mit Doppelkabine, als Omnibus und Kipper hinzu.

Die leichten Transporter wurden in drei Gewichtsklassen unterteilt. Die kleinsten Modelle, die Typen 207 D und 208, waren für 2550 kg oder 2800 kg Gesamtgewicht bestimmt, während die mittelschweren Fahrzeuge MB 307 D und MB 308 3200 kg oder 3500 kg auf die Waage brachten. 1981 folgten die schweren Typen 407 D und 409, ausgelegt für 4600 kg Gesamtgewicht.

Anfangs standen den Kunden zwei Motorvarianten zur Verfügung: der Vierzylinder-Vergasermotor M 115 mit 85 PS bei 4800/min und der Vierzylinder-Dieselmotor OM 616 mit 65 PS bei 4200/min. Den Vergasermotor erhielten die Modelle MB 208 und MB 308, den Dieselmotor die Typen 207 D und 307 D. Neue Motoren gab es ab 1981/82 für die Modelle MB 207 D, 307 D und 407 D mit der 72 PS starken Version des OM 616 sowie für die MB 209 D, 309 D und 409 D in Form des 5-Zylindermotors OM 617 mit 88 PS bei 4400/min. Von Anfang an wurden erheblich mehr Dieselausführungen, als Fahrzeuge mit Vergasermotoren ausgeliefert, trotzdem erschien noch ein moderner Vergasermotor, der M 102 mit 95 PS, der in die Modelle MB 210, 310 und 410 eingebaut wurde. Die leichten Transporter aus Bremen (später aus Düsseldorf) konnten sich erfolgreich gegen die Widersacher von VW, Ford und IVECO durchsetzen und Daimler-Benz auch in dieser Nutzfahrzeugsparte im In- und Ausland in die Spitzengruppe schieben.

Der Unimog U 1500 als Arbeitsmaschine im Straßenbau

Für Schiene und Straße: Unimog U 1250 L mit Ruthmann-Steiger

Die neue Baureihe der leichten Mercedes-Transporter 1977

Die ersten Schritte nach Nordamerika:
Euclid und Freightliner

In dem Bestreben der Daimler-Benz-Geschäftsleitung, den Konzern auf eine möglichst breite, internationale Basis zu stellen und die wichtigsten Schlüsselmärkte der Welt zu erobern, war man in einigen Regionen noch nicht so recht voran gekommen. Sehr gut war das Unternehmen mit seinen Lastwagen in Südamerika, in Afrika und im Nahen Osten positioniert. In Asien war man nur partiell vertreten und in Nordamerika praktisch überhaupt nicht. Das sollte sich zu Beginn der 70er-Jahre ändern.

Gerade der riesige nordamerikanische Nutzfahrzeugmarkt schien eine große Herausforderung zu werden. Kaum jemals hatte es ein europäisches oder asiatisches Automobilunternehmen geschafft, in den USA und in Kanada wirklich lukrative Geschäfte mit Lastwagen über einen längeren Zeitraum zu tätigen. Zu stark war die amerikanische Konkurrenz, zu eigenwillig die Kundschaft und zu kompliziert die Spielregeln des dortigen Marktgeschehens, die sich grundlegend von denen anderer Länder unterschieden.

Bei den leichten Lastwagen favorisierten die Amerikaner so seltsame Typen, wie „Pickups", die es anderswo nicht gab und die damals noch keine nichtamerikanische Firma baute. Mittlere und schwere Lastwagen entstanden aus vielerlei bei Zulieferfirmen zusammengekauften Komponenten, die der Kunde frei auswählen konnte. Etliche Lastwagenbauer konzentrierten sich auf reine Montagetätigkeiten, selbst fertigten sie allenfalls die Fahrgestellrahmen, während Motor, Getriebe, Achsen, Fahrerhaus u. a. von Fremdfirmen stammten. Kaum ein großer LKW-Hersteller baute komplette Fahrzeuge aus einer Hand, wie dies in Europa ganz selbstverständlich war.

Frontlenker waren in Nordamerika bis in die 60er-Jahre kaum gefragt und nur wenig verbreitet. Je größer und länger die Motorhaube, desto besser gefiel es den Fahrern – es gab ja genug Platz auf den Straßen. Dieselmotoren waren in den USA lange Zeit überhaupt kein Thema – solange der Sprit spottbillig war. Was Technik und Design betraf, so lagen buchstäblich Welten zwischen europäischen und amerikanischen Trucks – und das war noch bis vor wenigen Jahren so. Irgendwann in den 50er-Jahren müssen die einst so fortschrittlichen amerikanischen Massenhersteller den Anschluss an die technologische Entwicklung verpasst haben und die Kundschaft hat es überhaupt nicht gemerkt. Wichtig war offenbar nur eins: dass ein Truck gewaltige Pferdestärken unter seiner Haube zähmen konnte, alles andere war nebensächlich.

Unter derartigen Vorzeichen und Bedingungen schien es für europäische LKW-Hersteller nahezu unmöglich, ihre Produkte in Nordamerika erfolgreich zu vermarkten. Doch sie fanden schließlich Lösungen, den damals größten und lukrativsten Lastwagenmarkt der Welt zu erobern. Das geschah allerdings auf eine andere Art, als es sich manch einer vorgestellt hatte. Denn die Europäer wählten nicht den mühsamen und kostspieligen Weg über eigene Fabrikationsanlagen, in denen neu konzipierte und dem amerikanischen Geschmack angepasste Fahrzeuge aufwendig entstehen sollten. Sie entschieden sich für die einfachere und schnellere Variante: Die Europäer übernahmen kurzerhand mehrere amerikanische Hersteller und konnten sich innerhalb weniger Jahre mit etablierten Firmen in die Spitzengruppe vorarbeiten. Auf diese Weise gelang es Daimler-Benz, ebenso wie Volvo und Renault, sich einen großen Teil am Nordamerikageschäft zu sichern.

Der Einstieg in den US-Markt begann für die Daimler-Benz AG bereits mit der Gründung einer Vertriebsgesellschaft, der Daimler-Benz of North America Inc., im Jahre 1955. Zunächst wurden nur PKW importiert, ab 1957 auch einige Lastwagen. Die anfängliche Vertriebspartnerschaft mit dem Studebaker-Packard-Konzern erwies sich als nicht besonders förderlich und das Händlernetz als unpassend, so dass diese Art der Kooperation 1964 wieder beendet wurde und die Stuttgarter das „Heft" selbst in die Hand nahmen. Mit den Personenwagenverkäufen ging es seither stetig aufwärts, doch bei Lastwagen tat sich fast nichts.

Es war in den 60er-Jahren sehr schwer, die amerikanische Kundschaft von den Vorzügen deutscher Diesellastwagen zu überzeugen. Als zusätzliches Problem erwies sich in dem grossen Land der Aufbau eines einigermaßen weit gespannten Händler- und Servicenetzes. Da sich Mercedes-Benz vorrangig auf die östlichen und südlichen Bundesstaaten der USA konzentrieren wollte, wurde die Möglichkeit, in das Segment der schweren Fernlaster ab 16 t Gesamtgewicht – die dortige Klasse 8 – einzusteigen, erst gar nicht in Erwägung gezogen. Zu große Investitionen wären notwendig gewesen und zu geringe Erträge hätte ein Enga-gement in dieser hart umkämpften LKW-Klasse mit etwa zwölf Mitbewerbern gebracht. Des-halb entschloss sich Daimler-Benz, mit seinen Haubenfahrzeugen ganz gezielt nur den mittelschweren Bereich zwischen 8 t und 15,8 t Gesamtgewicht (Klasse 5 bis 7) zu bedienen. In

diesem Segment war die Konkurrenz gerade mal halb so groß und man versprach sich deshalb bessere Absatzchancen. Bei den schweren Lastwagen sondierten die Stuttgarter die amerikanischen Hersteller und sahen sich nach einer Firma um, die entweder zu einer Kooperation bereit gewesen wäre, oder die für eine allmähliche Übernahme zur Verfügung stand. Zunächst boten sich keine entsprechenden Möglichkeiten für die Deutschen, das sollte noch ein paar Jahre dauern. Langsam stiegen die Verkäufe der Mercedes-Fahrzeuge und 1971 wurden erstmals mehr als 500 Hauben-Lastwagen in die USA exportiert. Das US-Händlernetz wurde 1972/73 um weitere 34 Stützpunkte erweitert, so dass damit die Voraussetzungen für eine neue Verkaufsoffensive geschaffen waren.

Kurzfristig wurden 1973 die Exporte der Mercedes-Benz-Kurzhauber in die USA einge-

stellt. Durch die Wirtschafts- und Währungsturbulenzen stiegen die Produktionskosten in Deutschland erheblich und die Fahrzeuge konnten in Nordamerika zu keinem wettbewerbsfähigen Preis mehr verkauft werden. Als Ausweg bot sich die nicht voll ausgelastete und deutlich günstigere LKW-Produktion im brasilianischen Zweigwerk São Bernardo an.

So gelangten ab 1974 die Haubenfahrzeuge aus Brasilien auf den US-Markt. Noch waren diese Fahrzeuge eine ungewohnte Erscheinung auf amerikanischen Straßen, doch langsam gewöhnten sich die potentiellen Kunden an die mittelschweren Diesellastwagen für den Verteilerverkehr, die aus Bauteilen nur eines einzigen Herstellers bestanden. Immer mehr Interessenten ließen sich von den klaren Vorzügen und der Qualität der deutschen Kurzhauber überzeugen.

Trotz steigender US-Absatzzahlen befriedigte auch diese Variante die Geschäftsleitung in Stuttgart nicht vollends. Man wollte lieber gleich eine eigene LKW-Fabrikation in den USA aufbauen. Zu diesem Zweck erwarb die Daimler-Benz AG ein passendes Grundstück in Virginia und begann 1979 mit dem Bau eines neuen Montagewerkes für eine Kapazität von 6000 Lastwagen. Im September 1980 fand die Eröffnung statt und die ersten Mercedes-Benz aus nordamerikanischer Produktion rollten aus der Halle.

Unterdessen hatte sich die Daimler-Benz AG bereits an ganz anderer Stelle und in einem ganz anderen Bereich in den USA engagiert. Seit 1977 waren die Stuttgarter nämlich im Besitz der Firma Euclid, einer Tochter der White Motor Corporation. Euclid war ein renommiertes Unternehmen, das sich hauptsächlich auf dem Gebiet schwerer Baumaschinen betätigte, das aber auch viele Muldenkipper baute. Diese sind ja einerseits Baumaschinen, weil sie fast nur auf Baustellen, in Steinbrüchen oder in Tagebauminen eingesetzt werden, und selten oder nie auf Straßen zu finden sind. Andererseits sind sie technisch gesehen Lastwagen, da sie gewöhnlich über einen Starrrahmen verfügen und zwei oder drei angetriebene und luftbereifte Achsen haben.

Die Firma Euclid war 1909 in der Stadt gleichen Namens (heute ein Vorort von Cleveland) als Kran- und Windenhersteller gegründet worden. Seit 1924 baute man mehr und mehr Baugeräte, wie Planierraupen, Scraper, Kippanhänger u. a. und 1933 entstand der erste Bodenentleererzug mit selbstkonstruierter Zugmaschine. Muldenkipper wurden 1934 ins Produktionsprogramm aufgenommen. Mit den Jahren wurden die Kipper immer größer und erreichten Nutzlasten von 100 t und mehr. 1953 wurde Euclid von der General Motors Corporation (GMC) aufgekauft. Auf Grund eines seit 1959 anhängigen Kartellverfahrens gegen GMC wurde der Konzern 1968 gerichtlich

Der erste Mercedes-Benz Diesellastwagen, ein L 5, 1928 in New York

Schwerer Bodenentleererzug Euclid CH 150 für 136 t Nutzlast

gezwungen, sich von Teilen der Euclid-Produktion und dem Namen zu trennen. Aufkäufer der Bereiche Muldenkipper und Bodenentleererzüge war die White Motor Corporation, die auch die Namens- und Markenrechte erwarb.

White, ein bekannter Hersteller schwerer Lastwagen, führte die Muldenkipper-Baureihen weiter und entwickelte neue Modelle. 1971 wurde mit dem Euclid R 210 ein neuer Nutzlastrekord bei 190 t (210 short tons) aufgestellt. Darüber hinaus war die Besonderheit dieses nur einmal gebauten Monstrums eine Gasturbine, die die beiden jeweils zwillingsbereiften Achsen elektrisch über Generator antrieb. Mit den Jahren verlor White das Interesse an diesem sehr speziellen Geschäftsbereich, der zudem äußerst konjunkturabhängig war und ist.

Wie gelangte nun ausgerechnet die Daimler-Benz AG in den Besitz von Euclid? Auf der Suche nach einem amerikanischen Schwerlastwagenhersteller, als Kooperationspartner oder Übernahmekandidat, kamen die Deutschen mit der White Motor Corp. in Kontakt. Der damalige White-Chef machte Daimler-Benz 1975 ein interessantes Angebot. Im Rahmen einer Kapi-

talerhöhung sollte Daimler-Benz acht Millionen Aktien von White erwerben und damit einen Anteil von annähernd 50 Prozent an dem Unternehmen erhalten. Jetzt schien der ersehnte Einstieg ins amerikanische Schwerlastwagengeschäft Wirklichkeit zu werden.

Gerhard Prinz, der spätere Vorstandsvorsitzende der Daimler-Benz AG, wurde in die USA geschickt, um die Firma White zu begutachten und das Angebot zu prüfen. Das Ergebnis seines Berichtes fiel indes anders aus, als der Vorstand erwartet hatte. Prinz schätzte Whites finanzielle Lage als prekär ein und fand den angebotenen 50-Prozent-Anteil zu teuer. Außerdem beurteilte er den Fahrzeugbau, nach Daimler-Benz-Kriterien, als qualitativ nicht akzeptabel. Da eine große Lösung des Geschäftes zwischen White und Daimler-Benz unter diesen Voraussetzungen nicht zustande kommen konnte, schlug die White-Geschäftsleitung eine kleine Alternative vor: den Erwerb der White-Tochtergesellschaft Euclid.

Nach einigem hin und her entschloss sich der Daimler-Vorstand 1976, das Angebot anzunehmen und die Firma Euclid zu kaufen. Zum 1. August 1977 gelangte damit erstmals eine

amerikanische Firma, ausgerechnet ein Baumaschinenhersteller, in den Besitz der Daimler-Benz AG.

Das Euclid-Produktprogramm umfasste zu dieser Zeit die CH-Baureihe, das waren die Bodenentleererzüge mit Nutzlasten zwischen 27 t und 136 t, sowie die Muldenkipper der R-Baureihe mit Kapazitäten zwischen 20 t und 154 t. Angetrieben wurden die Eucid-Fahrzeuge von großvolumigen Dieselmotoren der beiden führenden amerikanischen Anbieter Cummins Engine Company Inc. und Detroit Diesel Corp., die ein Leistungsspektrum von 228 PS/167 kW bis 1622 PS/1193 kW umfassten. Nach der Übernahme durch Daimler-Benz gelangten auch Mercedes-Dieselmotoren zum Einbau.

Speziell für den europäischen Markt wurden drei der kleineren Muldenkippermodelle mit Mercedes-Motoren angeboten. Der R 22, der kleinste Euclid-Kipper mit einer Nutzlast von 20 t (22 short tons), erhielt einen 250 PS/184 kW starken V6-Dieselmotor. Der 32 t (35 short tons) tragende R 35 wurde mit dem 470 PS/346 kW starken Mercedes-V10-Motor ausgestattet, während der für 45 t (50 short tons) ausgelegte Muldenkipper R 50 durch einen mächtigen 600 PS/441 kW leistenden Mercedes-V12-Diesel angetrieben wurde.

Die wuchtigen Kippermodelle R 85, R 100, R 170 und R 210, die ausschließlich in den riesigen Tagebauminen in Amerika, Australien und Asien Verwendung fanden, wurden gewöhnlich mit den über 1000 PS starken V12-Motoren von Detroit Diesel und Cummins geliefert.

Das erste Jahr im Hause Daimler-Benz schloss Euclid noch mit guten Gewinnen ab, doch bereits 1979 begannen sich die Auswirkungen der abflauenden Konjunktur bemerkbar zu machen und im Jahr darauf schrieb Euclid rote Zahlen. Dies besserte sich auch in den Jahren 1981 und 1982 nicht, so dass der Daimler-Vorstand beschloss, das Euclid-Abenteuer abzubrechen, ehe die Verluste zu gross würden.

Ende 1983 wurde das Unternehmen an einen der damals größten Baumaschinenkonzerne der Welt verkauft, die Clark Equipment Company, die sich wenig später mit der Baumaschinensparte der Volvo AB vereinte. Damit war für Daimler-Benz der Abstecher in den amerikanischen Spezialfahrzeugbau beendet. Doch das Engagement in den USA sollte nun erst richtig losgehen, denn einige Monate zuvor waren die Stuttgarter endlich in den Besitz eines aussichtsreichen Schwerlastwagenbauers geraten.

1980 war die White Motor Corp. in ernsthafte finanzielle Schwierigkeiten geraten und stand vor dem Konkurs. Erneut verhandelten die Stuttgarter mit den Amerikanern. Vielleicht war es nun möglich, die Firma komplett und zu einem günstigen Preis zu erhalten. Doch es gab einen weiteren Interessenten an White, den Lastwagenhersteller Freightliner Corporation, eine Tochtergesellschaft des Transportunternehmens Consolidated Freightways Inc. aus Portland im Bundesstaat Oregon. Die Firmen White und Freightliner waren alte Bekannte, denn beide LKW-Marken wurden 25 Jahre lang über eine gemeinsame Vertriebsorganisation verkauft. Erst 1976 war Freightliner aus dem White-Händlernetz ausgestiegen, um einen eigenen Vertrieb aufzubauen. Die bei Freightliner gebauten Lastwagen waren bis dahin unter der Bezeichnung White-Freightliner auf dem Markt angeboten worden. Nun stand die größere Firma White vor dem Aus und die kleinere LKW-Marke Freightliner wollte sich mit dem ehemaligen Partner zusammenschließen.

Gerhard Prinz, Verhandlungsführer von Daimler-Benz, erfuhr zu seiner Überraschung, dass der Mutterkonzern der Freightliner Corp. seine Lastwagentochter, nach der geplanten Verschmelzung mit White, am liebsten abstossen würde. Daraufhin fanden sofort Unterredungen zwischen Daimler-Benz und Consolidated Freightways statt. Die Deutschen erkannten die einmalige Möglichkeit, mit einem Streich

gleich zwei amerikanische Schwerlastwagenhersteller in ihren Konzern zu integrieren.

Bis März 1981 zogen sich die Verhandlungen hin, dann wurde eine Absichtserklärung unterzeichnet. Zu diesem Zeitpunkt war eine Übernahme von White bereits nicht mehr auf der Tagesordnung, es ging also nur noch um die Marke Freightliner. Am 31. Juli 1981 wurde schließlich der endgültige Kaufvertrag unterschrieben und Freightliner wurde hundertprozentige Tochter der Daimler-Benz AG. Die in Bedrängnis geratene Firma White wurde noch im selben Jahr von der schwedischen Volvo AB übernommen und ein weiterer europäischer Nutzfahrzeughersteller kaufte sich einige Monate später einen amerikanischen Ableger: Renault S. A. erwarb die Firma Mack Trucks Inc.

Zurzeit der Freightliner-Übernahme befand sich der amerikanische LKW-Markt in einer Talsohle. Freightliner hatte 1980 nur noch 10.814 schwere Laster verkaufen können, nach 16.300 Einheiten im Jahr zuvor. Damit kam die Firma auf einen Marktanteil von 9,9 Prozent bei den schweren Fahrzeugen der Klasse 8 und lag in der Rangliste der Hersteller auf dem achten Platz. Im Jahr 1982 fielen die Verkaufszahlen der Freightliner-Trucks weiter auf nur noch 7483 Exemplare, während der Marktanteil in der Klasse 8 sich gleichzeitig auf 10,1 Prozent erhöhte. Seit diesem Tiefpunkt konnte sich der Absatz in Nordamerika über die Jahre hinweg stetig nach oben entwickeln, bis 1992 mit einem Marktanteil von 23,2 Prozent erstmals der Spitzenplatz in der Klasse 8 erreicht wurde.

Euclid Muldenkipper R 35 mit Mercedes-Benz-Dieselmotor 470 PS

Ungleiche Brüder: Euclid R 50 Muldenkipper und MB 2628 K (6x4)

Freightliner

Die Lastwagen der Marke Freightliner entstanden eigentlich aus einer Notlage heraus. Leland James, Gründer und Chef der Spedition Consolidated Freightways Inc., fand keinen LKW-Hersteller, der Lastwagen nach seinen Vorstellungen bauen wollte. Es sollten leichte Sattelzugmaschinen mit hoher Nutzlast und Aluminiumkabinen sein. So war James gezwungen, die Fahrzeuge selbst herzustellen. Der erste Eigenbau mit einem Frontlenkerfahrerhaus aus Aluminium entstand 1937 auf der Basis eines Fageol-Chassis. Weitere 19 derartige LKW wurden in der Speditionswerkstatt in Portland (Oregon) bis Ende 1939 gefertigt.

1940 gründete James in Salt Lake City eine eigenständige LKW-Schmiede, die Freightways Manufacturing Company. Dort entstanden die ersten kompletten Lastwagen unter dem Markennamen Freightways. Bereits im folgenden Jahr tauchte erstmals ein LKW mit dem Namen Freightliner auf dem Kühlergrill auf und im August 1942 wurde die kleine Lastwagenproduktion in Freightliner Corporation umbenannt. Doch bevor es mit der LKW-Herstellung richtig los gehen konnte, kam der Krieg dazwischen und Freightliner baute zwischen 1942 und 1944 hauptsächlich Flugzeugteile. Der Neubau von Lastwagen ruhte, auch nachdem die Fabrik 1944 wieder nach Portland zurückgeholt worden war.

1947 wurde mit dem Modell 800 die LKW-Produktion erneut belebt. Bislang waren alle Fahrzeuge für den Eigenbedarf von Consolidated Freightways gebaut worden, erst 1948 wurde ein Freightliner an einen Fremdkunden verkauft.

1949 belief sich die LKW-Produktion auf ganze 56 Fahrzeuge, die von 62 Mitarbeitern gebaut wurden. Der entscheidende Durchbruch für Freightliner gelang 1951 mit einer Vertriebskooperation mit der White Motor Corp. für

Freightliner WF

White Freightliner COE

das Gebiet der USA und Kanada. Bereits im folgenden Jahr wurden 189 White-Freightliner, wie die Trucks nun hießen, verkauft. Im Angebot waren die Frontlenker WF 42 und WF 64 sowie, wenig später, der allradgetriebene WF 5844 (4x4).

Zur Mitte der 50er-Jahre war die jährliche Produktion auf über 500 Lastwagen gestiegen und 1958 wurde erstmals ein Frontlenker mit vollständig kippbarer Kabine vorgestellt, der Typ 8164 T. Neue Zweigwerke entstanden 1960 in Pomona, bei Los Angeles, und 1961 in Burnaby, bei Vancouver in Kanada. Dadurch konnte die Produktion beträchtlich gesteigert werden, so dass im Sommer 1963 der 10.000ste Freightliner vom Band lief.

Die ersten Spezialfahrgestelle erschienen ab 1964: schwere Baustellenfahrzeuge mit Halbkabine für Autokrane und Betonmischer in 6x4- und 6x6-Ausführung. Große Nachfrage bei Schwerlastwagen Ende der 60er-Jahre führten zu ständigen Kapazitätserweiterungen der drei Werke und im Oktober 1974 wurde der 100.000ste LKW ausgeliefert. In jenem Jahr begann auch der Verkauf der ersten selbstkonzipierten Hauberbaureihe. Nach 25 erfolgreichen Jahren wurde die Vertriebspartnerschaft mit White Ende 1975 aufgelöst. Freightliner stand nun auf eigenen Füßen, der Name White verschwand von den Markenschildern.

1978 konnte Freightliner 13.577 Schwerlastwagen in den USA und Kanada verkaufen und damit einen Marktanteil von 7,6 Prozent in der Klasse 8 erreichen. Im Mai 1979 wurde ein weiteres Freightliner-Werk in Nord-Carolina eröffnet, zu einem Zeitpunkt, als die Rezession drohte und die Fahrzeugabsätze sanken. Die White Motor Corp., der ehemalige Partner, stand kurz vor dem Bankrott und Freightliner wollte die Marke schon übernehmen, als sich durch das Interesse der Daimler-Benz AG neue Perspektiven eröffneten. 1981 erwarb Daimler-Benz die Freightliner Corp. zu 100 Prozent von Consolidated Freightways Inc. und schaffte damit den Einstieg in den amerikanischen Schwerlastwagenmarkt.

Freightliner FL 112 als Kipper

Im Gegensatz zu den meisten amerikanischen Schwerlastwagenherstellern, baute die Firma aus Oregon von Anfang an hauptsächlich Frontlenker und nur sehr vereinzelt, auf speziellen Kundenwunsch, Haubenfahrzeuge. Die Gründe hierfür mögen Längenbegrenzungen in einigen Bundesstaaten gewesen sein sowie Absprachen mit dem gemeinsamen Vertriebspartner. Da White vorrangig schwere Hauber produzierte, konnten die Händler der Kundschaft Frontlenker der Marke Freightliner und Hauber der Marke White anbieten, ohne sich gegenseitig Konkurrenz zu machen. Erst 1973, drei Jahre bevor die Vertriebskooperation aufgelöst wurde, stellte Freightliner eine eigenständige Hauberbaureihe vor. Diese Fahrzeuge orientierten sich an gestalterischen und geschmacklichen Traditionen, wie sie in Amerika seit beinahe Jahrzehnten typisch waren, und sie waren weit davon entfernt, modern zu sein. Außerdem unterschieden sich die Freightliner kaum von den schweren Haubern der damals stärksten Wettbewerber Kenworth, Peterbilt, Diamond und Chevrolet. Robuste, einfache Technik und solide Verarbeitung waren bei Freightliner immer wichtiger gewesen, als ein flottes Erscheinungsbild.

Bei Daimler-Benz dürfte man ziemlich schnell bemerkt haben, dass Freightliner-LKW nicht gerade ein Vorbild für modernes, zeitgemäßes Design waren. Dennoch ging die Produktion in den drei nordamerikanischen Werken nach der Übernahme zunächst mit den beiden bestehenden Baureihen unverändert weiter. Neue Modelle waren natürlich nicht auf die Schnelle zu realisieren, außerdem musste man Veränderungen behutsam durchführen, um nicht die wenig innovationsfreudigen Trucker und Spediteure zu erschrecken und das Image der Marke Freightliner zu beschädigen.

Das Lastwagenmontagewerk von Mercedes-Benz in Virginia wurde 1982 in die Freightliner Corporation eingegliedert, die Herstellung der Mercedes-Benz-Lastwagen lief aber bis 1991 weiter. Es wurden während der 80er-Jahre sogar neue Modelle in den USA eingeführt, darunter auch erstmals moderne Mercedes-Frontlenker der Typen LP 1219, LP 1419 oder die Sattelzugmaschine LPS 1525, neben den inzwischen gut eingeführten Kurzhaubern L 911, L 1117, L 1317 oder L 1319. Im Juni 1984 wurde der 10.000ste in den USA montierte Mercedes-Benz-Lastwagen seinem Besitzer übergeben.

Im folgenden Jahr erschienen die ersten wirklich neu entwickelten Freightliner-Modelle. Das Ganzstahl-Fahrerhaus der Hauberbaureihe 112 war unverkennbar mit tatkräftiger Unterstützung der Techniker und Designer des Hauses Mercedes-Benz entworfen worden. Erstmals wurde ein Freightliner mit einer ansprechenden und modernen Gestaltung auf die Räder gestellt. Die Modelle FL 112 und FLC 112 waren als Laster und Sattelzugmaschinen erhältlich, sowohl in zweiachsiger, als auch in dreiachsiger Version und ausgelegt für Gesamtgewichte bis zu 29 t. Diese Fahrzeuge waren für den schweren Verteiler- und Nahverkehr konzipiert worden, weniger als Fernverkehrslaster. Wenig später kam noch eine spezielle Variante für den Baustelleneinsatz hinzu mit höheren Nutzlasten und auf Wunsch mit einer zusätzlichen liftbaren Vor- oder Nachlaufachse. Diese Fahrgestelle wurden als Kipper, Betonmischer oder Kranfahrzeuge angeboten.

Wie üblich, blieb es dem Kunden überlassen, welchen Motor, welches Getriebe und welche Achsen verbaut wurden. Dazu stand ein breites Angebot verschiedenster Produkte zur Verfügung. Als Standard wurden Cummins-Dieselmotoren mit Leistungen zwischen 280 PS/206 kW und 370 PS/272 kW empfohlen. Da auch die Radstände und die Tragfähigkeit des Rahmens in einer gewissen Spanne von Fahrzeug zu Fahrzeug variierte, blieb als einzige feste Größe der Baureihe 112, wie auch aller anderen, das Fahrerhaus mit der Haube.

In den USA war es seit jeher üblich, als Maßeinheit für einen Hauber den Abstand zwischen Vorderkante Stoßstange und Rückwand Fahrerhaus (genannt BBC) zu messen. Dabei ist aber nur die Rückwand der kurzen Kabine, der Tageskabine, wie die Amerikaner sagen, relevant, nicht eine möglicherweise vorhandene Schlafkoje oder Fernfahrerkabine, denn diese sind bei amerikanischen Trucks teilweise sehr lang und ganz individuell. Bei der Freightliner-Baureihe 112 betrug der in inch gemessene Abstand (BBC) 112, entsprechend 2845 mm, woraus die Typenbezeichnung dieser Fahrzeuge abgeleitet wurde.

Der alte Freightliner-Hauber, speziell als Fernverkehrssattelzugmaschine konzipiert, der neben der Reihe 112 weiterhin gebaut wurde, hatte beispielsweise ein BBC-Maß von 120 inch (3048 mm), also eine um rund 20 cm längere Haube. Sowohl 112 inch, wie auch 120 inch wurden bei Freightliner immer wieder für unterschiedliche Modelle benutzt. Es sind, bis heute, in gewissem Sinne die „Gardemaße" für Haubenfahrzeuge geworden.

Nach der Einführung der modernen schweren Hauber mit der mittellangen Haube, FL 112, FLC 112 und FLD 112, zur Mitte der 80er-Jahre, erschienen ab 1989 die modernisierten Fahrzeuge mit der langen Haube, die demzufolge als FLC 120 und FLD 120 bezeichnet wurden. Diese schweren Fernverkehrslaster beziehungsweise Sattelzugmaschinen waren

wiederum in diversen Ausführungen mit unterschiedlichen Komponenten erhältlich. Gestalterisch waren sie den Fahrzeugen der Baureihe 112 angenähert, doch auf Grund ihrer langen und hohen Motorhaube wirkten sie noch wuchtiger und kraftstrotzender als die 112er. Natürlich erhielten sie auch größere und stärkere Motoren, wahlweise von Cummins, Detroit Diesel oder Caterpillar, in einem Leistungsspektrum von 290 PS/213 kW bis 444 PS/326 kW. Die Schlafkabinen waren in mehreren Varianten lieferbar, mit Flach- oder Hochdach und in Ausführungen zwischen 120 cm und 178 cm. Und auch diese Baureihe wurde um eine spezielle drei- oder vierachsige extra starke Version für den schweren Baustellenbetrieb erweitert, das Modell FLD 120 SD.

1989 begann Freightliners Einstieg in einen der interessantesten, aber auch anspruchsvollsten LKW-Märkte der Welt, in Australien. Dort ist nahezu alles aus Europa, Asien und Amerika vertreten, was im Reich der Schwerlastwagen mitreden will. Der Konkurrenzkampf der Hersteller ist hart und gnadenlos, die Bedingungen unter denen die LKW eingesetzt werden sind beispiellos. Ausserdem kann Australien für sich beanspruchen, die weltweit größten und schwersten Fernverkehrs-

laster zu unterhalten, die auf öffentlichen Straßen fahren dürfen: die Road Trains.

Freightliner stieg gleich am Anfang in die "Königsklasse" ein und lieferte im April 1989 die erste Sattelzugmaschine des Typs FLC 112 mit Rechtslenkung für einen Road Train. Ausgestattet mit einem 365 PS/268 kW starken Cummins-Dieselmotor und zugelassen für ein Gesamtzuggewicht von 90 t schaffte der FLC 112 als Road Train mit zwei Hängern unter härtesten Bedingungen und ohne Probleme in zehn Jahren über zwei Millionen Kilometer.

Etwas später wurden Freightliner-Zugmaschinen für die noch größeren Road Trains mit drei Anhängern und 125 t (max. 140 t) Gesamtzuggewicht konfiguriert. Diese Zugmaschinen des Typs FLC Premier HD wurden speziell nur für Australien gefertigt und nur dort für den Road-Train-Einsatz verkauft. Motorisiert waren sie mit Maschinen der Baureihen Cummins N 14 (500 PS oder 525 PS) oder Caterpillar 3406 E (475 PS oder 500 PS).

Anfangs schickte Freightliner die LKW als CKD-Lieferungen nach Australien und ließ sie an Ort und Stelle montieren. Nach einigen Jahren stellte man diese Praxis wieder ein und seither baut man die Fahrzeuge komplett in den USA auf, bevor sie nach Australien verschifft

Für härteste Wintereinsätze: Freightliner FLD 120 SD (6x6)

werden. Freightliner konnte sich auf dem 5. Kontinent ziemlich schnell etablieren und einige Wettbewerber hinter sich lassen. Bereits sechs Jahre nach der Einführung gelangte die US-Firma auf den zweiten Platz bei den Zulassungen von Schwerlastwagen, hinter Marktführer International Trucks Australia Ltd.

In einer anderen Weltregion konnte sich Freightliner ebenfalls recht schnell und erfolgreich durchsetzen, in Lateinamerika. Gelegentlich waren schon früher Freightliner-LKW in das südliche Amerika verkauft worden, doch erst 1991 ging es dort richtig los. In jenem Jahr wurde in Mexiko ein Montagewerk eröffnet, in dem unterschiedliche Modelle gefertigt wurden, hauptsächlich die schweren FLD-Typen. Von Mexiko aus wurden einige der lukrativsten Märkte Mittel- und Südamerikas bedient, z. B. Guatemala, Panama, Kolumbien, Venezuela, Peru und Chile. Aus Brasilien und Argentinien hielt man sich aus naheliegenden Gründen fern, denn dort dominierte Mercedes-Benz die LKW-Märkte.

1991 war für die Freightliner Corporation ein Jahr von ganz besonderer Bedeutung. Erstmals in ihrer Geschichte stellte die Firma eine LKW-Generation vor, die im mittelschweren Segment – Klasse 5 bis 7 – angesiedelt war. Bislang hatte man nur schwere Lastwagen der Klasse 8 gebaut, nun betrat man mit den "Halbstarken" erstmals Neuland. Die Markteinführung der neuen Fahrzeuggeneration mit fünf Grundmodellen begann im März 1991 und erstreckte sich über zwei Jahre. In Zusammenarbeit mit Ingenieuren von Mercedes-Benz hatten die Freightliner-Techniker eine Baureihe geschaffen, die sich nicht nur äußerlich europäischen Mittelklasse-LKW angenähert hatte. So waren die neuen Lastwagen erstmals mit so unerhörten Neuheiten wie ABS und automatischen Getrieben erhältlich. Die Kabine war von den leichten Mercedes-Benz (LK-Baureihe) abgeleitet. Durch Hinzufügen einer Fiberglas-Haube hatte man aus dem Mercedes-Frontlenker einen Freightliner-Hauber gemacht. Das BBC-Standardmass dieser Fahrzeuge betrug 106 inch (2692 mm).

Freightliner nannte die neue LKW-Generation „Business Class" und unterteilte sie in fünf Modelle: FL 50, FL 60, FL 70 (Klasse 5-7), FL 80 und FL 106 (Klasse 8). Später kamen auch bestimmte Fahrzeugausführungen des Typs FL 112 dazu. Der kleinste Freightliner, der FL 50, war für Gesamtgewichte von 8,2 t bis 9,1 t ausgelegt. Ihn gab es nur als Laster in zweiachsiger Ausführung. Der FL 60 war als zweiachsiger Laster oder als Sattelzugmaschine erhältlich, sein Gewichtsspektrum reichte von 8,2 t bis 11,8 t. Das Modell FL 70, für 11,8 t bis 15,8 t zugelassen, war als Laster und Sattelzugmaschine und außerdem in Allradausführung lieferbar. Der FL 80 erschien in zwei- und drei-

Freightliner FL 80 als Abschlepper

Betonmischfahrgestell Freightliner FLD 112 SD (6x4)

achsiger Ausführung, als Sattelzugmaschine wie auch als Laster, und wahlweise zusätzlich mit Allradantrieb, sein Gesamtgewicht betrug 18 t bis 23,5 t.

Alle diese Fahrzeugtypen waren mit Motoren von Cummins oder Caterpillar ausgestattet, später auch mit Mercedes-Benz-Motoren der Baureihe 900. Der Leistungsbereich umfasste 175 PS/129 kW bis 300 PS/220 kW. Für die schweren Kaliber des Modells FL 106 waren die Motoren der Serie 50 der Detroit Diesel Corp. vorbehalten, die 250 PS/184 kW

bis 320 PS/235 kW leisteten. Der FL 106 erschien in zwei- und dreiachsiger Version als Laster oder Sattelzugmaschine, sein Gesamtgewicht reichte bis 29 t.

Die Modelle der Business Class gab es mit diversen Kabinenausführungen. Neben der Normalkabine war eine mittellange Version für eine hintere Liege oder zwei Notsitze sowie eine extra lange Version als sechssitzige Mannschaftskabine mit vier Türen erhältlich. Diese Ausführung war insbesondere in Hinblick auf eine Verwendung im Feuerwehrdienst kon-

525 PS starker Freightliner FLC Premier HD in Australien

Freightliner Business-Class FL 70 mit langer Kabine

Freightliner FL 80 (6x4) Fluplatztankfahrzeug

zipiert worden. Und tatsächlich hat die serienmässige Mannschaftskabine dazu geführt, dass viele Feuerwehren in den unterschiedlichsten Ländern die Freightliner-Modelle FL 70 und FL 80 eingeführt haben. Auch Dacherhöhungen und besondere Falttüren für Kommunalfahrzeuge, ein wichtiges Betätigungsfeld der mittelschweren Freightliner, gehörten zum Lieferumfang der Business-Class-Kabinen.

Mit den robusten und gut aussehenden Fahrzeugen der Business Class hat Freightliner seinen Kundenstamm beträchtlich erweitern können und damit in vielen Ländern die Marktanteile ausgebaut. Im Nachhinein betrachtet muss die anfangs nicht ganz unumstrittene Entscheidung der Unternehmensführung, den Einstieg in die mittelschwere Klasse zu wagen, als absolut richtig und wegweisend für die LKW-Entwicklung angesehen werden.

1992 feierte man im Hause Freightliner den 50. Geburtstag und gleichzeitig wurde eine neue Fabrik in Kanada eröffnet, während das alte Werk in Burnaby geschlossen wurde. In diesem Jubiläumsjahr gelang es den amerikanischen LKW-Herstellern, in ihrem Heimatmarkt mit einem Anteil von 23,2 Prozent erstmals die Spitzenposition in der Klasse 8 zu erlangen. Ein Großauftrag der US-Armee über 1700 schwere Sattelzugmaschinen, der zu dieser Zeit abgewickelt wurde, unterstreicht die damalige positive Geschäftslage.

Die amerikanischen Fernfahrer, die Freightliner, neben Kenworth, längst zu ihrer Lieblingsmarke erkoren hatten, wurden mit neuen geräumigen und luxuriösen Schlafkabinen belohnt. Für die schweren Sattelschlepper FLD 112 und FLD 120 bot man werkseitig bis zu 1,8 m lange Kabinenverlängerungen an sowie neue Dachspoiler mit integrierten Liegen im Hochdach. Freightliners Erfolgsserie riss auch zur Mitte der 90er-Jahre nicht ab. Im Gegenteil, denn neben den schweren Fahrzeugen der Klasse 8 entwickelten sich auch die mittelschweren Business-Class-Modelle besser als erwartet, so dass sie zusätzlich ins Fertigungsprogramm des mexikanischen Werkes aufgenommen wurden.

1995 erschienen wieder neue Fahrzeugmodelle, konzipiert speziell für den im Fernverkehr operierenden unabhängigen Trucker. Der selbstbewusste Name der neuen Hauberbaureihe „Century Class" war Programm und Absichtserklärung gleichermaßen. Es sollte ein „Jahrhundert-LKW" sein, der den technologischen Sprung ins 21. Jahrhundert mühelos bewältigt, der Maßstäbe setzt und eine Herausforderung für alle Mitbewerber ist. Tatsächlich war eine Schwerlastzugmaschine entstanden, die sehr elegant, sehr luxuriös, sehr teuer, sehr modern und sehr ambitioniert war und die ein neues Zeitalter im amerikanischen Lastwagenbau begründete.

Die neuen durchweg dreiachsigen Zugmaschinen kamen mit mittellanger Haube (112 inch) als C 112 und langer Haube (120 inch) als C 120 auf den Markt. Natürlich waren die üblichen Antriebskomponenten der einschlägigen Hersteller auch für diese Baureihe lieferbar, wie auch die diversen Schlafkabinenausführungen mit und ohne Hochdach. Die eigentliche Kabine bestand, ganz nach alter Freightliner-Tradition, aus Aluminium, und sie erfüllte als erste amerikanische Konstruktion der Klasse 8 die Anforderungen der europäischen Unfall- und Sicherheitsbestimmungen R-29. Gezeichnet und im Windkanal optimiert wurde die Kabine bei Mercedes-Benz in Stuttgart. Das Ergebnis war bestechend und kam bei Kundschaft und Presse gut an.

Geradezu revolutionär für einen amerikanischen Schwerlastwagen war die konsequente Umsetzung ergonomischer Erkenntnisse aus dem europäischen Lastwagenbau. Ergonomie hielt man in den USA bis dahin für überflüssigen Luxus. Großen Wert legten die Techniker bei der Century Class auf Sicherheitsaspekte. Seitenairbag für den Fahrer gehörte ebenso dazu wie ein elektronisches Bremssystem (EBS) und eine automatische Traktionskontrolle (ATC). Um den aktuellen Stand der Technik zu dokumentieren, wurde die Century Class mit elektronischen Bauteilen nur so vollgestopft. Dazu gehörten etliche elektronische Kontroll-

und Messgeräte, die dem Fahrer Störungen anzeigten oder die aktuellen Daten über Temperatur, Verbrauch, Ölstand etc. übermittelten. Selbst elektronische Diebstahls- und Kollisionswarngeräte waren jetzt erhältlich. Bei Freightliner war man so sehr von den Vorzügen und der Qualität der Century Class überzeugt, dass man auf die Fahrzeuge eine Garantie von 350.000 Meilen oder drei Jahren gewährte.

Während der hochmoderne "Superlastwagen" langsam die amerikanischen Fernstraßen eroberte, betätigte sich die Freightliner Corporation erstmals als Firmenaufkäuferin. Doch es wurde kein gewöhnlicher Lastwagenproduzent übernommen, sondern ein Hersteller von Spezialfahrzeugen und Aufbauten, die Firma American LaFrance (ALF). Dieser alt eingesessene und traditionsreiche Feuerwehrfahrzeugbauer war während der 80er-Jahre in finanzielle Turbulenzen geraten und musste seine Fahrzeugproduktion aufgeben. Vor ihm hatten bereits andere ehemals große Namen der amerikanischen Feuerwehrfahrzeugindustrie, wie Pirsch & Son oder Ahrens-Fox, dieses Schicksal erlitten.

Die Freightliner Corporation beschloss, die Marke ALF, die in amerikanischen Feuerwehrkreisen einen ausgezeichneten Ruf genoss, zu revitalisieren. 1995 wurden die Markenrechte und Lizenzen erworben und es begann in kleinem Umfang die Produktion von Löschfahrzeugen. In den ersten Monaten wurden die Spezialaufbauten durchweg auf die hauseige-

nen Freightliner-Chassis montiert. Wie in den USA üblich, wurden diese Fahrzeuge nach individuellen Kundenwünschen gefertigt, so dass kein Fahrzeug dem anderen glich. Verwendung fanden Fahrgestelle der Business-Class-Baureihe, hauptsächlich die Modelle FL 60, FL 70, FL 80 und FL 106, gewöhnlich mit Detroit Diesel- oder Cummins-Motoren und Meritor-Achsen.

Fahrzeuge mit großen Löschwasservorräten von bis zu 10.000 l wurden auf dreiachsige Fahrgestelle gebaut und Feuerwehren, deren Einsatzgebiet vielfach abseits befestigter Strassen lag, konnten zusätzlich angetriebene Vorderachsen von Marmon-Herrington bestellen. Die meisten Feuerwehrfahrzeuge der Business Class erhielten die grosse Mannschaftskabine für sechs Personen. Auch Rüst- und Gerätewagen sowie spezielle teleskopierbare Löscharme wurden auf die bewährten Freightliner-Hauber montiert.

1996 kam ALF mit der ersten neuen Eigenkonstruktion auf den Markt, dem American LaFrance Eagle. Dieses nur für den Feuerwehrdienst konzipierte Chassis in Frontlenkerausführung gab es in zahllosen Varianten mit ganz unterschiedlichen Radständen, Antriebskomponenten und Gesamtgewichten zwischen 14 t und 21 t als Zweiachser und bis zu 31 t als Dreiachser. Gemeinsame Konstante aller Ausführungen waren abermals die Mannschaftskabinen für vier und sechs Personen (ALF 134) oder sechs und acht Personen (ALF 148). Diese vollständig kippbaren Aluminiumkabinen waren den strengen europäischen

Freightliner Century Class C 120

Freightliner Business-Class-Modelle als Kommunalfahrzeuge v.l.n.r.: FL 70, FL 112 und FL 80

Freightliner Century Class C 112

Sicherheits- und Crashtests (R-29) unterzogen worden, was ein Novum für amerikanische Feuerwehrfahrzeuge war.

American LaFrance baute jeden gewünschten Aufbau auf den Eagle, ob als Löschfahrzeug mit eigenen ALF-Pumpen und Löschwassertank, als Rüstwagen, Drehleiter oder Gelenkmast. Jeder Aufbau wurde individuell, nach dem Geschmack und den Bedürfnissen der Feuerwehr gefertigt. Verstärkt nutzte ALF für die Gerätefächer am Aufbau die in Europa seit langem gebräuchlichen Rollläden,

statt der umständlichen und meist hinderlichen Klapptüren. Die so genannten Hubrettungsgeräte, das sind Drehleitern sowie Gelenk- und Teleskopmaste, beschaffte ALF zunächst von Spezialfirmen, beispielsweise von der Ladder Towers Inc. (LTI), einem der führenden Drehleiterhersteller der USA.

1998 erwarb American LaFrance einen dieser Produzenten, die Snorkel Comp., die ihre Löscharme und Gelenkmasten unter den Markennamen Squrt und Telesqurt verkaufte. Seither bietet ALF ein umfangreiches Spektrum an Hubrettungsgeräten an: drei- und vierteilige Drehleitern von 75 ft. (22,8 m) bis 125 ft. (38,1 m) in Standardausführung sowie ein Sondermodell mit 170 ft. (52 m) Steighöhe. Dazu mehrere Löscharme und Gelenkbühnen mit Arbeits- und Rettungshöhen von 50 ft. (15,2 m) bis 85 ft. (25,9 m).

1997 zog das Hauptwerk von American LaFrance in einen neuen Firmenkomplex, dem auch ein Feuerwehrfahrzeugmuseum angeschlossen ist. Diese neue Fabrik in Cleveland (Nord-Carolina) liegt in unmittelbarer Nachbarschaft zu einem der großen Freightliner-Werke. In der neuen ALF-Fabrik entstehen seither die Fahrgestelle der Baureihe Eagle und seit

American LaFrance

Die Firma American LaFrance gehört zu den ältesten amerikanischen Feuerwehrgeräteherstellern. Ihre Geschichte lässt sich bis ins Jahr 1832 zurückverfolgen, als in dem Städtchen Waterford mit der Herstellung von Handdruckspritzen begonnen wurde. Diese Spritzenmanufaktur war die Keimzelle eines Firmenkonglomerats, das 1891 in der Gründung der American Fire Engine Co. mündete. In Elmira, im Bundesstaat New York, hatte sich unterdessen 1873 ein französischstämmiger Mann namens Truckson LaFrance selbstständig gemacht und, unter dem Namen LaFrance Manufacturing Co., die Herstellung von Dampfspritzen und -maschinen aufgenommen. Bis zur Jahrhundertwende sollen bei LaFrance bereits 500 Dampfspritzen gefertigt worden sein. Doch auch andere wegweisende Feuerwehrutensilien entstanden in Elmira, beispielsweise 1882 die erste Drehleiter der USA. Nach dem Tod des Firmengründers 1895 wurde die Firma umstrukturiert und umbenannt und einige Jahre später erfolgte die Fusion mit der International Fire Engine Co. und der American Fire Engine Co. Der Name der neu entstandenen Firma lautete schließlich ab 1903 American LaFrance Fire Engine Company.

Mit dem 20. Jahrhundert begann eine neue Epoche bei der Ausrüstung der Feuerwehren: moderne Automobile kamen in Mode. Bei American LaFrance (Kürzel: ALF) war man offenbar ziemlich schnell von der Bedeutung des Benzinautos überzeugt. Zunächst verzichtete man noch auf die Eigenkonstruktion eines Lastwagens und erwarb ein Fremdchassis zum Aufbau eines Feuerwehrwagens. 1907 war das erste benzingetriebene Löschfahrzeug von American LaFrance fertig. Noch im selben Jahr wurde aus einem zweiten Fahrgestell ein Schlauchwagen aufgebaut, nun aber mit Dampfantrieb. Unklar ist allerdings, wer die Fahrzeuge

ALF Leiterfahrzeug

erworben hat, beziehungsweise ob sie überhaupt verkauft worden sind. Weitere drei Jahre vergingen, bis bei ALF die Serienproduktion von Automobilspritzen begann. Auf der Basis von Simplex-Chassis entstanden 1910 die ersten Löschfahrzeuge mit hauseigenen Rotationspumpen. Die Nachfrage nach Feuerwehrautos in den USA wuchs in jenen Jahren rasant, deshalb beschloss die Geschäftsleitung, außer Pumpen und Aufbauten, auch eigene Fahrgestelle zu bauen. Damit gehörte die Firma ab 1913 zu den wenigen Komplettanbietern, die der Kundschaft ein Feuerwehrfahrzeug aus einer Hand anbieten konnte. Der Erfolg stellte sich schnell ein, denn kaum jemand verlangte noch nach einer pferdegezogenen Spritze und auch die Ära der Dampfspritzen war 1914 bei American LaFrance endgültig vorbei.

Ein ganzes Spektrum unterschiedlicher Modelle bot ALF während der 20er-Jahre an. Der Kunde konnte aus diversen Fahrgestellvarianten mit unterschiedlichen Motoren von 75 PS bis 120 PS das geeignete auswählen, dazu die passende Löschpumpe mit der gewünschten Kapazität. Neben Löschfahrzeugen bauten die Spezialisten aus Elmira selbstverständlich auch andere Feuerwehrfahrzeuge wie Schlauchwagen, Mannschaftswagen und Drehleitern. Holzdrehleitern bot American LaFrance damals in vier Größen zwischen 17 m und 26 m an. Ungewöhnlich dabei war die Bauart, die sich ganz erheblich von den europäischen Drehleitern unterschied.

1926 erfolgte die erste Modernisierung der ALF-Feuerwehrfahrzeuge mit neuen Motoren und überarbeiteten Chassis. Seit Beginn der Automobilfertigung im Jahre 1910 hatte American LaFrance bereits 4052 komplette Feuerwehrfahrzeuge verkauft. Sogar einige PKW entstanden in Elmira, insgesamt waren es aber nur rund 22 Exemplare.

1927 erwarb ALF die Firma Foamite-Childs Corp. und der Firmenname wurde entsprechend umgeändert in: American LaFrance and Foamite Corporation. 1929 wurde die Herstellung eigener LKW eingestellt, weil man eine andere Lastwagenfabrik übernahm, die Republic Motor Truck Company. Nur zwei Jahre war ALF Besitzer dieser Firma, dann wurde die Lastwagenproduktion unter dem Markennamen LaFrance-Republic an die Sterling Motor Truck Company weiter verkauft.

Ein technischer Meilenstein war die erste amerikanische Stahldrehleiter mit hydraulischem Antrieb, die American LaFrance 1935 vorstellte. Sie hatte eine Steighöhe von 30 m und war damit die höchste ihrer Zeit aus amerikanischer Produktion. In Deutschland gab es bereits seit 1931 Stahlleitern mit 42 m Steighöhe.

Hatten bislang alle ALF-Feuerwehrfahrzeuge lange Motorhauben, so erschien im Jahre 1939, mit dem Modell JOX, das erste Frontlenkerfahrgestell. Bei diesem Fahrzeug deutete sich bereits das künftige Design aller ALF-Frontlenker an, die 1945 in die Serienfertigung gingen. Mit nur geringen Veränderungen hatte diese Gestaltung der Frontlenkerkabine bis in die 80er-Jahre Bestand. Es war gewissermaßen das Gesicht des klassischen ALF-Feuerwehrfahrzeugs für rund vier Jahrzehnte.

Ein neuer Produktionsbereich eröffnete sich ALF erstmals in den Jahren 1941-43 und abermals 1950-53 durch große Aufträge für die US-Luftwaffe. Es wurden spezielle Fahrzeuge für den Brandschutz auf Flugplätzen konstruiert. Die erste Serie wurde noch auf zweiachsigen Chassis aufgebaut, während die zu Beginn der 50er-Jahre gefertigten 1100 Exemplare der Luftwaffentypen O 10 und O 11 dreiachsige Fahrgestelle von Marmon-Herrington erhielten.

Mit einer damals geradezu revolutionären Neuerung erschien American LaFrance 1960 in der Öffentlichkeit. Zu Testzwecken hatten die Ingenieure zwei turbinengetriebene Feuerwehrfahrzeuge gebaut, ein Löschfahrzeug „Turbo Chief" und eine Zugmaschine für eine Sattelschlepperdrehleiter. Als Antrieb wurden 325 PS starke Turbinen des Flugzeugherstellers Boeing verwendet. Die Fahrzeuge bewährten sich nicht und wurden später auf Dieselmotoren umgerüstet. Die Turbinen waren einfach zu teuer in Wartung und Betrieb und sie erzeugten einen unerträglichen Lärm im täglichen Einsatz. Das Experiment Turbinenantrieb erwies sich als Irrweg.

Ein neues Feuerwehrgerät, erstmals 1958 in Chicago erprobt, wurde ab 1962 auch bei ALF unter dem Namen Aero Chief produziert: der Gelenkmast. Diese Masten mit Rettungskörben setzten sich in den USA sehr schnell durch und verdrängten bei vielen Feuerwehren die Drehleitern.

ALF arbeitete zwar profitabel, doch es herrschte stets Geldknappheit, insbesondere für die Entwicklung neuer Modelle. So schaute sich die Geschäftsleitung nach einem kapitalkräftigen Partner um und fand die Firma Automatic Sprinkler Corp. (später A-T-O Inc.), die American LaFrance 1966 übernahm. Zu Beginn der 70er-Jahre lag die Zahl der Beschäftigten in Elmira bei über 800 und 1973 feierte man das 100-jährige Firmenjubiläum mit einer neuen Fahrzeugbaureihe, die den passenden Namen "Century-Serie" erhielt. Doch von da ab ging es langsam aber stetig bergab. Die finanzielle Situation verschlimmerte sich zusehends, weil immer weniger Fahrzeuge verkauft wurden. Jahrelang half die Muttergesellschaft A-T-O mit Finanzspritzen, ohne dass sich die geschäftliche Lage besserte. So war es nur eine Frage der Zeit, wann die Zahlungen eingestellt und damit der Konkurs herbeigeführt würde.

ALF „Turbo Chief" (1960)

1985 war es dann so weit, die Produktion in Elmira wurde zur Jahresmitte eingestellt und der größte Teil der Belegschaft entlassen. Nur ein kleiner Firmenteil für Ausrüstungen wurde nach Virginia verlegt und firmierte als Kersey/LaFrance. Einer der ältesten und traditionsreichsten amerikanischen Feuerwehrgeräte- und Fahrzeughersteller verschwand vom Markt – jedoch nur für knapp zehn Jahre. Ab 1995 ging es mit dem alten Namen, aber unter neuer Leitung und an anderem Ort wieder los. Die Freightliner Corp. hatte die Reste der alten Firma erworben und erneut mit der Herstellung von Feuerwehrfahrzeugen begonnen.

Freightliner Business Class mit Mannschaftskabine und Telesqurt-Löscharm

1999 zusätzlich die neue Baureihe Metropolitan, die einige unterschiedliche Spezifikationen gegenüber den Eagle-Modellen aufweist.

Die Spezialaufbauten werden unterdessen in neun kleinen Fabriken gefertigt, die über mehrere US-Bundesstaaten verteilt liegen. Einige dieser Fabriken konzentrieren sich auf bestimmte Tätigkeitsfelder, die in den letzten Jahren neu hinzu gekommen sind, z. B. die Herstellung von Kranken- und Rettungswagen, den Umbau von alten Feuerwehrfahrzeugen (alte Aufbauten auf neue Chassis) oder den Bau von Gelenkmasten.

Innerhalb weniger Jahre konnte sich American LaFrance wieder einen respektablen Platz im nordamerikanischen Feuerwehrfahrzeugmarkt sichern. Viele Feuerwehren, die früher größere Flotten von ALF-Fahrzeugen besaßen, bestellen auch heute wieder bei der Freightliner-Tochtergesellschaft, beispielsweise so bedeutende Berufsfeuerwehren wie Chicago, Phoenix, Atlantic City und Los Angeles.

American LaFrance Eagle-Classis

Mercedes-Benz 1628 S

Der Aufstieg zum weltgrößten Lastwagenhersteller

Die Mercedes-Fahrzeuge der neuen Generation (NG 73) mittelschwerer und schwerer Frontlenker wurden ab 1980 in einer aktualisierten Version herausgebracht. Veränderungen gab es sowohl bei den Motoren, als auch bei den Fahrerhäusern. Äusseres Erkennungsmerkmal der nunmehr NG 80 (neue Generation 1980) genannten Fahrzeuge waren die links und rechts neben dem Kühlergrill angebrachten Windleitbleche und die fehlende Chromleiste zu beiden Seiten des Mercedes-Sterns. Für den Einsatz im Fernverkehr wurde eine neue, geräumige Kabine, das so genannte Großraumfahrerhaus geschaffen, das einige Zentimeter breiter und höher als die bisherige Fernfahrerausführung war und dem Fahrer deutlich mehr Komfort und Bequemlichkeit bot. Die neuen Sattelzugmaschinen waren 120 mm niedriger als die alten Modelle, da sie eine neue Rahmenkonstruktion erhalten hatten, wodurch ein zusätzlicher Hilfsrahmen für die Sattelaufliegerkupplung entbehrlich wurde.

Der erste öffentliche Auftritt der Fahrzeuge der NG 80 fand auf der Frankfurter Automobilausstellung im September 1979 statt. Dort waren zwei Fernverkehrslaster der 16 t-Klasse mit neuen Motoren ausgestellt. Der Mercedes-Benz 1628 war das neue Standardfahrzeug für den europäischen Fernverkehr; für gehobene Ansprüche in Leistung und Komfort wurde der MB 1638 als neues Spitzenmodell mit dem Großraumfahrerhaus präsentiert.

Die Ingenieure der Mercedes-Motorenentwicklung hatten die Motorbaureihe 400 vollständig überarbeitet. So war durch die Vergrößerung der Bohrung von 125 mm auf 128 mm und Erhöhung des Hubs von 130 mm auf 142 mm die neue Baureihe 420 entstanden. Der erste vorgestellte Motortyp, der OM 422, war eine Weiterentwicklung des alten OM 402. Der V8-Motor mit nun 14,6 l Hubraum leistete in der neuen Version 280 PS/206 kW bei 2300/min. In der Ausführung mit Abgasturbolader und Ladeluftkühlung, genannt OM 422 LA, erreichte der Motor die neue Höchstleistung im Mercedes-Standardprogramm: 375 PS/276 kW bei 2300/min. In dritter Leistungsstufe mit 330 PS/243 kW erschien der aufgeladene V8-Motor OM 422 A ab Ende 1980.

Ein weiterer Neuling der Motorenabteilung war der V10-Motor OM 423, entstanden aus dem alten OM 403. Dieses Aggregat schaffte es auf 355 PS/261 kW bei 2300/min aus einem Hubraum von immerhin 18,3 l. Auch von die-

Zwei Mercedes-Benz 1938 S im Hafen von Barcelona

Mercedes-Benz 1633 S mit Hermanns-Siloauflieger

Mercedes-Benz 1626 S mit Tanksattelauflieger

sem mächtigen V10-Motor wurde eine Turboladerversion geschaffen, der OM 423 LA. Mit seiner Leistung von 500 PS/368 kW bei 2300/min war diese Antriebseinheit der stärkste LKW-Motor von Mercedes-Benz und er blieb nur ganz speziellen Fahrzeugen für ganz spezielle Aufgaben vorbehalten.

Ab 1984 wurde der OM 423 LA beispielsweise für die neue Schwerlastzugmaschine des Typs Mercedes 3850 A (6x6) verwendet, die für Gesamtzuggewichte von über 200 t konzipiert worden war. Wenig später wurde der bärenstarke 500-PS-Motor für die noch größeren Schwerlastzug-Varianten verwendet. Als Vierachser erschienen die Mercedes-Benz-Typen 4050 (8x4) und 4050 A (8x8), wobei die

nen erstmals Vierachser für 30 t Gesamtgewicht, die seit 1984 auch auf deutschen Straßen zugelassen waren.

Wie schon die Fahrzeuge der NG 73, so wurden selbstverständlich auch alle Fahrzeuge der 80er Generation in dem großen Lastwagenwerk in Wörth gebaut. Mit diesen Baureihen gelang es, die Kapazitäten der LKW-Produktion voll auszuschöpfen, so dass Ende 1980 der einmillionste Lastwagen seit Produktionsbeginn 1965 die Fertigungsstraße in Wörth verließ.

Wenig später gab es bereits das nächste Ereignis zu feiern. Im Jahr 1981 wurden in Wörth 110.125 Lastwagen (inklusive CKD-Lieferungen) gebaut – ein neuer Produktions

1977 begannen die Bemühungen der Daimler-Benz AG, sich aktiv am kleinen, aber feinen Schweizer Nutzfahrzeugmarkt zu beteiligen. Die renommierte Firma Saurer, die in eine Existenz bedrohende Situation geraten war und tiefrote Zahlen schrieb, suchte Hilfe bei zwei ausländischen Konzernen. Mit der mehrheitlich zu Fiat gehörenden IVECO und mit der Daimler-Benz AG wurden Verhandlungen aufgenommen. Die Gespräche verliefen zäh und für die Stuttgarter zunächst unbefriedigend. In Folge dessen einigte sich die Saurer-Geschäftsleitung mit der IVECO und verkündete Anfang 1980 Einzelheiten der vereinbarten Zusammenarbeit.

In der Zwischenzeit war ein anderer Schweizer Hersteller von hochwertigen Schwer

Mercedes-Benz 2632 (6x4) mit Ladekran

Allradausführung hauptsächlich für den Einsatz auf Ölfeldern und beim Militär vorgesehen war.

Als dritte Neuschöpfung der Motorenbaureihe 420 stand der aus dem alten OM 401 hervorgegangene V6-Motor OM 421 zur Verfügung, der seine 216 PS/159 kW aus 10,9 l Hubraum schöpfte. Mit dieser neuen Motorenfamilie wurden alle zwei- und dreiachsigen Fahrzeuge der NG 80 im Gewichtsbereich zwischen 12 t und 26 t Gesamtgewicht zu Beginn der 80er-Jahre ausgestattet. Einige wenige Fahrzeugtypen wurden noch für eine Übergangszeit bis 1983 mit den alten Motoren OM 401, OM 402, OM 403 und OM 352 bestückt. Danach kamen weitere Motorvarianten für die Frontlenkermodelle heraus, ausserdem erschie

rekord und eine Höchstmarke, die bis auf den heutigen Tag nicht übertroffen werden konnte. Was diese enorme Produktionsleistung wirklich bedeutete lässt sich am besten an einer Vergleichszahl veranschaulichen. Die Henschelwerke (inklusive HHF) in Kassel brauchten immerhin 50 Jahre, um 111.555 Lastwagen zu bauen, das Daimler-Benz-Werk Wörth brauchte für eine fast ebenso große Zahl LKW nur ein Jahr.

Das andere in den Daimler-Benz-Annalen wichtige Ereignis des Jahres 1981 fand im Ausland statt. Es war der bereits im vorherigen Kapitel ausführlich beschriebene Einstieg der Deutschen in den nordamerikanischen Schwerlastwagenmarkt, durch die Übernahme der Freightliner Corporation.

lastwagen und Bussen, die gleichfalls ums Überleben kämpfende Marke FBW, von der Oerlikon-Bührle AG übernommen und vor dem Konkurs gerettet worden. In der kleinen Fabrik in Wetzikon war man nach der Übernahme mit Elan und voller Zuversicht an die Entwicklung einer neuen LKW-Generation gegangen. Doch es sollte anders kommen als erhofft. Der Oerlikon-Bührle-Konzern wurde nicht recht glücklich mit FBW und bot die Hälfte der Firmenanteile der Daimler-Benz AG an, die bei Saurer ja nicht zum Zuge gekommen war.

Zum 1. April 1980 erwarben die Deutschen 49 Prozent der Anteile und übernahmen die unternehmerische Führung in Wetzikon. Die Produktion der neuen Modelle sollte bei FBW

Saurer und FBW

Die Schweiz gehörte zu Beginn des 20. Jahrhunderts zu den führenden Nutzfahrzeugproduzenten der Welt. Dabei war weniger die Fahrzeugmenge von Bedeutung, als vielmehr die Qualität und die Innovationen. Insbesondere die Marken Saurer und FBW prägten das Bild und den guten Ruf der eidgenössischen Lastwagenindustrie.

Franz Saurer hatte 1853 in St. Georgen eine Gießerei gegründet, die er zehn Jahre später nach Arbon an den Bodensee verlegte. Dort begann die Herstellung von Textilmaschinen, die auch heute noch unter dem Namen Saurer gefertigt werden. Nach dem Tod von Franz Saurer 1882 übernahmen seine Söhne die Firma und begannen 1888 mit der Produktion von Stationärmotoren. 1898 entstand das erste Saurer-Automobil, ein PKW, und 1903 war der erste Lastwagen fertig, ein 5-Tonner mit 22-PS-Benzinmotor. 1908 hatte man in Arbon bereits einen Fahrzeugdieselmotor entwickelt, der aber mangels Praxistauglichkeit nie in einen LKW eingebaut wurde. Die PKW-Produktion wurde bei Saurer 1912 aus Rentabilitätsgründen wieder eingestellt.

Zu dieser Zeit hatte auch ein anderer Schweizer Nutzfahrzeugpionier, der gebürtige Kroate Franz Brozincevic, seine ersten Lastwagen fertiggestellt, anfangs noch unter der Markenbezeichnung Franz. 1892 war Brozincevic in die Schweiz gekommen und hatte als Mechaniker bei verschiedenen Firmen, u.a. bei Saurer sowie bei den Lastwagenfabriken Martini und Orion, gearbeitet. 1905 mach-

te sich Brozincevic mit einer kleinen Autoreparaturwerkstatt in Zürich selbstständig. 1908 entwarf er seinen ersten eigenen Motor und baute diesen wenig später in einen 3-Tonner, den er Franz nannte und an die Schweizer Post verkaufte. Aus dem Markennamen wurde 1913 der Firmenname Automobilwerke Franz AG. Bereits ein Jahr später erhielt Brozincevic von der Berna AG ein Übernahmeangebot, das er, unter der Bedingung einer weiterhin eigenständigen Lastwagenproduktion, annahm. 1916 kam es dennoch zu Meinungsveschiedenheiten zwischen Berna und Brozincevic, so dass dieser die Firma verließ. Bis dahin waren nur ungefähr 70 bis 80 Lastwagen unter dem Namen Franz entstanden. Berna konzentrierte daraufhin die LKW-Fertigung im Stammwerk Olten, aus der Franz AG wurde ein reiner Vertriebs- und Reparaturbetrieb.

Brozincevic erwarb sogleich eine neue Fabrik in Wetzikon und begann mit der Herstellung von Bohr- und Fräsmaschinen, da er vertragsgemäss bis 1918 keine Lastwagen bauen durfte. Ab 1919 erschienen erneut LKW und Traktoren aus Brozincevic` Unternehmen, nun mit dem neuen Namenskürzel FBW (Franz Brozincevic Wetzikon).

Während FBW gerade erst begann, Lastwagen zu bauen,

FBW Typ L 40

hatte sich die Adolph Saurer AG bereits als einer der großen europäischen Nutzfahrzeughersteller etabliert. Saurer war nicht nur Marktführer in der Schweiz, sondern hatte zahlreiche andere Länder erobert. LKW-Lizenzen waren beispielsweise nach Spanien, Italien und Belgien verkauft worden; Montagewerke und Firmenbeteiligungen gab es in Deutschland, Österreich, Frankreich und sogar in den USA. Das deutsche Saurer-Zweigwerk befand sich in Lindau am Bodensee. Dort bestellte die Stadt München in den Jahren 1912/13 gleich 24 Fahrgestelle für ihre Feuerwehren.

Im Juli 1915 schloss Saurer mit der MAN AG einen Vertrag zur Gründung eines Gemeinschaftsunternehmens, der MAN Lastwagenwerke KG. Bereits 1916 wurde die Lastwagenproduktion ins MAN-Werk Nürnberg verlagert und 1918 wurde Saurer, auf Druck des deutschen Militärs, mit 1,2 Millionen Mark ausbezahlt, so dass MAN alleinige Besitzerin der LKW-Firma wurde. Bis 1925 wurden weiterhin Lastwagen nach Saurer-Lizenz gebaut.

FBW konnte ebenfalls ein umfangreiches Lizenzgeschäft mit einem großen deutschen Unternehmen tätigen. Die Firma Henschel & Sohn in Kassel interessierte sich für den Fahrzeugbau. Um mit der Nutzfahrzeugproduktion zu beginnen, nahmen die Kassler 1924 mit FBW Kontakt auf und im Januar 1925 wurde ein Abkommen geschlossen, das es Henschel gestattete FBW-Lastwagen in Lizenz zu bauen.

Die 20er-Jahre endeten, wie überall, auch für die beiden Schweizer LKW-Hersteller mit großen Problemen und sinkenden Absatzzahlen. Die Berna Motorwagenfabrik AG in Olten war nicht mehr alleine überlebensfähig und wurde noch 1929 von der Adolph Saurer AG übernommen. 1930 übergab Franz Brozincevic die Geschäftsführung von FBW an seinen Sohn Paul und wandelte das Unternehmen in eine Aktiengesellschaft um. Nach längerer Krankheit starb Franz Brozincevic Ende 1933 im Alter von nur 59 Jahren.

In England schloss Saurer mit dem Omnibushersteller Armstrong-Whitworth Ltd. ein Kooperationsabkommen, das die gemeinsame Produktion von schweren Lastwagen vorsah. Ab 1931 entstanden im nordenglischen Newcastle Saurer-LKW unter dem Markennamen Armstrong-Saurer. Während FBW 1934 seinen ersten Dieselmotor präsentierte, stellte Saurer die neue LKW-Baureihe der C-Typen vor, die nun erstmals auch in Frontlenkerausführung erhältlich waren. Im gleichen Jahr begann in Arbon erneut die Produktion von Personenwagen.

Allerdings handelte es sich nicht um Saurer-PKW, sondern es wurden einige Jahre amerikanische Modelle der Marke Chrysler hergestellt. 1936 starb Firmenchef Hippolyt Saurer, die Leitung der Aktiengesellschaft wurde daraufhin erstmals einer Person übertragen, die nicht der Saurer-Familie angehörte.

Saurer SV 2C

Während des Zweiten Weltkrieges profitierten Saurer und FBW von den Rüstungsprogrammen der Schweizer Armee. Es entstanden erstmals allradgetriebene Fahrzeuge mit drei und vier Achsen, Anhängermodelle und gepanzerte Fahrzeuge. 1953 konnte Saurer gleich zwei Jubiläen feiern: 100 Jahre Saurer und 50 Jahre Saurer-Lastwagen.

Die 50er- und 60er-Jahre waren die erfolgreichste Epoche für FBW und Saurer, die praktisch ausschließlich für den durch hohe Einfuhrzölle gut geschützten Heimatmarkt produzierten. Es herrschte jahrelang Vollbeschäftigung und Kapazitätsauslastung. Kunden mussten manchmal bis zu drei Jahre auf ein Fahrzeug warten. Die Produktion belief sich bei Saurer zunächst auf nur 600, später 800 bis 900 Fahrzeuge pro Jahr, bei FBW waren es im Durchschnitt sogar nur 120 Fahrzeuge im Jahr.

Ab 1967 änderten sich die Verhältnisse durch Aufhebung der Einfuhrbeschränkungen, so dass nun viele ausländische Lastwagen die

Saurer D 280

Schweiz überrollten. Noch 1972 baute Saurer eine neue Montagehalle, um die Kapazitäten auf rund 1500 Lastwagen pro Jahr zu erhöhen. Gleichzeitig wurde die unrentable Busproduktion aufgegeben. Eine angestrebte Kooperation von Saurer und FBW bei der Fertigung von Stadtbussen kam nicht zustande. In der Folge von Rezession und Ölkrise mussten ab 1974 beide LKW-Firmen erhebliche Einbußen bei Umsätzen und Erträgen hinnehmen. Da keine Besserung in Sicht war, traten beide Unternehmen 1977 mit großen Konzernen in Verhandlungen. Als Resultat wurde im März 1978 bekannt gegeben, dass FBW vollständig von der Oerlikon-Bührle AG übernommen wird. Doch bereits zum 1. April 1980 trat die neue Konzernmutter 49 Prozent der FBW-Firmenanteile an die Daimler-Benz AG ab.

Bei Saurer dauerten die Verhandlungen bis 1980, als eine Kooperation der Schweizer mit der zum Fiat-Konzern gehörenden IVECO vereinbart wurde. Damit schienen zunächst beide LKW-Produzenten gerettet. Aber die Probleme und die finanziellen Verluste der Firmen waren größer als erwartet – Rettung war, trotz neuer Modelle und Restrukturierungsmaßnahmen, kaum noch möglich. Im März 1982 entschied die Saurer-Geschäftsleitung, die Nutzfahrzeugproduktion völlig einzustellen. Gleichzeitig wurde die Absicht der Daimler-Benz AG bekannt, die Nutzfahrzeugaktivitäten von Saurer und FBW zu verschmelzen. Am 17. Dezember 1982 wurde die neue Firma mit dem Namen Nutzfahrzeuggesellschaft Arbon und Wetzikon (NAW) gegründet. Die restlichen Bestellungen wurden bei FBW und Saurer noch bis Ende 1985 abgewickelt. Danach verschwanden die beiden traditionsreichen Schweizer Markennamen endgültig aus der Automobilwelt.

eigenständig weiter geführt werden. Zusätzlich sollten Fahrzeuge von Mercedes-Benz für den Schweizer Markt modifiziert und umgebaut werden, beispielsweise wollte man aus Dreiachsern Vierachser für 28 t Gesamtgewicht machen. Aber die neuen FBW-Lastwagen verkauften sich sehr schlecht, so dass immer weniger LKW dieser Marke gefertigt wurden. Stattdessen verließen immer mehr Mercedes-Benz das Werk in Wetzikon, das nur auf diese Weise am Leben zu erhalten war.

Bei der Adolph Saurer AG in Arbon hatten sich die Hoffnungen, die in die Zusammenarbeit mit der IVECO gesetzt worden waren, nicht erfüllt. Die Nutzfahrzeugsparte von Saurer kam nicht aus der Verlustzone heraus und die Geschäftsführung sah sich Anfang 1982 zu der Entscheidung genötigt, den Bau von Lastwagen und Omnibussen unter eigenem Namen gänzlich einstellen zu müssen. Bereits zuvor hatte man erneut mit der Daimler-Benz AG verhandelt und die Gründung eines Gemeinschaftsunternehmens vereinbart.

Damit ergaben sich für die Stuttgarter neue Perspektiven auf dem Schweizer Markt. Durch die Beteiligungen an Saurer und FBW wurde es nun möglich, die beiden Fahrzeughersteller zu vereinen. Auf diese Weise behielten die Schweizer ihre beiden traditionellen Fabrikationsstandorte mitsamt den Arbeitsplätzen und Mercedes-Benz wurde in die erfreuliche Lage versetzt, die mit der Produktionseinstellung der alten Fahrzeugbaureihen entstandene Lücke bei schweren Nutzfahrzeugen mit eigenen Produkten auszufüllen.

Der Vertrag für das neue Gemeinschaftsunternehmen mit dem Namen Nutzfahrzeuggesellschaft Arbon und Wetzikon AG (NAW) wurde im Dezember 1982 unterzeichnet. Die drei Anteilseigner der neuen Gesellschaft waren die Adolph Saurer AG mit 45 Prozent, die Daimler-Benz AG mit 40 Prozent und die Oerlikon-Bührle AG mit 15 Prozent.

Die NAW nahm Anfang 1983 ihre Arbeit auf. Zu dieser Zeit mussten noch eine ganze Reihe von Aufträgen, insbesondere bei Saurer in Arbon, abgewickelt werden. So entstanden auch in den Jahren 1983 und 1984 noch zahlreiche Lastwagen unter den alten Markennamen FBW und Saurer. Die letzten FBW-Lastwagen des Typs F 520, sieben Tankwagen für die Schweizer Armee, verließen das Werk in Wetzikon am 14. Februar 1985.

Bei Saurer in Arbon wurde der letzte LKW, ein schwerer Vierachser des Typs D 330 BF (8x4), am 8. Dezember 1983 seinem neuen Besitzer übergeben. Der wirklich letzte Saurer war dies freilich nicht, denn weiterhin wurden Spezialfahrzeuge produziert. Es musste noch eine umfangreiche Bestellung der Schweizer Armee über 1200 geländegängige Lastwagen ausgeführt werden.

Dieser lukrative Auftrag war erst nach dem Beschluss zur Einstellung der Nutzfahrzeugproduktion in Arbon eingegangen und er war von der Militärführung ausdrücklich von anfangs 400 Fahrzeugen auf sogar 1200 LKW erweitert worden. Zwei Modelle hatte die Armee bestellt: Zweiachser des Typs 6 DM (4x4) für sechs Tonnen Nutzlast mit einem 250 PS/184 kW leistenden Dieselmotor sowie Dreiachser des Typs 10 DM (6x6) für 10 Tonnen Nutzlast und ausgerüstet mit einem 320 PS/235 kW starken Dieselmotor. Der letzte Militärlaster mit dem Namen Saurer an der Front wurde erst am 27. Februar 1986 ausgeliefert. Seither werden bei NAW ausschließlich Mercedes-Benz montiert beziehungsweise umgebaut. Neben den speziellen Fahrzeugen für den Schweizer Markt wurden in Arbon auch normale LKW zu Vierachsern und zu Schwerlastzugmaschinen umgerüstet sowie andere Sonderkonstruktionen gefertigt. Bis 1992 erwarb Daimler-Benz die restlichen 60 Prozent Firmenanteile der NAW von den beiden Schweizer Anteilseignern und gelangte somit in den alleinigen Besitz der Tochtergesellschaft.

Mitte der 80er-Jahre brachen die Absätze der europäischen Nutzfahrzeugindustrie, so auch bei Mercedes-Benz, erneut ein. Die Jahre 1983 bis 1986 waren durch kontinuierliche Produktionsdrosselung im Schwerlastwagensegment gekennzeichnet. Anders als Mitte der 70er-Jahre, als die Absatzprobleme in Europa durch Exporte in den Nahen Osten ausgeglichen werden konnten, war die Nachfrage nach schweren Lastwagen in den Ländern des Orients erst einmal gesättigt. Selbst die einst so beliebten Haubenfahrzeuge fanden immer weniger Käufer, dennoch wurden die schweren Modelle aus Wörth weiterhin für den Export

nach Übersee gebaut. In Deutschland und Europa verschwanden die mittelschweren und schweren Hauber nach und nach aus den Lieferlisten – man setzte hier voll und ganz auf die Frontlenkermodelle, trotz Absatzrückgänge.

In dieser angespannten Situation musste die Nutzfahrzeugsparte der Daimler-Benz AG kürzer treten. Zu Entlassungen kam es jedoch nicht, denn etliche Beschäftigte der nicht mehr ausgelasteten Wörther LKW-Fertigung wurden an das Werk Sindelfingen zur PKW-Montage "ausgeliehen". Die Lastwagenproduktion in Wörth war von dem Rekordergebnis 1981 (110.125 Einheiten) auf nur noch 69.677 Einheiten im Jahr 1986 zurückgegangen. Ab 1987 ging es wieder langsam, aber stetig bergauf.

Ein wesentlicher Grund für den neuerlichen Aufschwung im europäischen LKW-Geschäft von Mercedes-Benz waren die Anfang 1984 vorgestellten und ab Ende jenes Jahres produzierten Modelle der kleinen und mittelschweren Baureihen. Diese Fahrzeuge der so genannten „leichten Klasse" (LK) – oft auch mit dem werksinternen Kürzel LN 2 (Lastwagen neu 2. Gewichtsklasse) bezeichnet, deckten den Gesamtgewichtsbereich von 6,5 t bis 13 t ab. Die Lastwagen dienten als Ablösung für die kleinen LP-Modelle, die noch bis Dezember 1984 in Wörth gebaut wurden. Sie waren die letzten Vertreter der alten Frontlenkergeneration mit den kubischen Kabinen und sie hatten sich in ihrer 20-jährigen Bauzeit nur unwesentlich verändert. Es waren allerdings im Laufe der Jahre immer wieder neue Modelle entstanden, zuletzt noch 1977/78 die Typen LP 1013 und LP 1113, 10-Tonner und 11-Tonner mit 130 PS starken Motoren. Seit ihrer Einführung 1965 waren insgesamt 301.730 leichte LP-Modelle im Werk Wörth vom Band gerollt.

Mercedes-Benz 609 in Spanien

LK-Modell im Kommunaleinsatz: Mercedes-Benz 914

PS-Motor und angeboten in vier Radständen als Kipper und Pritschenwagen. Gleich drei Modelle repräsentierten die Klasse für 11.000 kg Gesamtgewicht: MB 1114 (136 PS), MB 1117 (170 PS) und MB 1120 (201 PS). Alle drei Ausführungen waren als Pritschenwagen und als Sattelzugmaschinen auf Wunsch mit Luftfederung erhältlich. Vier Radstände standen zur Verfügung, aber nur den Mercedes-Benz 1114 K gab es als Kipper mit kurzem Radstand.

Die schwersten Modelle der leichten Klasse waren für 13.000 kg Gesamtgewicht zugelassen. Auch diese Fahrgestelle wurden in vier Radständen und mit drei Motorversionen als MB 1314, 1317 und 1320 angeboten. Ebenso wie bei den 11-Tonnern so gab es die 13-Tonner auch mit Luftfederung und als Sattelzumaschinen. In Kipperausführung war zunächst nur der MB 1314 K lieferbar.

Nachdem die "leichten Wörther", trotz Absatzflaute, 1985 einen guten Start hinlegen konnten und im gleichen Jahr zum LKW des

Nun war es höchste Zeit für einen grundlegenden Generationswechsel. So entstand eine neue Baureihe von leichten Frontlenkerlastwagen, die weder innen noch außen etwas mit den Vorgängerfahrzeugen gemein hatte. Das neu gezeichnete kippbare Fahrerhaus mit der großen Frontscheibe und dem breiten Kühlergrill gab es in zwei Versionen: kurz als Normalausführung und lang mit erhöhtem Dach als Ausführung für den leichten Fernverkehr. Der Einstieg befand sich, anders als bei den alten LP-Modellen, vor der Vorderachse. Die Türen waren breit und die Unterkante der Seitenfenster schräg nach vorne heruntergezogen. Dieses markante Gestaltungsmerkmal sollte einige Jahre später auch bei den mittelschweren und schweren Lastwagen Einzug halten. Alle Fahrzeuge der LK-Baureihe erhielten eine Servolenkung und eine Druckluftbremse und sie rollten standardmäßig auf Niederquerschnittreifen.

Angetrieben wurden die neuen Fahrgestelle durch zwei Motoren der alt bekannten Baureihe 300, die eine gründliche Runderneuerung erfahren hatten. Das Vierzylinderaggregat OM 314 mutierte zum neuen OM 364 mit nunmehr 3972 cm³ Hubraum und auf eine Höchstleistung von 90 PS/66 kW gesteigert. Als zweiter Standardmotor für die leichte Klasse wurde der OM 366 eingeführt, ein Sechszylinder-Reihenmotor mit 5958 cm³ Hubraum, entwickelt aus dem alten OM 352 und jetzt mit 136 PS/100 kW Leistung ausgestattet. Von Anbeginn dieser Baureihe gab es den OM 366 in zwei weiteren Leistungsstufen. In der Version mit Abgasturbolader (OM 366 A) wurden bei 2600/min 170 PS/125 kW erzielt, während die Intercooler-Variante OM 366 LA zunächst 201 PS/148 kW bei 2600/min schaffte, aber bereits wenige Monate später auf 204 PS/150 kW verbessert wurde. Mit diesen vier Motortypen und

Schwergewicht der leichten Klasse: Mercedes-Benz 1517

Chassis in fünf Gewichtsklassen starteten die leichten Wörther Lastwagen 1984.

Das kleinste Modell im Inland, der Mercedes-Benz 709, war für ein Gesamtgewicht von 6500 kg ausgelegt und in drei Radständen als Pritschenwagen und Kipper lieferbar. In einigen Exportmärkten war auch eine auf 6000 kg abgelastete Variante als MB 609 erhältlich. Diese Fahrzeuge waren, ebenso wie der MB 809, mit dem 90-PS-Motor bestückt. Der 809 kam auf Gesamtgewichte von 7500 kg bis maximal 8000 kg und war mit vier Radständen im Angebot. Dieses Chassis gab es auch mit dem 136-PS-Motor als MB 814 und ab September 1985 als MB 817 mit der 170 PS/125 kW leistenden Maschine. Abmessungen, Gewichte und Radstände blieben bei allen Varianten gleich.

In der Gewichtsklasse bis 9200 kg zGG erschien der MB 914, motorisiert mit dem 136-

Jahres gewählt wurden, folgten 1986 bereits die neuen Allradchassis. Zunächst gab es nur sechs Fahrgestelle mit Allradantrieb: die vier Kippermodelle MB 914 AK, 1114 AK, 1314 AK und 1117 AK sowie zwei spezielle Feuerwehrausführungen MB 917 AF und MB 1120 AF.

Als bedeutender europäischen Hersteller von Feuerwehrfahrzeugen mit langer Tradition, war es für Daimler-Benz selbstverständlich, den Feuerwehren möglichst schnell und bedarfsorientiert die passenden Fahrzeuge der leichten Klasse zur Verfügung zu stellen. Die weitaus meisten europäischen Feuerwehrfahrzeuge werden im Gewichtsbereich zwischen 7,5 t und 14 t beschafft. Darum stellte Mercedes-Benz 1986 aus seiner LK-Baureihe eigens für den Feuerwehrdienst konzipierte Fahrzeuge vor. Immerhin werden jedes Jahr etliche hundert Mercedes-Fahrzeuge allein an deutsche

Feuerwehren verkauft – zeitweilig hatten die Stuttgarter einen Marktanteil in Deutschland von annähernd 50 Prozent.

Feuerwehrfahrzeuge sind, da sie besonderen Anforderungen gerecht werden müssen, gewöhnlich anders ausgerüstet als normale LKW. Stärkere Motoren gehören ebenso zur Sonderausstattung wie Nebenabtriebe für Pumpen und sonstige Aggregate. Verstärkte Achsen und Federn sowie eine leistungsstarke elektrische Anlage werden bereits werkseitig eingebaut. Die Feuerwehrfahrzeuge der leichten Klasse von Mercedes-Benz erhielten beispielsweise stärkere Vorderachsen wegen der Montage von Vorbaupumpen und sie verfügten über höhere Nutzlasten. Sabilisatoren an den Achsen sollten die ungünstige Straßenlage, verursacht durch hohe Aufbauten, ausgleichen.

Die ersten Mercedes-Feuerwehrmodelle, nach den Bestimmungen der deutschen Feuerwehrnormen konzipiert, umfassten die Typen 814 F, 817 F und 1120 F sowie die beiden Allradchassis MB 917 AF und MB 1120 AF. Mit diesen fünf Fahrgestellen konnte ein beträchtlicher Teil der gängigen deutschen Feuerwehrfahrzeuge abgedeckt werden und Mercedes-Benz festigte seine führende Position in diesem Segment.

Zur Frankfurter Automobilausstellung 1989 wurde die LK-Baureihe um eine zusätzliche Gewichtsklasse erweitert. Die neuen 15-Tonner konnte man eigentlich nicht unbedingt als leichte Klasse bezeichnen, denn sie bewegten sich, mehr noch als die 13-Tonner, auf einem Terrain, das gänzlich von den mittelschweren Lastwagen besetzt war. Zwei Modelle der „schweren leichten" erschienen zunächst: die Mercedes-Benz-Typen 1517 und 1520. Einige Jahre später wurden die beiden Fahrzeuge noch um den MB 1524 ergänzt, der, wie auch die

dann lieferbaren Typen 1124 und 1324, mit dem nochmals leistungsgesteigerten Turbomotor OM 366 LA versehen wurde, so dass den Lastern 240 PS/176 kW zur Verfügung standen. Selbst zweieinhalb Jahre vor Produktionsende der LK-Baureihe, Anfang 1996, wurden die Fahrzeuge noch einmal mit neuen Motortypen ausgestattet, weil die alten Aggregate nicht die verschärften europäischen Abgasbestimmungen erfüllen konnten. Am äußeren Erscheinungsbild der Fahrzeuge änderte sich so gut wie nichts. 1998 wurden die leichten Wörther Lastwagen dann durch die nagelneuen Atego-Modelle ersetzt.

Gerade mal zwei Jahre nach der ersten Präsentation der LK-Modelle, trat Daimler-Benz im Frühjahr 1986 mit einer weiteren neuen LKW-Generation an die Öffentlichkeit. Nun hatten sich die Ingenieure die beliebten und erfolgreichen Düsseldorfer Transporter, die T 2-Modelle (Transporterbaureihe 2), vorgenommen und auf den neuesten Stand von Technik und Design gebracht. 20 Jahre lang waren im Werk Düsseldorf die großen Transporter in rund 450.000 Exemplaren gefertigt worden, nun war die Zeit für eine Verjüngungskur reif.

Um allen Mercedes-Benz-Lastwagen ein möglichst homogenes Erscheinungsbild zu verleihen, wurden die großen Transporter optisch sowohl den kleinen Transportern (T 1), als auch den Fahrzeugen der leichten Klasse (LK-Modelle) angepasst. Bei der Gestaltung des Fahrerhauses war man sogar so weit gegangen, die Grundform der LK-Kabine zu übernehmen und mit einer schmalen, leicht gerundeten Kühlerhaube zu versehen. So entstand ein kleiner Kurzhauber mit breitem und bequemem Einstieg hinter der Vorderachse. Die nach vorn abfallende untere Fensterlinie an den Seiten-

türen war jetzt bei beiden Transporterbaureihen und bei den LK-Modellen deutlich sichtbares und einheitliches Gestaltungsmerkmal.

Die neue Transportergeneration deckte den Bereich von 4 t bis 7,5 t ab, mit durchaus gewollten Überschneidungen zu den LK-Modellen. Als Basisausführungen standen die im Transporterbau üblichen Kastenwagen, Pritschenwagen und Kipper zur Verfügung. Der Kastenwagen war mit und ohne Hochdach in drei Radständen erhältlich. Den Pritschenwagen gab es mit den gleichen Radständen, darüber hinaus konnte der Kunde zwischen dem normalen kurzen Fahrerhaus oder einer Doppelkabine für sechs Personen wählen.

Die kleinsten T 2-Modelle waren der MB 507 D und der MB 510, zugelassen für ein Gesamtgewicht von 4600 kg, aber auch in einer auf 4000 kg abgelasteten Version erhältlich. Die mittleren Gewichtsklassen von 5600 kg und 6600 kg zGG wurden von den Modellen Mercedes-Benz 609 D, 709 D und 711 D abgedeckt. Die beiden Spitzenmodelle der T 2-Baureihe, für maximal 7500 kg zGG, waren der MB 809 D und der MB 811 D. Mit diesen sieben Fahrzeugtypen wurde die Baureihe 1986 eingeführt.

Lediglich der MB 510 war mit einem Benzinmotor lieferbar. Es wurde das 95 PS/70 kW starke Vierzylinderaggregat M 102 (2299 cm³) eingebaut, das sich schon in den alten Düsseldorfer Transportern tausendfach bewährt hatte. Der kleinste Dieselmotor, der OM 616, mit einer Leistung von 72 PS/53 kW bei 4000/min war für den Mercedes-Benz 507 D bestimmt, der auf Grund der schwachen Motorisierung häufig in der auf 4000 kg abgelasteten Version beschafft wurde.

Für die Transportermodelle MB 609 D, MB 709 D und MB 809 D griff man auf den bereits von den Fahrzeugen der leichten Klasse bekannten Vierzylinder-Reihenmotor OM 364 zurück, der seine Spitzenleistung von 90 PS/66 kW bei 2800/min abgab. In der aufgeladenen Turboversion als OM 364 A mit 115 PS/84 kW bei 2600/min wurde der 3,9-l-Dieselmotor in die Modelle MB 711 D und MB 811 D eingebaut. Diese vier Motoren der neuen T 2-Generation wurden 1988 um eine zugkräftigere Variante ergänzt.

Der neu eingeführte Mercedes-Benz 814 D erhielt den 136 PS/100 kW leistenden Turbomotor OM 364 LA. Dieser größte und stärkste aller Düsseldorfer Transporter konnte leicht mit dem MB 814 der LK-Baureihe verwechselt werden – jedenfalls auf dem Papier. Natürlich sahen die Lastwagen vollkommen unterschiedlich aus und selbst die Motorisierung differierte, trotz gleicher Typenkennung. Der MB 814 verfügte über den Sechszylindermotor OM 366, während der MB 814 D den Vierzylinder OM 364 LA erhielt. Auch zwischen den Modellen MB 709 und 809 (LK-Baureihe) und den MB

Mercedes-Benz 1524 F mit langer Kabine und Magirus-Drehleiter

Der neue Mercedes-Benz Transporter der Baureihe T 2 als Pritschenlaster

Mercedes-Benz 609 D Kastenwagen

709 D und 809 D (T 2-Baureihe) waren leicht Verwechslungen möglich. Bei diesen Fahrzeugen wurde tatsächlich der gleiche Motortyp (OM 364) für alle vier Modelle verwendet. Sicherlich war die Typenkennzeichnung damals nicht sehr glücklich gewählt, Missverständnisse waren somit vorprogrammiert.

1987 wurde das Transporterprogramm am unteren Ende, also noch unterhalb der T 1-Baureihe, ausgeweitet. Als Einzelstück kam der Mercedes-Benz 100 D in den Verkauf. Dieser leichte Transporter für maximal 2650 kg Gesamtgewicht wurde nicht im Transporterwerk in Düsseldorf gefertigt, sondern es war ein Importmodell aus dem Daimler-Benz-Werk im nordspanischen Vitoria. Das Fahrzeug war nicht mehr ganz neu, als es dem deutschen Publikum vorgestellt wurde. Es war eine Weiterentwicklung der alten DKW-Schnelllaster, die in Vitoria schon zu Zeiten der alten Auto Union gefertigt worden waren.

Die Daimler-Benz AG hatte, nach der Übernahme der Auto Union, seinerzeit Anteile an der Fabrik erhalten und ab 1972, gemeinsam mit der Volkswagen AG, unter dem Firmennamen Compañia Hispano-Alemana de Productos Mercedes-Benz y Volkswagen S.A. (Mevosa) Lieferwagen für die iberische Halbinsel gebaut. Einige Jahre später gelangte das Werk vollständig in den Besitz der Daimler-Benz AG und wurde zur Tochtergesellschaft Mercedes-Benz España S. A. umgewandelt.

In Spanien, Portugal und einigen anderen Märkten war eine ganze Transporterbaureihe im Angebot, u.a. die Modelle MB 100, MB 140 und MB 180, mit unterschiedlichen Gesamtgewichten, wahlweise mit Vergaser- oder Dieselmotoren und mit dem typischen Frontantrieb. Zwischen 20.000 und 25.000 Einheiten entstanden pro Jahr in der Fabrik in Vitoria, davon kamen rund zwei Drittel in den Export.

Für deutsche Interessenten wurde nur ein einziges Modell angeboten, jener MB 100 D. Erhältlich war dieser Transporter mit zwei Radständen und in den Versionen Kombi (neun Sitzplätze), Kastenwagen und Pritschenwagen. Als Antriebseinheit war nur der 72 PS/53 kW starke Dieselmotor OM 616 verfügbar. Anfang der 90er-Jahre wurde das zGG des MB 100 D auf 2800 kg erhöht und ein wenig Karosseriekosmetik betrieben. Für Mercedes-Benz diente dieser Transporter in Deutschland nur als Überbrückungsmodell für ein paar Jahre, bis 1995 eine vollkommen neue leichte Transportergeneration präsentiert werden konnte.

Die Zeiten ändern sich bekanntlich – und auch Unternehmen ändern sich bisweilen. Seit der Fusion im Jahre 1926 war die Daimler-Benz AG stets ein fast lupenreines Automobilunternehmen gewesen, lediglich zeitweilig ergänzt um die Geschäftsbereiche stationäre Diesel-

motoren und Flugmotoren. Im Jahre 1985 sollte sich dies allerdings gründlich und ziemlich rasant ändern.

Der damalige Vorstand unter dem Vorsitzenden Werner Breitschwerdt machte sich große Sorgen über die Abhängigkeit der Firma von der bisweilen sehr sprunghaften und launischen Autokonjunktur, obwohl die Stuttgarter doch bisher alle konjunkturellen „Stürme" recht gut abwettern konnten – jedenfalls besser, als die meisten Mitbewerber. Besonders die Tatsache, dass man sowohl im Personenwagengeschäft, als auch im Nutzfahrzeugsegment aktiv war, bedeutete für die Daimler-Benz AG eigentlich immer eine Art Sicherheitspolster. Klappte es mit dem einen Geschäftsbereich gerade mal nicht so gut, konnte man dies mit Erfolgen im anderen Bereich zumindest teilweise ausgleichen. Doch

der Vorstand traute diesem Mechanismus offensichtlich nicht mehr und dachte über neue Betätigungsfelder nach, die außerhalb des Automobil- und Motorenbaues lagen.

Die Zukunftsvisionen der Herren wurden zudem von damals aktuellen Modeerscheinungen in Unternehmensführung beflügelt. Die Theorie, ein Unternehmen müsse möglichst breit aufgestellt werden, also in möglichst vielen unterschiedlichen Geschäftsfeldern engagiert sein, um dadurch resistent gegen temporäre Branchenprobleme zu sein, hatte stark an Popularität gewonnen.

Diversifikation war das Zauber- oder auch Modewort, das damals viele Firmenlenker so faszinierte. Heute wissen wir, dass dieser Weg der Unternehmenspolitik häufig falsch war und viele Probleme verursachte. Die meisten Industriemanager sind mittlerweile wieder in

Mercedes-Benz LS 2628 (6x4) mit schwerem Tankauflieger für Syrien

Mercedes-Benz 2531 (6x2) für den Biertransport

Schwerlastzugmaschine Mercedes-Benz 2650 S (6x4)

die Gegenrichtung umgeschwenkt, denn heute lautet der Leitspruch Erfolg versprechenden Unternehmertums: Fokussierung auf die Kerngeschäftsfelder.

Die Daimler-Benz AG wurde jedenfalls ab 1985 ordentlich diversifiziert beziehungsweise verbreitert. Innerhalb kürzester Zeit wurden mehrere Firmen aufgekauft oder man beteiligte sich an ihnen, um in neue Dimensionen vorzupreschen. Es begann mit der vollständigen Übernahme des Friedrichshafener Großmotorenherstellers MTU, an dem die Stuttgarter bis dahin die Hälfte der Anteile besaßen. Dem MAN-Konzern kaufte man die andere Hälfte ab und Daimler-Benz wurde Alleinbesitzerin der MTU.

Wenig später stiegen die Stuttgarter bei dem renommierten und traditionsreichen Flugzeugbauer Dornier GmbH ein und übernahmen die unternehmerische Führung. Doch damit nicht genug: Noch im gleichen Jahr fand der Einstieg in ein weiteres deutsches Großunternehmen statt, als sich Daimler-Benz mit zunächst 25 Prozent an der kränkelnden und neu strukturierten AEG beteiligte.

Jetzt stand der Konzern zunächst auf vier Beinen in vier verschiedenen Branchen: Automobilbau, Großmotorenbau, Luft- und Raumfahrt und Elektroindustrie. Auch dabei sollte es nicht bleiben. In den folgenden Jahren, unter dem neuen Vorstandschef Edzard Reuter, dem eigentlichen Visionär und Ideologen eines

allumfassenden Technologiekonzerns, kamen weitere Firmen dazu, u.a. der holländische Flugzeughersteller Fokker, das Dienstleistungsunternehmen Debis und die Elektronikfirma Temic. Schließlich entstand noch ein Gemeinschaftsunternehmen mit der schwedisch-schweizerischen Asea-Brown-Boveri AG (ABB), das den Kunstnamen Adtranz erhielt, und zu einem der größten Bahntechnikunternehmen ausgebaut werden sollte.

1989 erhielt der diversifizierte Daimler-Benz-Konzern sogar eine neue Struktur. Die Automobilsparte, jetzt nur noch ein Teilbereich des Unternehmens, wurde ausgegliedert und in eine eigenständige Aktiengesellschaft eingebracht, die Mercedes-Benz AG. Der Geschäftsbereich Luft- und Raumfahrt wurde zur Daimler-Benz Aerospace (Dasa) verschmolzen.

Was ist nun aus all dem geworden, was ist geblieben von den ganzen aufwändigen, teuren und Zeit raubenden Umstrukturierungen? Die meisten der neuen Geschäftsbereiche und Firmenbeteiligungen, z. B. Fokker, Adtranz und AEG, haben sich als Problemfelder und Verlustbringer erwiesen. Nach gründlichen Aufräumarbeiten und Schadensbegrenzung ist der Stuttgarter Konzern heute wieder ein fast lupenreines Automobilunternehmen, nachdem man sich erst im Frühjahr 2001 auch von der Bahntechniktochter Adtranz getrennt hat.

Nur das Engagement in der Luft- und Raumfahrt ist geblieben. Die Dasa wurde im

Juli 2000, zusammen mit der spanischen CASA (Construcciones Aeronauticas S.A.) und der französischen Aerospatiale-Matra S.A., in das neue europäische Luftfahrtunternehmen und Airbus-Muttergesellschaft EADS (European Aeronautic Defence & Space Company N.V.) eingebracht, an dem die Daimler-Chrysler AG noch mit 33 Prozent beteiligt ist.

Doch zurück zur Nutzfahrzeugsparte, die alle unternehmerischen Wirren schadlos überstanden hat. Gerade zu Zeiten der heftigsten Umstrukturierungen, Ende der 80er-Jahre, wurde die Modernisierungspolitik der Lastwagenbaureihen fortgesetzt. 1988, in dem Jahr in dem das große LKW-Werk in Wörth seinen 25sten Geburtstag feiern konnte, erschienen auch neue Wörther Schwerlastwagen.

Bereits im Jahr zuvor waren die Zulassungsbestimmungen in Deutschland dahin gehend verändert worden, dass nun höhere Gesamtgewichte möglich wurden. Für einen zweiachsigen LKW wurde das maximale Gewicht von 16 t auf 17 t erhöht; Dreiachser waren nun für 24 t zugelassen, nach bisher 22 t; bei Vierachsern wurde das Gesamtgewicht von bislang 30 t auf nunmehr 32 t angehoben.

Die 1988 neu vorgestellten Mercedes-Lastwagen berücksichtigten diese Veränderungen selbstverständlich. Diese Schwerlastwagen, die Nachfolger der „neuen Generation

1980" (NG 80), wurden allerdings nicht als NG 88 bezeichnet, denn von einer neuen LKW-Generation konnte man nach mittlerweile 15 Jahren Bauzeit wirklich nicht mehr sprechen. Stattdessen nannte man die neuen Laster schlicht schwere Klasse (SK) analog zu den Fahrzeugen der leichten und mittleren Klasse (LK- und MK-Modelle).

Die Jahre 1987 bis 1989 brachten zahlreiche Überschneidungen im Mercedes-Typenprogramm, was eine große Vielfalt zur Folge hatte, aber auch eine große Unübersichtlichkeit. Das betraf zum einen die Baureihen alter und neuer Schwerlastwagen, zum anderen war es auf Überschneidungen in einigen Tonnageklassen, die sowohl MK-Typen als auch SK-Typen enthielten, zurückzuführen.

Nachdem der Bau von 16-Tonnern auf Grund der veränderten Zulassungsbestimmun-

Dieselmotors OM 442 zur Verfügung. Der V8-Saugmotor mit 15078 cm³ Hubraum leistete 290 PS/213 kW bei 2100/min. Dieses Aggregat wurde in die SK-Modelle MB 1729, 2429 (6x2) oder (6x4), 2629 (6x4), 3229 (8x4) eingebaut. Die Turboausführung OM 442 A kam auf eine Leistung von 365 PS/269 kW bei 2100/min und wurde in den SK-Typen 1735, 2435 (6x2) oder (6x4), 2635 (6x4), 3235 (8x4) und 3535 (8x4) verwendet. Als Spitzenmodell im Motorenangebot diente ab 1988 der V8-Abgasturbolader OM 442 LA, der aus 14,6 l Hubraum 480 PS beziehungsweise 492 PS zog. Diese leistungsstarke Antriebseinheit arbeitete in den Modellen MB 1748, 2448 (6x2) und (6x4), 2648 (6x4) und 3548 (8x4).

Die Zwei- und Dreiachser der schweren Klasse waren als Normalfahrgestelle und als Sattelzugmaschinen (teilweise mit Luftfeder-

Außerdem wurde der schwarze Kunststoffkühlergrill verbreitet. Diese dezenten Änderungen waren übrigens nicht allein den SK-Fahrzeugen vorbehalten. Auch die Modelle der mittleren Klasse erhielten ab 1988/89 allmählich diese Merkmale, um alle Nutzfahrzeuge von Mercedes-Benz optisch einander näher zu bringen, soweit dies mit den inzwischen betagten Frontlenkerfahrerhäusern noch möglich war.

Schon seit Mitte der 70er-Jahre war Daimler-Benz weltgrößter Hersteller von schweren Lastwagen ab 16 t Gesamtgewicht. 1989 konnte man seine Marktstellung abermals deutlich verbessern, denn seit diesem Jahr lagen die Stuttgarter weltweit auf dem ersten Platz bei LKW mit einem Gesamtgewicht von mehr als 6 t. Trotz gelegentlicher Rückschläge und Produktionseinbußen konnte Daimler-Benz seine Position als Weltmarktführer bei mittelschweren und schweren Lastwagen bis heute nicht nur halten, sondern stetig ausbauen.

Um das gute Image der Marke Mercedes-Benz zu festigen und die Nähe zu den LKW-Fahrern und kleinen Fuhrunternehmern nicht zu verlieren, entschloss sich Mercedes-Benz zum Ende der 80er-Jahre den Einstieg in die prestigeträchtige europäische Meisterschaft im Truck-Rennen zu wagen.

Mit viel Geld, talentierten Fahrern und hoch motivierten Mechanikern konnte das Team schnell die ersten Erfolge verbuchen. Für die beiden wichtigsten Rennklassen wurden werkseigene Sattelzugmaschinen der Typen MB 1733 S und 1450 S speziell ausgerüstet und modifiziert, um Höchstleistungen von rund 1000 PS zu erzielen. Routinierte Rennfahrer wie Axel Hegmann, Gerard Cuynet, Steve Parrish und etwas später Slim Borgudd und Fritz Kreuzpointner fuhren mit ihren kraftstrotzenden Rennboliden für Mercedes-Benz jahrelang in vorderster Reihe mit und gewannen zahllose Rennen und Europameisterschaften.

Ob sich derart kostspielige Imagekampagnen wirklich auch in den Absatzzahlen der normalen Straßenlastwagen niederschlagen, ist schwer zu beurteilen und durchaus strittig. Tatsache ist, dass gerade zu Zeiten der größten Renntriumphe, zu Beginn der 90er-Jahre, die LKW-Konjunktur und damit der Absatz von Mercedes-Lastern abermals gehörig ins Stottern kam.

Aber es zeigte sich erneut, dass trotz Flaute Mercedes-Benz wieder einmal besser dastand, als einige der Wettbewerber. Erst nach 1992 sackten auch bei den Stuttgartern Produktion und Absatz von Lastwagen drastisch in den Keller. Wurden im LKW-Werk Wörth 1991 noch 102.032 Fahrzeuge (inkl. CKD-Teilesätze) gebaut, so waren es zwei Jahre später nur noch 57.093 Einheiten. Hätte es nicht den unvorhergesehenen konjunkturellen Sondereffekt der deutschen Wiedervereinigung gegeben, wäre

Kroll-Tankzug für den Verteilerverkehr mit Mercedes-Benz 1827 S

gen eingestellt worden war, gab es eine Fülle von 17-Tonnern beider Klassen sowie eine grosse Zahl unterschiedlicher Dreiacher für 24 t Gesamtgewicht in 6x2- und 6x4-Achsantriebskonfiguration. Der 17-Tonner war jetzt das schwerste zweiachsige Fahrzeug der MK-Typen und gleichzeitig das leichteste Fahrzeug der SK-Typen – entsprechendes galt bei Dreiachsern für den 24-Tonner.

Ausgehend vom zweiachsigen 17-Tonner erstreckte sich das Fahrzeugangebot der neuen schweren Klasse über Dreiachser für 24 t, 25 t und 26 t bis zu Vierachsern mit 32 t und 35 t Gesamtgewicht. Alles in allem waren rund fünfzig SK-Grundmodelle lieferbar. Darüber hinaus gab es drei-, vier- und fünfachsige Sonderausführungen und Spezialchassis, wie Allradkipper, Ölfeldfahrzeuge, Schwerlastzugmaschinen und Betonpumpenfahrgestelle, für Gesamtgewichte von 38 t, 44 t, 48 t und 50 t.

Für die normalen Fahrzeuge der SK-Baureihe standen drei Varianten des Mercedes-

ung) erhältlich, darüber hinaus waren die Chassis mit den 290-PS- und 365-PS-Maschinen auch in Kipperausführung lieferbar. Von den grossen Vierachsern gab es nur die Typen 3229 und 3535 als Kipper und Betonmischerfahrgestelle. Auf Exportmärkten mit anderen Nutzlastbestimmungen, wie Australien und Neuseeland, wurden die Vierachser auch als Sattelzugmaschinen angeboten, beispielsweise der Mercedes-Benz 2235 S (8x4).

Die neuen SK-Modelle zeichneten sich nicht nur durch neue und stärkere Motoren und veränderte Gesamtgewichte gegenüber ihren Vorgängern aus. Auch optisch hatten die Schwerlastwagen innen und aussen leichte Veränderungen erfahren. Im Fahrerhaus wurde die Inneneinrichtung etwas gefälliger und übersichtlicher gestaltet und das Lenkrad verkleinert. Die Fenster der Seitentüren wurden ein wenig vergrößert und bekamen die von den Transportern und der leichten Klasse bereits bekannte nach vorn abfallende Unterkante.

Mercedes-Benz 4050 (8x4) für schwere Lasten

Mercedes-Benz 3535 (8x4) als Bergefahrzeug

Mercedes-Benz 3538 AK (8x8) Baustellenkipper

Mercedes-Benz 3234 (8x4) mit Betonmischtrommel

Mercedes-Benz 3234 (8x4) in Irland

der Einbruch vermutlich bereits 1990/91 erfolgt.

1989 war eines der bewegtesten Jahre in der neueren deutschen Geschichte. Die Bürger der DDR hatten lautstark, aber friedlich zum Protest gegen ihre politische Führung angesetzt und die Parteibonzen aus ihren Staatsämtern gefegt. Mauer und Stacheldraht fielen, der „Eiserne Vorhang" stürzte in sich zusammen. Endlich, nach 40 Jahren, war der Weg für ein geeintes Deutschland frei.

Im Herbst 1989 wurde eine vergrößerte Bundesrepublik Deutschland mit den fünf neuen Bundesländern aus der Taufe gehoben. Die maroden Relikte der DDR-Planwirtschaft lagen nun für jedermann sichtbar offen. Zahlreiche interessierte Unternehmer aus dem Westen machten sich auf die Suche nach lukrativen Objekten – wo war noch was zu retten, wo konnte man vielleicht noch ein gutes Geschäft machen. Es herrschte eine regelrechte Ausverkaufsstimmung im Osten.

Wie so viele, machten sich auch einige Herren aus der Führungsetage der Daimler-Benz AG auf den Weg in die neuen Bundesländer. Man erinnerte sich, dass man hier einmal eine Fabrik besessen hatte, das einst größte und modernste Flugmotorenwerk in Europa: Genshagen. Diese Fabrik, südlich von Berlin, war seinerzeit von den russischen Besatzungskräften requiriert und anschließend demontiert worden. Zu DDR-Zeiten wurde dort eine neue Fabrik, zwischen Genshagen und Ludwigsfelde, errichtet und mit der Produktion von Motoren, Erntemaschinen und Motorrollern, später auch Lastwagen, begonnen. Der volkseigene Betrieb gehörte zum Industriekombinat IFA (Industrieverband Fahrzeugbau der DDR), das alle in der DDR gefertigten leichten und mittelschweren Lastwagen baute.

Der VEB IFA-Automobilwerk Ludwigsfelde baute seit Juli 1965 den IFA W 50, einen 110 PS starken LKW für fünf Tonnen Nutzlast, der sich recht gut in die osteuropäischen Länder verkaufte. 1975 erreichten die ostdeutschen Autobauer eine Jahresproduktion von immerhin 20.000 Einheiten. Erst 1986 erschien ein ähnlich aussehendes Nachfolgemodell des reichlich antiquierten W 50, genannt L 60. Doch mit diesem wenig attraktiven 180 PS starken 6-Tonner war es 1990, nach der Wende, schon wieder vorbei.

Daimler-Benz interessierte sich denn auch weniger für den IFA L 60, der kaum westlichen Ansprüchen und Standards genügen konnte, als vielmehr für die Fabrik in Ludwigsfelde und die Absatzmärkte in Osteuropa zu denen die IFA-Mitarbeiter gute Kontakte pflegten. Am Anfang der Zusammenarbeit zwischen Mercedes-Benz und dem Automobilwerk Ludwigsfelde GmbH, wie es kurz nach der Privatisierung hieß, herrschte noch die Idee vor, den IFA L 60 mit modifizierter Mercedes-Technik und neuem LK-

Schausteller-Zugmaschine Mercedes-Benz 1844

Fahrerhaus in Osteuropa zu verkaufen. Doch das Konzept wurde schnell wieder fallengelassen und die L 60 mit dem Mercedes-Fahrerhaus blieben unverkäufliche "Muster". Stattdessen baute man gleich die echten LK-Modelle und Mercedes-Benz entschloss sich, das Werk in Ludwigsfelde komplett zu übernehmen. Seit Januar 1994 ist die Nutzfahrzeuge Ludwigsfelde GmbH zu 100 Prozent eine Tochtergesellschaft der Mercedes-Benz AG. Als zweites Transporterwerk, neben Düsseldorf, werden dort seit August 1994 nur noch Fahrzeuge der T 2-Baureihe beziehungsweise die Nachfolgemodelle „Vario" gefertigt.

Während sich Daimler-Benz im Osten um eine Wiedervereinigung der deutschen Nutzfahrzeugindustrie kümmerte, verhandelte man gleichzeitig im Süden Europas mit einem weiteren interessanten Übernahmekandidaten. Der spanische Enasa-Konzern hatte die Absicht, sich von seiner Lastwagen- und Omnibusmarke Pegaso zu trennen. Pegaso-Nutzfahrzeuge hatten einen sehr hohen Anteil an dem recht bedeutenden spanischen Markt, in Folge dessen gab es eine ganze Reihe namhafter Interessenten an dieser Marke: Volvo, Iveco, MAN, DAF und Mercedes-Benz. Insbesondere Volvo und Ivecos Muttergesellschaft Fiat machten sich große Hoffungen und trieben den Kaufpreis in die Höhe.

Schließlich fiel die Entscheidung der Spanier 1990 zu Gunsten eines Konzepts, das die deutschen Firmen MAN und Mercedes-Benz gemeinsam eingebracht hatten. Die beiden Konkurrenten wollten Pegaso als Gemeinschaftsunternehmen betreiben und mit dem bereits bestehenden Mercedes-Transporterwerk in Vitoria zusammenlegen. Doch es wurde leider nichts aus diesem Plan. Eine Pegaso-Übernahme durch die Deutschen schien den europäischen Kartellwächtern nicht opportun, zu groß wäre die Marktmacht in Spanien und Portugal geworden.

Da auch der Verkauf an die holländische Firma DAF scheiterte, erhielt letztlich doch noch Iveco den Zuschlag. Seither werden in den spanischen Fabriken Iveco-Lastwagen gefertigt, u. a. die Modelle EuroTrakker und EuroCargo. MAN und Mercedes-Benz konnten die Niederlage leicht verschmerzen. Ihnen gelang es in den vergangenen Jahren auch ohne die Pegaso-Fabriken, ihre Marktanteile in Spanien deutlich zu steigern.

Das Jahr 1991 brachte für Mercedes-Lastwagen wieder einige Neuheiten, vor allem im Bereich Motorenbau. Die politischen Führungsgremien der Europäischen Gemeinschaft hatten Beschlüsse über die Begrenzung von Schadstoffen in der Luft gefasst, die sich nachhaltig auf die Abgasbestimmungen für Autos auswirkten. Die Schadstoffemissionen sollten demnach in mehreren Stufen deutlich verringert werden. Der erste Schritt auf dem Weg zu sauberer Luft, genannt Euro I, war für den Herbst 1993 vorgesehen.

Bei Mercedes-Benz hatte man sich rechtzeitig auf die neue Situation eingestellt und entsprechend die Motoren umgearbeitet oder neu konzipiert. Die ersten Neuschöpfungen standen bereits Ende 1991 zum Einbau in die Fahrzeuge der schweren Klasse zur Verfügung. Weitere Motoren folgten 1992, so dass zur Internationalen Automobilausstellung, die erstmals getrennt von der PKW-Messe in Hannover stattfand, die meisten MK- und SK-Modelle mit den neuen Motoren nach den Euro-I-Bestimmungen erhältlich waren. Für die schadstoffarmen Motoren fand Mercedes-Benz gleich einen passenden Begriff, der damals werbewirksam eingesetzt wurde, aber ziemlich schnell wieder vergessen war: „Low Emission Vehicle (LEV)-Motor". Diese neue Motorengeneration leistete gleich einen doppelten Beitrag zum Umweltschutz, indem nicht nur der Schadstoffausstoß reduziert, sondern auch die Lärmwerte gesenkt

Kraftprotz vom Bau: Mercedes-Benz 2053 S mit 530-PS-Maschine

Wumag-Teleskopmast auf Mercedes-Benz 2638 (6x4+2) mit Nachlauflenkachse

wurden. Und selbst beim Kraftstoffverbrauch lagen die neuen Motoren, trotz höherer Leistungen, günstiger als die alten.

Kaum waren die Euro-I-Motoren eingeführt und für alle neu zugelassenen Lastwagen vorgeschrieben, folgte Ende 1994 bereits die Vorstellung der nächsten schadstoffreduzierten Mercedes-Motorengeneration gemäß Euro-II-Norm. Diese Aggregate der zweiten Stufe wurden ab Oktober 1996 Pflicht. Die Techniker der Motorenentwicklung – keineswegs nur bei Mercedes-Benz – wurden in diesen Jahren ganz schön auf Trab gehalten. Da die Abgasbestimmungen natürlich von Stufe zu Stufe immer strenger gefasst wurden, mussten sie ihr ganzes Fachwissen und ihre Fähigkeiten einsetzen, um die bestehenden Motoren zu optimieren, oder notfalls ganz neue Konstruktionen zu entwerfen. Unterdessen sind längst die Euro-III-Motoren auf dem Markt und die Entwicklung geht unaufhaltsam weiter.

Neben den Euro-I-Motoren, den neuen Allradchassis der T 2-Baureihe und allerlei inneren und äußeren Modellpflegemaßnahmen an diversen Lastwagentypen, waren vor allem die neuen Unimog-Baureihen ein Anziehungspunkt auf dem Mercedes-Benz-Messestand auf der 92er Automobilausstellung. Das Interesse galt insbesondere den Fahrerhäusern mit der abfallenden kurzen Motorhaube, die ein echtes Novum darstellten. Doch die Techniker aus Gaggenau hatten weit mehr geleistet, sie hatten nämlich ein von Grund auf neu konzipiertes Fahrzeug geschaffen. Angefangen beim Fahrwerk in Leiterrahmenausführung für höheren Fahrkomfort und grössere Fahrstabilität, über eine verbesserte hydraulische Lenkung und eine neue, progressiv wirkende Federung mit Teleskopstoßdämpfern an der Hinterachse, bis hin zum 8-Gang-Schaltgetriebe mit integriertem Verteilergetriebe und schadstoffreduzierten LEV-Dieselmotoren, glichen die neuen Unimogs eigentlich kaum noch ihren Vorgängermodellen.

Und dennoch waren die Neuen typische Unimogs mit vier angetriebenen Rädern, kurzem Radstand, hoher Bodenfreiheit und dem obligaten mechanischen Zapfwellenantrieb für den Anbau von Arbeitsgeräten. Das vollkommen neu gestaltete Ganzstahlfahrerhaus bot Fahrer und Beifahrer einen bequemen Einstieg und einen ebenen Fußraum in der geräumigen Kabine. Innenraumausstattung, Armaturen und Sitze waren erneuert worden. Die stark nach vorn abfallende asymmetrische Kühlerhaube wies als Besonderheit einen so genannten Sichtkanal auf. Damit war eine auf der Fahrerseite ausgesparte Motorabdeckung gemeint, die dem Fahrer einen freien Blick direkt auf die Fahrzeugfront beziehungsweise eventuell davor montierte Anbaugeräte gewährte.

Die neuen Unimogs gab es in leichter und mittelschwerer Ausführung und sie ersetzten

Unimog Typ U 110

Unimog U 140 im Kommunaleinsatz

die bisherigen Modelle U 600 bis U 1150. Die schweren Unimogs mit dem bekannten Erscheinungsbild blieben weiterhin unverändert im Programm, sie erhielten jedoch neue LEV-Motoren nach Euro-I-Norm.

Der kleinste Unimog der neuen Baureihe war der U 90, ausgelegt für den Gewichtsbereich zwischen 4,8 t und 6,2 t mit 2690 mm Radstand und dem 87 PS/64 kW starken 5-Zylinder-Reihenmotor OM 602. Die mittelgroßen Modelle U 110 und U 140 bewegten sich im Gewichtssegment 7,2 t bis 8,5 t und bekamen einen Radstand von 2830 mm. Der einzige Unterschied dieser beiden Typen lag in der

Motorisierung. Während der U 110 mit dem 4-Zylinder-Reihenmotor OM 364 A (102 PS/75 kW) ausgestattet wurde, erhielt der U 140 den ladeluftgekühlten LEV-Turbomotor OM 364 LA (133 PS/98 kW). Mit 1910 mm war der U 90 deutlich schmaler, als die beiden größeren Typen mit einer Fahrzeugbreite von 2100 mm.

Darüber hinaus gab es die Modelle U 110 und U 140 mit langem Radstand als Geländelastwagen und zusätzlich den U 140 T in der Ausführung als Triebkopf mit Frontantrieb für den An- und Aufbau von speziellen Transportlösungen, beispielsweise als hydraulische Niederhubwagen.

Die abflauende Wirtschaft in Deutschland und Europa zu Beginn der 90er-Jahre konnte in der Automobilindustrie durch den "Sondereffekt Deutsche Wiedervereinigung" abgefedert werden. Die Nachfrage, insbesondere nach Lastwagen, war in Ostdeutschland und Osteuropa anfangs recht hoch, so dass Daimler-Benz davon reichlich profitierte. Anfang November 1991 wurde im Werk Wörth ein stolze Bilanz gefeiert: 1,5 Millionen gebaute LKW.

Nach den ausgezeichneten Jahren 1991 und 1992 brach der LKW-Absatz schließlich 1993 dramatisch ein. Jetzt traf es gerade das mittelschwere und schwere Fahrzeugsegment und damit die Produktion in Wörth, wo 1993 nur noch 57.093 Lastwagen hergestellt wurden. Das bedeutete fast eine Halbierung der Produktion innerhalb von zwei Jahren und so wenig ausgelieferte Einheiten wie seit 1969 nicht mehr.

Noch 1991 hatte man rund 1000 neue Mitarbeiter in Wörth eingestellt und damit den höchsten Beschäftigungsstand erreicht: 15.035 Mitarbeiter. Bereits 1993 mussten einige von ihnen wieder gehen und es wurde Kurzarbeit

angeordnet, denn die Fabrik war nur noch teilweise ausgelastet und schrieb rote Zahlen.

Besonders zäh lief der Absatz der SK-Modelle, die in ihrer Grundkonzeption bereits 20 Jahre alt waren, und in dieser Zeit lediglich neue Motoren und kosmetische Veränderungen erfahren hatten. Es musste etwas geschehen, um den Absatz wieder anzukurbeln. Bei Mercedes-Benz entschloss man sich zu einem aufwändigen und beispiellosen Erneuerungsprogramm. Bis zur Jahrtausendwende sollten sämtliche Nutzfahrzeugbaureihen, vom kleinsten Transporter bis zum schwersten Vierachser, rundum erneuert werden. Ein Investitionsprogramm von astronomischen Ausmaßen sowie eine technisch und organisatorisch zu bewältigende Höchstleistung, wie es sie bis dahin in einem Nutzfahrzeugunternehmen wohl noch nicht gegeben hatte.

Die ersten Ergebnisse des Erneuerungsprogramms waren 1995 bereits zu besichtigen. Zunächst hatte man am unteren Ende der Fahrzeugskala, bei den kleinen Transportern, zwei neue Baureihen hervor gezaubert, denn in diesem Segment war es nach 18 Baujahren Zeit für einen Generationswechsel.

Erstmals in der Nutzfahrzeughistorie von Mercedes-Benz erhielten die Fahrzeuge richtige Namen und nicht nur abstrakte Zahlen- und Buchstabenkürzel. Die neuen Transporterbaureihen traten mit den modischen und eingängigen Namen Sprinter und Vito an die Öffentlichkeit. Zur besseren Identifizierung der unterschiedlichen Typen blieben die Kennzahlen für Gesamtgewicht und ungefährer Motorleistung (nach wie vor in PS) weiterhin bestehen.

Als erstes wurde der Sprinter im Januar 1995 vorgestellt. Das Fahrzeug war grundlegend neu konstruiert, weder die Technik noch das Aussehen gestatteten Verwechslungen mit

der Vorgängerbaureihe T 1. Alle Sprinter verfügten über Einzelradaufhängung vorn, Servolenkung, ABS und Scheibenbremsen an allen vier Rädern. Die neue Transporterbaureihe sah nicht nur schnittiger aus als die Vorgängermodelle, der Sprinter konnte auch, auf Grund der abgeschrägten Motorhaube und der nach hinten fliehenden Frontscheibe, mit weitaus besseren Luftwiderstandswerten aufwarten.

Wie es sich für einen richtigen Transporter gehört, wurde er in den gängigen Ausführungen als Kastenwagen (Normal- oder Hochdach), Kombi und Pritschenwagen (Normal- oder Doppelkabine) angeboten. Für die leichten Fahrzeuge mit 2,6 t und 2,8 t Gesamtgewicht gab es zwei Radstände. Die schwereren Transporter für 3,5 t zGG waren mit einem zusätzlichen Radstand von 4025 mm lieferbar. Die erste Sprinter-Generation bestand aus sechs Grundtypen: 208 D, 212 D und 214 in den Gewichtsklassen 2590 kg und 2800 kg sowie 308 D, 312 D und 314 in der Klasse für 3500 kg Gesamtgewicht.

Drei Motorvarianten standen für diese Modelle zur Verfügung. Der vielfach bewährte, nun optimierte 4-Zylinder-Diesel OM 601 mit einer Leistung von 79 PS/58 kW bei 3800/min sowie der neue 5-Zylinder-Diesel OM 602 (122 PS/90 kW) mit Direkteinspritzung, Turbolader und Ladeluftkühlung. Dazu kam noch ein 4-Zylinder-Benzinmotor in neuester Ausführung mit zwei obenliegenden Nockenwellen und Vierventiltechnik, der seine Spitzenleistung von 143 PS/105 kW bei 5000/min auch in den hochwertigen Mercedes-Personenwagen der C-Klasse unter Beweis stellte.

Mit dieser neuen Transportergeneration konnte Mercedes-Benz seine Präsens in diesem Segment in Europa soweit verbessern, so dass schon 1999 einen Marktanteil von 21 Prozent erzielt wurde. Bereits 1996 erschienen die Sprinter in einer allradgetriebenen Version. Anfangs nur im Werk Düsseldorf produziert, lief der Sprinter wenig später auch im argentinischen Nutzfahrzeugwerk nahe Buenos Aires vom Band, um damit die Nachfrage in Südamerika zu bedienen.

Kaum war der Sprinter eingeführt, kam Ende 1995 der kleinste Mercedes-Transporter, der Vito, heraus. Da er im spanischen Werk in Vitoria entstand, fand auch die Premiere in Spanien statt. Der Vito diente als Ersatz für den alten MB 100 D, dessen Herstellung 1995 auslief. Auch der Vito war eine völlige Neuschöpfung, die mit dem Vorgänger nur den Frontantrieb und die Nutzlastkapazität von 1000 kg gemein hatte. Optisch hatte man die keilförmige Frontpartie des Vito seinem größeren Bruder Sprinter angepasst. Lieferbar war der Vito mit nur einem Radstand und nur als Kastenwagen und Kombi. Bewusst begrenzte Mercedes-Benz die Varianten, um nicht zu viele Überschneidungen mit dem Sprinter zu bekommen.

Mercedes-Benz Sprinter 312 D

Der Vito fristete das Schicksal eines Lückenfüllers. Wahlmöglichkeiten gab es indes bei der Motorisierung im Form von zwei Dieselaggregaten und eines Benzinmotors. Das Einstiegsmodell in Dieselversion war, wie auch beim Sprinter, der 79 PS/58 kW starke Vierzylinder OM 601. Im mittleren Leistungsbereich konnte der Kunde den Turbodiesel mit Ladeluftkühlung und 98 PS/72 kW bei 3800/min ordern. Wer lieber einen Benziner haben wollte, erhielt den 130 PS/ 95 kW starken Saugmotor mit Vierventiltechnik aus dem PKW-Programm.

Nicht nur in Europa gab es neue Mercedes-Fahrzeuge, auch in einigen Ländern Asiens tat sich im Bereich Transporter und Kleinlastwagen einiges. Gleich drei Länder, Süd-Korea, Indonesien und Vietnam, begannen mit der Automobilproduktion nach Mercedes-Lizenz.

1991 hatte Mercedes-Benz mit dem koreanischen Nutzfahrzeughersteller Ssangyong Motor Company einen Kooperationsvertrag geschlossen, der den Bau von Dieselmotoren und Fahrzeugen vorsah. Zwei Jahre später beteiligten sich die Deutschen mit 5 Prozent an der koreanischen Firma und 1994 begann die Motorenfertigung im Werk Changwon. Die ersten Transporter erschienen 1996 unter dem Namen Istana. Die Fahrzeuge basierten technisch auf dem alten MB 100 D aus spanischer Produktion, erhielten aber in Korea eine neu gestaltete Karosserie. Ssangyong vertrieb die Transporter in Korea unter seinem Markennamen, auf den Exportmärkten in Asien und im pazifischen Raum wurden die Fahrzeuge als Mercedes-Benz verkauft und mit dem Mercedes-Stern versehen.

Der Ssangyong Istana beziehungsweise Mercedes-Transporter wurde in zwei Modellen in Korea gefertigt, als MB 100 und 100 D sowie 140 und 140 D in den Ausführungen als Kombi (9 Sitze) und als Kastenwagen. Der 100er war für 3000 kg Gesamtgewicht ausgelegt, während der 140er auf 3300 kg zGG kam. Beide Modelle waren mit zwei Dieselmotoren (79 PS/58 kW oder 95 PS/70 kW) oder einem Vergasermotor (122 PS/90 kW) lieferbar.

Im Dezember 1997 übernahm die koreanische Automobilfirma Daewoo Motor 52 Prozent der Firmenanteile der Ssangyong Motor Company, woraufhin der Bau von Schwerlastwagen eingestellt wurde und die Marke wenig später erlosch. Die Produktion des Istana ging unterdessen weiter und auf vielen Märkten in Fernost ist dieser robuste und ausgereifte Transporter noch immer sehr gefragt.

In Indonesien war die Daimler-Benz AG an der Automobilfirma P.T. German Motor Manufacturing beteiligt. Dort begann 1994 die Produktion von Mercedes-Kleinlastern für 7 t und 8 t Gesamtgewichte unter den Modellbezeichnungen MB 700 und MB 800. Diese Fahrzeuge wurden aus Komponenten, die aus

Der Sprinter mit Doppelkabine und Pritsche

Transportermodelle Vito und Sprinter

Mercedes-Benz 100 D aus koreanischer Produktion

Moderner Mercedes-Haubenlaster LS 2638 (6x4) aus brasilianischer Produktion

Südamerika, Europa und Asien stammten, in Djakarta montiert. So lieferte beispielsweise das brasilianische Mercedes-Werk die beiden Dieselmotoren OM 364 und OM 364 A. Die Fahrerhäuser stammten in ihrer Grundform wiederum von dem alten spanischen Transporter MB 100. Das dritte asiatische Land, Vietnam, produziert nun auch seit einigen Jahren Mercedes-Nutzfahrzeuge. Die Fabrik in Ho-Chi-Minh-Stadt (ehemals Saigon) wurde erst 1995/96 gebaut. Seither entstehen dort Mercedes-8-Tonner des Typs MB 800, baugleich mit den indonesischen Fahrzeugen, Transporter und Kombis der Typen MB 100 und MB 140, entsprechend den koreanischen Modellen, sowie große Reisebusse.

1995 endete bei Mercedes-Benz in Deutschland eine ganze Ära. Nachdem die Produktion der mittelschweren Rundhauber bereits zur Mitte der 80er-Jahre eingestellt worden war, wurden nur noch die schweren Hauber in zwei- und dreiachsiger Version für den Export weiter gebaut. Von den treuen Kunden in Nordafrika und im Nahen Osten wurden zumeist Kipper und Sattelzugmaschinen geordert, die allesamt mit den 240 PS/176 kW oder 280 PS/206 kW leistenden Motoren vorwärts bewegt wurden. Nach fast genau 60 Jahren rollte am 22. Dezember 1995 der letzte in Deutschland gebaute Haubenlastwagen der Marke Mercedes-Benz aus der Fabrikationshalle in Wörth und kam, ohne jemals verkauft oder eingesetzt zu werden, direkt in die firmeneigene Veteranensammlung.

Doch damit ist der Bau von Mercedes-Benz-Haubenlastwagen keineswegs endgültige Vergangenheit, denn außerhalb Deutschlands werden noch heute die alten mittelschweren und schweren Rundhauber gefertigt. Sowohl in den Fabriken im Iran, in Saudi Arabien und in Nigeria, als auch im brasilianischen Mercedes-Werk werden noch immer etliche Typen hergestellt und in zahlreiche Länder exportiert. Die Haubenlaster aus Brasilien erhielten sogar neue Kabinen mit eckigen Hauben sowie moderne Motoren und präsentieren sich heute im zeitgenössischen Erscheinungsbild auf den lateinamerikanischen Märkten.

Ende einer Ära: Der letzte in Deutschland gebaute Mercedes-Haubenlastwagen neben dem ersten Actros-Vorserienmodell

Mercedes-Benz
Actros 1853 S mit
Doll-Auflieger

Mit geballter Kraft in 21. Jahrhundert:
Der neue Weltkonzern DaimlerChrysler

Das Jahr 1996 stand im Hause Daimler-Benz ganz im Zeichen eines bedeutenden Jubiläums. Genau 100 Jahre waren vergangen, seit Gottlieb Daimler seinen ersten richtigen Lastkraftwagen fertiggestellt hatte. Mehr noch: Bedeutete doch dieses Jubiläum nicht nur 100 Jahre Lastwagenbau bei Daimler-Benz und der Vorgängerfirma DMG, sondern 100 Jahre Motorlastwagen schlechthin. Von dem kleinen Handwerksbetrieb in Cannstatt bis zum großen weltweit agierenden Konzern war es ein langer und bisweilen auch mühsamer Weg. Kein anderes Automobilunternehmen auf der Erde baut so lange und kontinuierlich benzin- beziehungsweise dieselgetriebene Nutzfahrzeuge und in keinem anderen Unternehmen sind in dieser Zeit so viele mittelschwere und schwere LKW entstanden.

Mit zahlreichen Veranstaltungen wurde 1996 dieses für die Technikgeschichte so wichtigen Ereignisses gedacht. Auf dem Gelände des Mercedes-Werkes in Wörth gab es ein großes Treffen mit hunderten von Fahrzeugveteranen aller Marken und Epochen, und im Anschluss an die große Nutzfahrzeugausstellung in Hannover fuhr ein Konvoi alter Lastwagen von Hannover nach London, um an den ersten, 1896 nach England verkauften, Daimler-LKW zu erinnern.

1996 war auch das Jahr, in dem neue Visionen und Unternehmensstrategien langsam Gestalt annahmen. Es galt, die Daimler-Benz

AG wieder zu dem zu machen, was sie lange Zeit gewesen war, ein echtes Automobilunternehmen. Das Experiment „Technologiekonzern" war weitgehend gescheitert, es musste aufgeräumt werden, um die Firma nicht in einen unkontrollierbaren Abwärtssog zu ziehen.

Der seit Mai 1995 amtierende neue Vorstandsvorsitzende Jürgen Schrempp begann mit harten Schnitten, den Konzern neu auszurichten. Nachdem die Verlust bringende AEG-Beteiligung bereits abgestoßen worden war, trennten sich die Stuttgarter auch von dem holländischen „Problemkind" Fokker, was dessen endgültiges Ende bedeutete. Weitere Firmenbeteiligungen und Tochterunternehmen wurden in den folgenden Jahren veräußert.

Vorstandschef Schrempp hatte die Absicht, den Konzern auf drei Säulen zu stellen: Automobilbau, Luft- und Raumfahrt sowie Dienstleistungen, wobei der Schwerpunkt auf dem Bereich Automobil lag. Es machte das Wort von der „Welt AG" die Runde, einem Konzern, der in seiner Branche zu den Marktführern gehört, der weltweit auf allen Kontinenten vertreten ist, und der global Kooperationen eingeht oder Firmen übernimmt, um die eigene Position strategisch zu verstärken.

Während diese neue Konzernstrategie allmählich umgesetzt wurde und im Unternehmen viel Aufregung verursachte, führte man im Nutzfahrzeugsegment die bereits 1995 begon-

nene Einführung neuer Fahrzeuggenerationen zügig weiter. Gleich drei neue Baureihen wurden auf der Automobilschau im September 1996 in Hannover vorgestellt. Aus dem Unimog-Werk in Gaggenau kamen kleine Geräteträger für den Kommunalbereich, das Werk Ludwigsfelde steuerte eine neue Baureihe großer Transporter bei und aus dem LKW-Werk Wörth erschien die neue Generation von Schwerlastwagen.

Natürlich war die Vorstellung der schon lange erwarteten neuen schweren Klasse das zentrale Ereignis der Nutzfahrzeugmesse. Die Absatzzahlen der alten Modelle waren, trotz Modellpflegemaßnahmen, in den zurückliegenden Jahren stark rückläufig gewesen. Neue Fahrzeuge waren überfällig und wurden von der Kundschaft sehnlichst erwartet. Passend zu den im Jahr zuvor eingeführten Transporterbaureihen Vito und Sprinter erhielten nun auch die schweren Mercedes-LKW einen richtigen Namen: Actros. Das klang zwar ebenso bedeutsam wie altgriechisch, war aber tatsächlich nur eine künstliche Wortschöpfung ohne Bedeutung, die allerdings einem Schwerlastwagen durchaus gut anstand und angenehm einging.

Der Actros löste etappenweise die SK-Modelle in der Gewichtsklasse ab 18 t ab. Mit diesem LKW-Typ entstand eine Baureihe, die den aktuellen Stand modernster Nutzfahrzeugtechnik dokumentierte. Nahezu alle Baugruppen des Actros waren von den Mercedes-

Technikern verbessert oder völlig neu konstruiert worden, so dass ein wahrer „Hightech-
Lastwagen" entstanden war.

Besonders stolz war man bei Mercedes-
Benz auf das so genannte Telligentsystem. Unter diesem Begriff – wieder so ein Kunstwort,
das es in keiner Sprache gibt, aber in allen Spra-
chen verständlich ist – verstanden die Ingenieure ein computergesteuertes Überwachungs-
system, das nicht nur die einzelnen Fahrzeug-
funktionen steuert, sondern gleichzeitig über
einen CAN-Datenbus alle miteinander kommu-
nizieren lässt, um damit Daten und Informationen auszutauschen und effektiver aufeinander
abzustimmen. Dadurch ist es beim Actros möglich, beinahe unbegrenzte Datenmengen in
Höchstgeschwindigkeit zu übertragen und aus-
zuwerten und sie, im Falle eines Werkstattauf-
enthaltes, auch extern abzurufen. Das Telligentsystem umfasste die für Betrieb und Sicherheit
des LKW wesentlichen Baugruppen wie Motor-
system, Bremssystem, Wartungssystem, Schal-
tung und Schaltautomatik und Niveauregulie-
rung.

Dank dieses Systems beschränkte sich der
Wartungsaufwand des Fahrers nur noch auf die
Kontrolle der Reifen und der Scheiben, alles
andere besorgte der Bordcomputer. Damit
konnten Aufwand und Kosten für Wartung und

Mercedes-Benz Actros 2540 (6x2) mit Tandemanhänger

Mercedes-Benz Actros 2648 S (6x4) als Langholztransporter

Mercedes-Benz Actros 2653 S (6x4) mit Tiefladeanhänger

Reparaturen deutlich gesenkt und die Wartungsintervalle erhöht werden. Insbesondere mit dem Telligent-Bremssystem erntete Mercedes-Benz viel Lob und Anerkennung. Durch die elektronische Steuerung der Scheibenbremsen wurde die Bremswirkung erheblich verbessert, was letztlich der Sicherheit zugute kam.

Für die Betreiber der Lastwagen war mindestens ebenso erfreulich, dass die neuen Euro-II-Motoren des Actros eine höhere Leistung boten bei gleichzeitig sparsamerem Verbrauch und geringerem Schadstoffausstoß und dass angestrebte Laufleistungen von durchschnittlich einer Million Kilometer erreicht werden sollten. Letztlich wurde beim Actros auch kräftig Eigengewicht abgespeckt. Bei Motor, Hinterachsaufhängung, Tank, Rahmen, Getriebe und einigen weiteren Komponenten konnten rund 440 kg gegenüber einem vergleichbaren LKW der SK-Generation eingespart werden.

Die neuen ladeluftgekühlten Turbomotoren der Baureihe 500 mit Telligent-Motorsystem gab es in zwei Ausführungen mit 12 l und 16 l Hubraum und in sieben Leistungsklassen. Der V6-Motor des Typs OM 501 LA war in vier Leistungsstufen erhältlich: 313 PS/230 kW; 354 PS/260 kW; 394 PS/290 kW und 428 PS/315 kW. Der neue V8-Motor OM 502 LA erschien in den Leistungsklassen 476 PS/350 kW; 530 PS/390 kW und 570 PS/420 kW. Bei allen Aggregaten lag die Nenndrehzahl einheitlich

bei 1800/min und das maximale Drehmoment stand bei 1080/min zur Verfügung. Diese sieben Motorvarianten waren für alle zwei- und dreiachsigen Chassis der Actros-Familie erhältlich.

"Im Fahrerhaus sollte man sich möglichst wie zu Hause fühlen", an diesem Leitspruch orientierten sich die Konstrukteure des Actros und schufen ein LKW-Fahrerhaus, das kaum Wünsche offen ließ. Mit einer Breite von 2,26 m und einer fast senkrecht stehenden Frontscheibe erreichte man nahezu 40 Prozent mehr Volumen im Innenraum der Kabine als bei den Vorgängermodellen. Aerodynamik, Ergonometrie und Sicherheit bildeten die stilistischen und technischen Konstanten bei der Entwicklung der Actros-Kabinen. Vier Fahrerhausvarianten bot Mercedes-Benz an: das S-Fahrerhaus, die Normal- oder Standardkabine für den Verteilerverkehr; das M-Fahrerhaus, das mittellange Haus für Kurzstrecken; das L-Fahrerhaus, die Fernfahrerkabine mit erhöhtem Dach und Liegen; das Megaspace-Fahrerhaus, ein komfortables und geräumiges Fernfahrerhaus mit ebenem Boden durch eine erhöht auf dem Fahrgestell montierte Kabine. Als Sonderausführung, beispielsweise für Autotransporter, gab es die L-Kabine mit einer reduzierten Höhe von nur 1,4 m.

Im September 1996 erschien der Actros zunächst für zwei Gewichtsklassen: zweiachsige 18-Tonner und dreiachsige 25-Tonner. Den

18-Tonner gab es als Pritschenwagen und als Sattelzugmaschine jeweils mit sieben Motorversionen, in den vier konzipierten Fahrerhausausführungen und mit insgesamt sieben Radständen. Nach der traditionellen Mercedes-Terminologie hießen die Actros-Typen 1831, 1835, 1840, 1843, 1848, 1853 und 1857.

Die Dreiachsfahrgestelle für 25 t zGG waren ebenfalls in den sieben Motorversionen und mit den vier Fahrerhausausführungen erhältlich, allerdings konnte der Kunde nur zwischen vier Radständen wählen. Auch waren die Dreiachser anfangs nur als Pritschenwagen lieferbar. Erst einige Monate später kamen die dreiachsigen Sattelzugmaschinen für 26 t zGG auf den Markt, ebenso die Vierachser für 32 t, 33 t und 41 t, sowie die allradgetriebenen Chassis für die Bauwirtschaft in den Antriebskonfigurationen 4x4, 6x6 und 8x8.

Zwei Jahre nach der Einführung war die neue Actros-Familie bereits komplett und die letzten Fahrzeuge der alten SK-Baureihe verliessen die Fertigungshalle im Werk Wörth. Doch außerhalb Europas, beispielsweise in den Mercedes-Benz-Fabriken in der Türkei und im Iran, werden nach wie vor die robusten und bewährten Lastwagenmodelle der schweren Klasse mit den alten Fahrerhäusern gefertigt. Von Anfang an war der Actros auf den europäischen Märkten ein Erfolg und erwartungsgemäß wurde er 1997 von Fachjournalisten zum

Betonmischerfahrgestell Mercedes-Benz Actros 3235 (8x4) mit Liebherr-Aufbau

Lastwagen des Jahres gewählt. Zunächst wurde eine Produktion von jährlich rund 25.000 Einheiten kalkuliert, doch es dauerte nicht eimal drei Jahre, bis die ersten 100.000 Actros in Wörth fertiggestellt worden waren.

Von solchen Produktionszahlen konnten die Unimog-Konstrukteure aus Gaggenau nur träumen, als sie 1996 ihre neueste Kreation vorstellten, den UX 100. Das neue Fahrzeug besetzte ein Marktnische noch unterhalb der leichten Unimog-Modelle. In dem Segment leichter geländegängiger Geräteträger zwischen 2,5 t und 5 t Gesamtgewicht tumelten sich einige kleine Spezialfirmen vorrangig aus dem Raum Süddeutschland, Schweiz und Österreich. Diese Fahrzeuge fanden ihr Einsatzgebiet vor allem im Kommunalsektor, aber auch auf Flughäfen, im internen Werkverkehr und im Sport- und Freizeitbereich.

Der UX 100 war mit einer Breite von nur 1,6 m und einer Höhe von knapp 2 m äußerst kompakt und wendig. Seine zweisitzige Kabine aus Faserverbundwerkstoff mit den tief gezogenen Scheiben stammte aus der Konstruktionsabteilung der Firma Dornier. Den Mini-Unimog bot Mercedes-Benz mit konventionellen Dieselmotoren an sowie in einer Ausführung mit kombiniertem dieselelektrischen oder elektrischen Antrieb, dem so genannten Hybrid-

antrieb, der auch während der Fahrt problemlos umschaltbar ist.

Der UX 100 blieb im Hause Daimler-Benz ein Außenseiter, dem nicht der gewünschte Erfolg beschieden war. So war es nur konsequent, dass man sich bereits nach kurzer Zeit von diesem Fahrzeug wieder trennte. 1998 verkauften die Stuttgarter die Baulizenzen des kleinen Unimogs an die Hako Holding, die die Fahrzeuge seither unter dem Namen Kommobil UX 100 vermarktet.

Neben dem kleinsten Unimog ist eine weitere Neuheit der Gaggenauer Fahrzeugfamilie von 1996 durchaus erwähnenswert. Mit dem Unimog U 2450 L (6x6) erschien nämlich der größte bis dahin gebaute Typ, zugelassen für ein Gesamtgewicht von 17 t, bei einer Nutzlast von immerhin 10 t. Nun gab es auch zuvor schon dreiachsige Unimogs, doch das waren ausnahmslos Sonderkonstruktionen und Einzelanfertigungen von Fahrzeugwerkstätten für spezielle Einsatzzwecke.

Mit dem neuen U 2450 L wurde erstmals ein dreiachsiges Unimogfahrgestell werkseitig in Serie hergestellt. Motorisiert war das Fahrzeug mit dem 240 PS/177 kW starken Abgasturbolader OM 366 LA nach Euro-II-Norm. Das Chassis mit der schon klassischen kantigen Unimog-Kabine hatte einen Radstand von 3900 mm + 1400 mm, so dass auch längere Aufbau-

ten oder Pritschen montiert werden konnten. Eine Besonderheit des U 2450 L war die Reifendruckregelanlage, mit der der Fahrer während der Fahrt den Reifendruck per Knopfdruck absenken konnte.

Als dritte Neuvorstellung im Nutzfahrzeugprogramm der Daimler-Benz AG wurden im Sommer 1996 die neuen Transporter aus dem Werk Ludwigsfelde eingeführt. Natürlich bekamen auch diese Fahrzeuge nun einen richtigen Namen, anstatt des bisherigen Baureihenkürzels T 2, nämlich Vario. Um den neuen Vario von seinem Vorgänger zu unterscheiden, musste man schon ziemlich genau hinschauen. Die äußerlichen Unterschiede waren sehr gering, beschränkten sich auf Form und Größe des Kühlergrills und die Anordnung der vorderen Blinklichter, die nun über den Scheinwerfern lagen und nicht seitlich davon. Ansonsten waren Fahrerhaus und Kastenaufbauten mit den vorherigen Modellen identisch.

Die eigentlichen Neuerungen des Vario verbargen sich im Inneren. Die Kabine hatte eine neue Gestaltung erhalten sowie verbesserte Instrumente, Schalter und ein neues Lenkrad. Unter der kurzen Motorhaube arbeiteten neue Motoren gemäß den Abgasbestimmungen nach Euro II. Der Fünfzylindermotor OM 602 LA war für eine Spitzenleistung von 122 PS/90 kW ausgelegt, während der Vierzylindermotor OM 904

LA auf 136 PS/100 kW kam. Angeboten wurde der Vario, ähnlich wie der T 2, in vier Radständen und drei Gewichtsklassen von 4,8 t bis 7,5 t Gesamtgewicht. Eine Allradausführung in zwei Radständen gab es nur für den großen 7.5-Tonner 814 DA (4x4) mit der stärkeren Motorvariante.

Nicht nur bei Mercedes-Benz waren Mitte der 90er-Jahre Neuheiten erschienen, auch der amerikanische Daimler-Benz-Ableger Freightliner Corp. konnte mit neuen LKW-Modellen aufwarten sowie bedeutende und weit reichende Veränderungen, durch Akquisitionen im US-Markt, einleiten. 1997 fanden die ersten Gespräche zwischen der Lastwagenabteilung der Ford Motor Company und der Freightliner Corp. statt. Ford wollte sich vollständig vom nordamerikanischen Schwerlastwagenmarkt, den man in den Jahren zuvor reichlich vernachlässigt hatte, zurückziehen und sich ganz auf den Bau von leichten Picks-ups und Transportern beschränken. Aus Europa und anderen Regionen hatte sich der zweitgrößte Automobilkonzern der Welt schon vor Jahren aus den Segmenten mittelschwerer und schwerer LKW zurückgezogen. Das einzige Ford-Nutzfahrzeug, das noch heute in Europa, nach dem Produktionsende des Cargo, gebaut und erfolgreich vertrieben wird, ist der Transporter Transit.

Die Produktion schwerer Laster dümpelte in Amerika seit Jahren orientierungslos vor sich hin, offensichtlich fand die Ford-Konzernleitung an diesem Geschäftsbereich keinen Gefallen. Weil Ford-LKW in der amerikanischen Baubranche noch immer einen guten Ruf genossen, sah Freightliner die Möglichkeit, diesen Kundenkreis durch die Übernahme von Ford im eigenen Hause zu erweitern. Ende 1997 erwarb die Freightliner Corp. die Schwerlastwagensparte von Ford und beide Firmen hatten bekommen, was sie wollten.

Natürlich war allen klar, dass diese Akquisition einen neuen Namen brauchte – schließlich konnte man bei Daimler-Benz beziehungsweise Freightliner keine Lastwagen unter dem Namen Ford bauen und verkaufen. Man erinnerte sich an die längst untergegangene Marke Sterling und entschloss sich, den Namen wieder aufleben zu lassen. Anfang 1998 begann die Wiederauferstehung der Sterling Truck Corporation als Freightliner-Tochtergesellschaft. Die Produktion der neuen Fahrzeuge wurde in das kanadische Freightliner-Werk St.Thomas, Ontario verlegt, die Firmenzentrale kam nach Willoughby in Ohio.

Die alten Ford-Modelle wurden modernisiert und ab Mitte 1998 als Sterling-Baureihen neu in den Markt eingeführt. Bereits 12.000 Sterling entstanden im ersten Jahr, für die Folgejahre peilte man eine Kapazität von rund 20.000 Einheiten an. Außer in den USA und Kanada wurden die Sterling auch in Mexiko, in

Mercedes-Transporter Vario 612 D als Paketpostwagen

Mercedes-Benz Vario 814 Kipper

Ford und Sterling

Der Ausstieg der Ford Motor Comp. aus dem Markt mittelschwerer und schwerer Lastwagen hat sich in den vergangenen Jahren etappenweise vollzogen. Den Schlusspunkt markierte der 1997 abgewickelte Verkauf der amerikanischen LKW-Sparte an die Freightliner Corp., nachdem die Produktion in anderen Teilen der Erde bereits zuvor eingestellt worden war. Nach der Übernahme der Ford-LKW benannte Freightliner die Fahrzeuge nach einer längst in Vergessenheit geratenen, aber hoch interessanten Lastwagenmarke: Sterling.

Nur wenige Namen der Industriegeschichte sind so bekannt wie der von Henry Ford, dem Gründer der Ford Motor Company. Ford wurde 1863 in Dearborn, Michigan geboren und erlernte den Beruf des Mechanikers. Zwischen 1891 und 1899 arbeitete er als Ingenieur bei der Firma Edison, anschließend tat er sich mit Freunden zusammen, um Rennwagen zu konstruieren. 1903 erfolgte die Gründung der Ford Motor Comp. Seine unvergleichliche Erfolgsgeschichte begann 1908 mit der Einführung des T-Modells, genannt „Tin Lizzie", von dem bis 1927 rund 15 Millionen Exemplare gebaut wurden. Bereits ab 1909 gab es die ersten Lieferwagenausführungen auf der Basis des T-Modells und ab 1917 wurde mit dem Ford TT ein richtiger Kleinlastwagen produziert.

Kurz bevor Fords T-Modell auf dem Markt erschien, war auch der erste Sterling- (damals Sternberg) Lastwagen vorgestellt wor-

Sternberg Lastwagen von 1907

den. Die Herstellerfirma, die Sternberg Manufacturing Comp., war von dem deutschstämmigen Wilhelm Sternberg bereits 1870 in Iowa gegründet worden. 1903, nach einem Brand, zog er nach Milwaukee, wo er, zusammen mit seinem Bruder Ernst, mit dem Automobilbau unter dem Markennamen Sternberg begann. Bereits 1910 gab es ein komplettes Programm von Sternberg-LKW zwischen 2 t und 5 t Nutzlast. Kurz nach Ausbruch des Ersten Weltkrieges mußten die Sternbergs, wegen massiver antideutscher Kampagnen, ihren Firmennamen in Sterling Motor Truck Comp. ändern. Seitdem hießen alle Lastwagen nur noch Sterling. Mit den Jahren konzentrierte man sich bei Sterling mehr und mehr auf Schwerlastwagen mit bis zu 8 t Nutzlast und verkaufte die Fahrzeuge ausschließlich in Nordamerika.

Ganz anders dagegen bei Ford, wo hauptsächlich kleine und leichte Laster kostengünstig am Fließband entstanden, das von Henry Ford bereits 1913 erfunden worden war. Auch beschränkte sich Ford keineswegs nur auf seinen Heimatmarkt USA. Vielmehr begann er in den 20er-Jahren seine weltweite Expansion zunächst in Irland und England, wo PKW, Lieferwagen und Traktoren unter dem Markennamen Fordson montiert wurden. 1931 wurde die irische Produktion wieder eingestellt und ein neues Werk in Dagenham an der Themse eröffnet, das nun auch größere Lastwagen herstellte.

Unterdessen war auch in Deutschland eine Ford-Montagefabrik eingerichtet worden. Es begann 1928 in Berlin mit PKW und dem neuesten Lastwagenmodell AA (1,5 t-2,5 t). 1931 erfolgte der Umzug in das neu erbaute Werk in Köln, wo neben dem Ford AA im folgenden Jahr die Produktion des etwas größeren Modells BB begann. Bereits während der 30er-Jahre entwickelte sich die Ford Motor Comp. mit ihren Tochtergesellschaften zu einem der größten Nutzfahrzeughersteller.

Bei Sterling gings ruhiger zu, wenngleich die Firma sich in den 30er-Jahren mit gleich zwei Aquisitionen verstärken konnte. 1933 verkaufte der Feuerwehrfahrzeughersteller American LaFrance seine LKW-Schmiede LaFrance-Republic an die Sterling Motor Truck Comp., die diese Fahrzeugtypen noch etliche Jahre in ihrem Werk in Milwaukee fertigte. Anders lief es 1938 mit der Übernahme der Fageol-Lastwagen, denn die Produktion in Oakland wurde bereits nach wenigen Monaten eingestellt und die LKW-Marke verschwand komplett vom Markt. Zu jener Zeit gehörte Sterling zu den innovativsten Nutzfahrzeugherstellern der USA. Bereits 1932 erschien der erste Sterling mit einem Dieselmotor und wenige Jahre später wurde das gesamte LKW-Programm mit Dieselmotoren angeboten. So hatte Sterling damals für den amerikanischen Markt die gleiche wegweisende Bedeutung, wie Mercedes-Benz für den europäischen. Und noch eine weitere bahnbrechende Errungenschaft kann Sterling für sich reklamieren: die Erfindung des kippbaren Fahrerhauses! 1934 erhielt der erste Sterling-Frontlenker eine zweigeteilte, hinter Frontscheibe und Kühler, nach hinten kippbare Kabine, was allerdings nur bei LKW ohne Aufbauten funktionierte. Deshalb ging man bereits ein Jahr später dazu über, das komplette Fahrerhaus mit einem Kippmechanismus auszurüsten, um es nach vorn schwenken zu können.

Während des Krieges entstanden bei Sterling zahlreiche Militärfahrzeuge in Allradausführung, u. a. schwere Zugmaschinen und Spezialfahrgestelle mit drei und vier Achsen (6x6 und 8x8). Sterling war der letzte amerikanische Hersteller, der noch Ende der 40er-Jahre Schwerlastwagen mit Kettenantrieb verkaufte. Mit all den Spezialchassis und Sonderkonstruktionen konnte Sterling nicht mehr genug Geld verdienen und geriet in Schwierigkeiten. 1951 übernahm die White Motor Corp. alle Anteile an der Sterling Motor Truck Comp. 1953 wurde die Fabrik in Milwaukee stillgelegt und die LKW-Produktion ins White-Werk nach Cleveland verlegt. Dort entstanden noch bis 1957 Lastwagen der Marke Sterling-White.

Ford profitierte nicht schlecht von Aufrüstung und Weltkrieg, denn es entstanden in allen Fabriken ähnliche Militärlastwagen, egal auf welcher Seite der Front man stand. Und auch nach 1945 ging es in Deutschland und England mit der LKW-Produktion zügig weiter. Neue Modelle erschienen in beiden Ländern, in Köln wurden beispielsweise die legendären V8-Laster mit den Namen „Rhein" und „Ruhr" eingeführt. Neue Ford-Lastwagenfabriken entstanden u. a. in Indien, Australien, Spanien und sogar in Frankreich, wo zwischen 1949 und 1954 der erste Ford-Cargo gebaut wurde. Besonders erfolgreich war Ford nach wie vor bei den leichten und mittelschweren Lastwagen, schwere Fahrzeuge (F 900) gab es damals nur in Nordamerika.

Während es in den USA und in England für Ford-Nutzfahrzeuge hervorragend lief, ging es im deutschen Zweigwerk mit der Lastwagenproduktion immer weiter abwärts. Auch die 1955 eingeführten neuen Modelle FK 2500 bis FK 4500 konnten die Kunden nicht überzeugen und 1961 wurde die LKW-Fertigung im Werk Köln eingestellt. Lediglich der

Ford Louisville

Ford Transcontinental

kleine Transporter, der Taunus Transit, wurde noch ein paar Jahre weiter gebaut. Sein Nachfolger war ab 1965 der in Dagenham produzierte Transit, eine der erfolgreichsten Transporterbaureihen und das einzige Ford-Nutzfahrzeug, das noch heute in Europa gebaut und verkauft wird. Während in Europa die aus britischer Produktion stammenden N- und D-Serien vermarktet wurden, erschien in den USA 1970 die L-Serie mittelschwerer Laster, auch Ford Louisville genannt. Ein Jahr später folgte die neue Frontlenkergeneration, die W-Serie. Fords Stärke lag seit jeher bei den mittelschweren Lastwagen für die Bauwirtschaft und den Verteilerverkehr, trotzdem versuchte die Firma immer wieder mal mit schweren LKW im Fernverkehr Marktanteile zu gewinnen – meist mit geringem Erfolg.

In Europa brachte man 1975 einen neuen Schwerlastwagen auf den Markt, den inzwischen legendären Transcontinental, und in den USA kam Ford 1978 mit dem großen CL-9000 heraus. Doch beiden Fahrzeugen gelang nicht der Durchbruch und sie wurden nach einigen Jahren wieder vom Markt genommen. Seither hat es in Europa keinen schweren Ford-LKW mehr gegeben. Der Ford Cargo, der ab 1981 die alte D-Serie ersetzte, war nur für mittlere Gewichtsbereiche konzipiert worden. In Nordamerika und Australien, wo sich Ford mit schweren Baustellenfahrzeugen einen guten Namen machte, lief es mit Fernverkehrslastern ebenso wenig, trotz wettbewerbsfähiger Modelle, wie des Typs LTL 9000. Fords halbherzige Modellpolitik der letzten Jahre und das zunehmende Desinteresse der Kundschaft führten dazu, dass der Konzern sich aus dem Segment mittelschwerer und schwerer LKW zurückzog und sich heute nur noch auf kleine Laster und Transporter konzentriert.

Sterling-Kipper der AT-Serie

gab es auch vier- und fünfachsige Versionen mit zusätzlichen Vor- und Nachlaufachsen. Für besonders harte Einsatzgebiete und extreme Belastungen bot Sterling vier Modelle der A-Serie: A 8500, AT 8500, A 9500 und AT 9500. Das Motorenspektrum der drei großen amerikanischen Hersteller reichte von 305 PS/224 kW bis 600 PS/441 kW und es wurden zwei Kabinenausführungen vorgehalten mit 113 inch (2870 mm) und 122 inch (3098 mm) BBC. 1999 kam als vierte Hauberbaureihe der Acterra hinzu. Dieses Fahrzeug für mittelschwere Beanspruchungen war nur in der 106 inch (2692 mm) Kabine und mit nur zwei Motorenbaureihen von Caterpillar und Mercedes-Benz erhältlich. Für jede Gewichtsklasse gab es ein Modell: von der Klasse 5 (5500) über die Klassen 6 und 7 (6500 und 7500) bis zur Klasse 8 (8500).

Neben den Hauberbaureihen bot Sterling auch zwei Frontlenkermodelle an, wenngleich es genau genommen gar keine Sterling-Lastwagen sind. Sowohl der Condor als auch der Cargo sind eigentlich Freightliner-LKW,

Australien und Neuseeland vertrieben, eben jene Länder, in denen zuvor die schweren Ford-Trucks erhältlich waren. Auf diese Weise konnte man das noch bestehende Händlernetz weiterhin nutzen.

Sterling begann mit drei Baureihen, der L-Serie, der A-Serie und dem Silver Star, gefolgt von den Modellen Cargo, Acterra und Condor. Der Silver Star war das Flaggschiff von Sterling und der einzige richtige Fernverkehrlastwagen. Ihn gab es nur als Sattelzugmaschine mit langer Schlafkabine für Gesamtzuggewichte von bis zu 56 t. Mit viel Chrom und wuchtiger Haube (122 inch BBC) war das Top-Modell speziell für den selbstfahrenden unabhängigen Trucker konzipiert worden. Wie in Amerika üblich, konnte der Kunde die Fahrzeugkomponenten wie Motor, Getriebe und Achsen, aus einem breiten Angebot selbst wählen.

Sterlings Hauptgeschäft, mittelschwere und schwere Lastwagen für die Bauwirtschaft, den Kommunalbereich und den Verteilerverkehr, wurde von den Haubenfahrzeugen der L- und A-Serie bedient. Die L-Serie umfasste die amerikanischen Gewichtsklassen 6 bis 8, also Fahrzeuge mit Gesamtgewichten von ungefähr 12 t bis 30 t, dafür standen sechs Modelle zur Verfügung: L 7500, LT 7500, L 8500, LT 8500, L 9500 und LT 9500. Die Motorleistungen repräsentierten ein Spektrum von 175 PS/129 kW bis 600 PS/441 kW. Die Fahrerhausausführungen samt Motorhauben waren in vier BBC-Längen erhältlich: 101 inch (2565 mm), 111 inch (2819 mm), 113 inch (2870 mm), 122 inch (3098 mm). Die Radstände waren beliebig wählbar und es waren sowohl Zweiachser als auch Dreiachser (6x2 oder 6x4) lieferbar. Als Sonderausführungen für Kipper und Betonpumpen

Sterling Silver Star

denen lediglich der Name Sterling auf den Kühlergrill geschraubt wird, um sie von Sterling-Händlern verkaufen zu lassen. Der Condor wird in dem großen Freightliner-Werk in Nord-Carolina gebaut und auch als Freightliner Condor verkauft. Der Cargo stammt aus der mexikanischen Freightliner-Fabrik und wird in Mexiko als Freightliner Cargo FC 70 und FC 80 angeboten. Interessant ist, dass man auf das Chassis eines Freightliner-Lasters die Kabine des alten englischen Ford Cargo montiert – ein Relikt, das mit der Übernahme der Ford-LKW zu Freightliner gelangte.

Während der Cargo nur in zweiachsiger Version als Verteiler-LKW geliefert wird, ist der Condor vor allem in dreiachsiger Version für den Einsatz als Kommunalfahrzeug, z. B. als Müllwagen und Schlammsaugfahrzeug, bestimmt. Deshalb hat der Condor eine besonders niedrige, kippbare Aluminiumkabine mit Einstieg vor der zurückgesetzten Vorderachse erhalten. Die Meritor-Achsen sind für Gesamtgewichte von bis zu 31 t ausgelegt und die empfohlenen Cat- und Cummins-Dieselmotoren decken den Bereich von 275 PS/202 kW bis 365 PS/268 kW ab.

Zusammen mit ihrer Tochtergesellschaft Sterling konnte die Freightliner Corp. bereits 1998 den Marktanteil in der Klasse 8 in Nordamerika auf über 35 Prozent ausdehnen und 1999 waren es sogar 37,3 Prozent, wovon etwa 5 Prozent auf Sterling entfielen. Mit einer Gesamtproduktion von 128.250 Fahrzeugen übertraf Freightliner 1998 erstmals die magische Grenze von 100.000 Einheiten. Nur wenig später, im Oktober 1999, gab es bei Freightliner erneut Grund zum Feiern, denn es rollte der einmillionste Lastwagen dieser mittlerweile bedeutendsten amerikanischen LKW-Marke aus der Fabrikhalle in Cleveland in Nord-Carolina. Und mit fast 150.000 gebauten Trucks wurde im gleichen Jahr ein neuer Produktionsrekord aufgestellt.

In diesen Jahren der größten geschäftlichen Erfolge konnte Freightliner drei neue LKW-Modelle auf den Markt bringen. Den Anfang machte 1998 der Argosy, der erste neu entwickelte Frontlenker seit vielen Jahren und ein weiteres Vorzeigeobjekt mit etlichen interessanten Details. Es folgten 1999 und 2000 die Haubenfahrzeuge Columbia und Coronado. Zusätzlich gab es ab September 1999 eine optimierte Version des Erfolgsmodells Century Class, kenntlich gemacht durch das Kürzel S/T (Safety/Technology).

Der Argosy war der erste amerikanische Frontlenker, dessen Kabine die europäischen Sicherheitstests R-29 absolviert und bestanden hatte. Anfangs waren drei verschiedene Fernfahrerhausausführungen von 2286 mm bis 2794 mm lieferbar, 1999 kam noch die kurze Standardkabine, oder Tageskabine, ohne Liege

Der Acterra, der mittelschwere Lastwagen von Sterling

Sterling Condor (6x4) für Sonderaufbauten

Freightliner Argosy

Freightliner Century Class S/T als Road Train in Australien

hinzu. Auffallend an dem eleganten Fahrerhaus ist die schräg stehende Frontscheibe, die eine bessere Sicht erlaubt als bei den antiquierten Vorgängertypen. Eine geradezu revolutionäre Neuheit ist der Aufstieg ins Argosy-Fahrerhaus über eine ausschwenkbare regelrechte Treppe hinter der Vorderachse, ohne dass man Verrenkungen und Klimmzüge beim Einsteigen machen muss. Und auch der nahezu ebene Kabinenboden, ohne den störenden Motortunnel, ist für amerikanische Verhältnisse ohne Beispiel.

Mit dem modernen, im Windkanal optimierten Design des Argosy hat sich Freightliner nun auch bei Frontlenkern an die Spitze der amerikanischen Hersteller geschoben und Maßstäbe gesetzt. In seiner Erscheinung und Technik ist der Argosy denn auch eher mit einem europäischen Frontlenker zu vergleichen, einem Volvo FH oder einem Mercedes Actros, als mit einem entsprechenden amerikanischen Fahrzeug.

Das Gegenstück zum Argosy ist bei den Haubenfahrzeugen der neue Columbia. Auch dieser Klasse-8-Lastwagen ist vornehmlich für den Einsatz im transkontinentalen Fernverkehr konzipiert worden und deshalb mit insgesamt sieben Kabinenausführungen in unterschiedlicher Länge und Höhe erhältlich. Sein Einheitsmaß für Haube und Standardkabine (BBC) beträgt 120 inch (3048 mm). Wie alle

neuen Freightliner-Konstruktionen, so wurde auch die Kabine des Columbia nach europäischen Sicherheitsaspekten (Crashtest R-29) gebaut. Fahrerairbags und Bremsen mit ABS gehören zur Serienausstattung. Motoren bis zu 600 PS/441 kW der einschlägigen amerikanischen Hersteller finden unter der aerodynamisch gestalteten Haube Platz.

Ein wenig sieht der Columbia wie der Zwillingsbruder des Century Class aus. Die Kabine ist fast baugleich, lediglich die Haube des Columbia fällt noch stärker nach vorn ab und der Kühlergrill ist schmaler und gerundeter. Markantestes Unterscheidungsmerkmal der beiden Trucks sind die tropfenförmigen Scheinwerfer mit integrierten Blinkern beim Columbia.

So modern, wohl proportioniert und elegant der Columbia auftritt, so konventionell und altmodisch ist Freightliners neuester Lastwagentyp, der Coronado. Zwar wurde auch seine extra lange Haube (132 inch BBC) neu gezeichnet und leicht angeschrägt, dennoch ist der Unterschied zu den alten FLD-Modellen nur gradueller Natur. Nach wie vor ragt der Chromkühler breit und hoch wie eine Schrankwand hervor.

Das neue Flaggschiff der Klasse 8 wurde Ende 2000 als dreiachsige Sattelzugmaschine vorgestellt und wird seit Januar 2001 produziert. Zielgruppe dieses hausbackenen LKW ist

die wichtige Käufergruppe der unabhängigen Fernfahrer, die auf Komfort, Zuverlässigkeit und Leistung Wert legen. Außen viel Chrom, innen viel Plüsch – so lieben es die amerikanischen Trucker. Genau das bietet der Coronado: altbekanntes Design und bewährte Ausstattung, gleichzeitig aber modernste Technik und bestmögliche Sicherheit. Unter der imponierenden Haube arbeiten standardmäßig Serie-60-Motoren der Detroit Diesel Corp., auf Wunsch auch Cat- und Cummins-Motoren mit Spitzenleistungen bis zu 600 PS/441 kW.

Seit Anfang 2000 können die amerikanischen Sterling- und Freightliner-Kunden, zusätzlich zu den Dieselmotoren von Caterpillar, Cummins und Detroit Diesel, auch Mercedes-Benz-Motoren für ihre schweren Klasse-8-Lastwagen bestellen. Die neu vorgestellte Baureihe MBE 4000 besteht aus fünf Sechszylindermotoren mit 12,8 l Hubraum, die den mittleren Leistungsbereich von 350 PS/257 kW bis 450 PS/331 kW abdecken. Eingebaut werden diese Motoren in die LKW-Typen Argosy, Century Class und Columbia von Freightliner sowie in die Modelle der L-Serie, A-Serie und Silver Star von Sterling.

Zurück nach Europa, wo 1998 noch zahlreiche neue LKW-Modelle von Mercedes-Benz erschienen. In diesem für das Unternehmen so wichtigen Jahr wurden die Baureihen Atego

Freightliner Columbia

und Econic eingeführt. Mit diesen Fahrzeugen konnte das umfangreiche Erneuerungsprogramm im Mercedes-Nutzfahrzeugsegment abgeschlossen werden. In nur vier Jahren hatte Mercedes-Benz sein gesamtes europäisches Lastwagenangebot, vom kleinsten Transporter Vito bis zum schwersten Spezialfahrgestell aus der Actros-Reihe, vollständig erneuert. Mit den mittelschweren Lastern der Atego-Baureihe wurde kurz vor dem Jahrhundertwechsel diese beispiellose Kraftanstrengung erfolgreich zu Ende gebracht.

Die kleinen Atego-Typen für Gesamtgewichte von 6,5 t bis 15 t erschienen im Februar 1998 auf dem Amsterdamer Automobilsalon. Sie waren die Nachfolger der LK-Modelle, deren Produktion in jenem Jahr auslief. Im Herbst wurde die Atego-Baureihe um die schweren zweiachsigen 18-Tonner und die dreiachsigen 25-/26-Tonner ergänzt. Damit wurden die Fahrzeuge der ehemaligen mittelschweren Baureihe, die MK-Modelle, abgelöst. Folglich gibt es seither, zwischen den Transportern Sprinter und Vario und den Schwerlastwagen Actros, nur noch eine Baureihe, nämlich die neuen Ategos.

Der Atego erhielt ein ansprechendes neues Fahrerhaus mit sympathischen Rundungen, das gewisse Ähnlichkeiten zum großen Bruder Actros nicht leugnen konnte und wollte. Gute Rundumsicht und niedriger Einstieg charakteri-sieren das in vier Ausführungen erhältliche crashgeprüfte Fahrerhaus. Als erster Mercedes-Benz erhielt der Atego einen zweigeteilten Rahmen, so dass die Kabine tiefer montiert werden konnte. Sicherheitsaspekte wie Scheibenbremsen mit ABS an allen Rädern und Fahrerairbag wurden beim Atego ebenso berücksichtigt wie Wirtschaftlichkeit durch Telligent-Motorsystem und höhere Nutzlasten.

Immerhin 26 Grundmodelle wurden 1998 präsentiert, zusätzlich kamen noch sieben besondere Feuerwehrfahrgestelle hinzu.

Die kleinsten Mercedes-Benz Atego, die Typen 712, 715, 812, 815, 817 und 823 bewegen sich mit 6,5 t und 7,5 t Gesamtgewicht noch im Bereich der schweren Transporter Vario. Sie sind mit sechs Radständen als Pritschenwagen und als Kipper erhältlich. Im

Mercedes-Benz Atego 815 mit langem Fahrerhaus

mittleren Gewichtssegment zwischen 9,5 t und 15 t sind allein 15 Grundmodelle mit zahlreichen Varianten lieferbar, u. a. als Sattelzugmaschinen und in Allradausführung. Die schweren Zweiachser für 18 t zGG gibt es als Pritschenwagen, Kipper und Sattelzugmaschinen. Bei den Dreiachsern für 25 t zGG ist nur ein Fahrgestell (fünf Radstände) mit einer angetriebenen Hinterachse und Luftfederung lieferbar. Die 26-Tonner mit angetriebenem Tandemachsaggregat werden als Pritschenchassis, Kipper und Betonmischerfahrgestelle angeboten.

In Feuerwehrausführung gibt es die speziellen Ategos 815 F, 917 AF, 1225 (A)F und 1325 (A)F für die Verwendung als genormte Löschgruppen- und Tanklöschfahrzeuge. Für Rüst- und Gerätewagen stehen die Chassis 917 AF und 1225 (A)F zur Verfügung und für den Aufbau von Drehleitern die Fahrgestelle 1225 F, 1325 F und 1528 F.

Alle Ategos werden mit ladeluftgekühlten Turbomotoren der Baureihe 900 angetrieben. Zwei Modelle in jeweils drei Leistungsstufen stehen zur Auswahl: der Vierzylinder OM 904 LA mit 4250 cm³ Hubraum und der Sechszylinder OM 906 LA mit 6370 cm³ Hubraum. Den OM 904 LA gibt es mit den Spitzenleistungen 122 PS/90 kW, 152 PS/112 kW und 170 PS/125 kW, während die Sechszylindermaschine 231 PS/170 kW, 245 PS/180 kW und 279 PS/205 kW an Höchstleistungen zustande bringt. Der 245-PS-Motor ist allerdings ausschließlich den Feuerwehrfahrzeugen der Typen 1225 (A)F und 1325 (A)F vorbehalten. Der Atego kam zur rechten Zeit und wurde auf Anhieb ein Erfolg in seiner Klasse, nicht zuletzt, weil er 1999 zum LKW des Jahres gewählt worden war.

Eine LKW-Baureihe, die ein wenig aus dem üblichen Rahmen fällt, erschien gleichfalls

Mercedes-Benz Atego 1828 AK Kipperfahrgestell

Dreiachsiger Atego 2528 (6x2) mit Faun-Aufbau

1998. Es waren zwei- und dreiachsige Chassis für Sonderanwendungen, die den einprägsamen Kunstnamen Econic erhielten, der sicherlich nicht ohne Grund an den englischen Begriff „economic" erinnert. Mercedes-Benz hatte den Econic vorrangig für den Einsatz im Kommunalsegment, bei der Müllabfuhr, der Straßenreinigung und der Feuerwehr, konzipiert. Zusätzlich gab es sinnvolle Verwendungsmöglichkeiten im Getränkevertrieb, beim Mineralölhandel, im Milchsammelverkehr und bei Flughafendiensten.

Ein solch hochspezialisiertes Fahrzeug bedurfte besonderer Konstruktionsmerkmale und Fertigungsanforderungen. Und so unterschied sich der Econic auch ganz beträchtlich von den übrigen Mercedes-Lastwagen, auch wenn gewisse Komponenten vom Actros und Atego übernommen wurden. Auch die räumliche Distanz bei der Produktion des Econic zu anderen Mercedes-Nutzfahrzeugen unterstreicht schon seine Sonderstellung. Der Econic wird nämlich nicht im zentralen LKW-Werk Wörth gebaut, sondern bei der Daimler-Benz-Tochter NAW im schweizerischen Arbon. Die Motoren stammen aus dem Werk Mannheim und die Fahrerhäuser baut die Sachsenring AG in Zwickau.

Interessanterweise hat die Sachsenring AG, die Nachfolgerin der einstigen Trabbi-Fabrik, erst Anfang 2000 die Mehrheit von 51 Prozent an der NAW von der Daimler-Chrysler AG erworben. Man könnte den Econic demzufolge jetzt als Sachsenring-LKW bezeichnen – doch keine Angst, noch immer verlässt der Econic, wie gewohnt, die Arboner Fabrik mit dem Mercedes-Stern an der Front.

Der Econic weist gleich mehrere Besonderheiten auf. Da ist zunächst einmal die charakteristische Kabine, breit und hoch, mit viel Fensterglas, und sehr niedrig. Ganze 450 mm ist der Einstieg über dem Boden, so dass das häufige Ein- und Aussteigen keinerlei Mühe bereitet. Die breite Aluminiumkabine (2488 mm) mit dem ebenen Boden ist in zwei Ausführungen erhältlich, mit einer Höhe von 1485 mm und mit einer Standhöhe von 1935 mm. Das Fahrerhaus liegt weit vor der Vorderachse und ist dank des zweigeteilten Rahmens mit dem abgesenkten Vorderteil sehr niedrig montiert.

Die Idee mit der weit vorn liegenden niedrigen Kabine ist allerdings keine Erfindung der Mercedes-Benz-Ingenieure. Es hat bereits Anfang der 90er-Jahre einige Beispiele von Kleinserienherstellern gegeben, die ihre Kommunalfahrzeuge mit entsprechenden Konstruktionen ausgestattet haben, z. B. die Firmen Terberg B.V. und Dennis Eagle. Ein sehr früher Vertreter dieser Bauart ist die britische Firma Chubb Ltd., die bereits in den 70er-Jahren Feuerwehrfahrzeuge des Typs Pacesetter nach diesem Prinzip gebaut hat. Damals wurde das neuartige

Konzept mit den tief liegenden geräumigen Kunststoffkabinen allerdings kaum wahrgenommen und es entstanden nur sehr wenige derartige Fahrzeuge.

Weitere serienmäßige Besonderheiten des Econic sind der Einbau von Allison-Automatikgetrieben, Scheibenbremsen, Niederquerschnittreifen, Luftfederung an allen Achsen und das vom Actros bekannte Telligent-Wartungssystem. Motorisiert ist der Econic mit den auch im MB Atego verwendeten Sechszylinder-Turbomotoren der Baureihe 900 in den beiden Leistungsstufen mit 231 PS/170 kW und 279 PS/205 kW. Während die Zweiachsausführung des Econic mit beiden Motoren als Typen 1823 L und 1828 L erhältlich ist, werden die dreiachsigen Econic 2628 L (6x2) nur mit der starken Motorvariante angeboten.

Die zweiachsigen 18-Tonner stehen in drei Radständen und mit zwei Kabinenausführungen zur Verfügung. Von dem maximal 25,7 t schweren Dreiachser gibt es zwei Varianten, jeweils mit vier Radständen. Beide Ausführungen haben nur eine angetriebene Hinterachse, der Unterschied besteht in der nichtangetriebenen lenkbaren Hinterachse, die einmal als Vorlaufachse und einmal als Nachlaufachse ausgeführt ist. Eine Econic-Version mit angetriebenem Doppelachsaggregat, oder eine Allradversion, gibt es bislang nicht.

In seiner Domäne als Kommunalfahrzeug hat sich der Econic bereits bewährt, denn viele Städte setzen mittlerweile Müllfahrzeuge auf diesem Chassis ein. Auch als Feuerwehrfahrzeug befinden sich schon einige Dutzend MB Econic im Einsatzdienst, wegen der niedrigen Bauart bevorzugt als Trägerfahrzeuge für Drehleitern und Teleskopmaste. Die Feuerwehr

Mercedes-Benz Atego 1823 mit langer Pritsche

Mercedes-Benz Econic 2628 L (6x2) mit Zikun-Getränkeaufbau

MB Econic 2628 L mit Vorlaufachse in Sonderausführung als Sattelzugmaschine

Mercedes-Benz Econic 2628 L mit Nachlaufachse als Müllsammelfahrzeug

Hannover hat im Frühjahr 2000, anlässlich der Weltausstellung „Expo", gleich drei komplette Löschzüge auf der Basis des Econic 1828 L erhalten. Das Besondere und Einmalige dieser zweiachsigen Drehleiter- und Löschfahrzeuge sind die lenkbaren Hinterachsen, die den Fahrzeugen enorme Wendigkeit verleihen.

Das Jahr 1998 hatte für den Daimler-Benz-Konzern eine ganz aussergewöhnliche Bedeutung. Nicht nur die Besitzverhältnisse und der Konzernname änderten sich, die komplette Grundstruktur des Unternehmens wurde durch eine transatlantische Kooperation auf einen vollkommen neuen Weg gebracht.

Was da im Januar 1998 mit einem Gespräch der Vorstandsvorsitzenden der Daimler-Benz AG, Jürgen Schrempp, und der Chrysler Corporation, Robert Eaton, ganz harmlos begann, sollte nicht nur das Erscheinungsbild der beiden Automobilkonzerne nachhaltig verändern, es sorgte in der deutschen und amerikanischen Öffentlichkeit auch für erhebliches Aufsehen. Denn das, was zunächst nur ange-

dacht und in zahlreichen weiteren Treffen vertieft wurde, war in seinen Dimensionen und seinen Auswirkungen derart brisant und spektakulär, dass eigentlich niemand damit rechnete. Schließlich ging es um die größte Fusion, die es bislang in der Automobilbranche und in der deutschen Wirtschaftsgeschichte gegeben hatte: Zwei der bedeutendsten Automobilkonzerne der Welt wollten sich zu einem deutsch-amerikanischen Gemeinschaftsunternehmen zusammenschließen, um auf einen Schlag den dritten Platz in der Weltliga zu erobern.

Bereits Anfang Mai 1998 waren die geheimen Arbeitsgruppen der beiden Unternehmen mit den Fusionsgesprächen so weit fortgeschritten, dass am 7. Mai der geplante Zusammenschluss der Daimler-Benz AG mit der Chrysler Corp. bekannt gegeben wurde. Die Nachricht glich einer Sensation, zumal, was sehr ungewöhnlich war, absolut keine Informationen oder Gerüchte zuvor an die Öffentlichkeit gedrungen waren. Der Überraschungscoup war geglückt und fast alle, Presse, Aktionäre, Politiker, Öffentlichkeit, waren von dem Vorhaben begeistert. Es war die Rede von: "ein genialer Schachzug" oder "ein kluger Schritt" und die beiden Vorstandschefs, Schrempp und Eaton, genossen die positive Resonanz und Aufmerksamkeit ihres geglückten „Husarenstücks".

Das neue Unternehmen sollte DaimlerChrysler AG heißen und seinen Sitz sowohl in Stuttgart, als auch in Auburn Hills, nahe Detroit, haben. Neben den damals noch vorhandenen Randgeschäftsfeldern wie Dasa, Adtranz und Debis brachte Daimler-Benz seine Automarken

Econic-Löschzug (Typ 1828 L) der Feuerwehr Hannover

Econic 2628 L (6x2) als Milchtankfahrzeug

Mercedes-Benz (PKW und LKW), Setra, Sterling, Freightliner, American LaFrance und Smart in die geplante Ehe, während Chrysler sich mit den Marken Chrysler, Dodge, Jeep und Plymouth beteiligte.

Sinn und Zweck des Zusammenschlusses war im Wesentlichen:
- Die Stärkung der Marktposition sowie die Erschließung neuer Märkte und Marktsegmente
- Entgegnen des stetig zunehmenden internationalen Wettbewerbdrucks
- Ergänzung und Verbesserung der Produktpalette
- Steigerung der Profitabilität
- Kostenreduzierung durch gemeinsamen Einkauf, Vertrieb und Marketing

Beide Partnerfirmen ergänzten sich recht gut, weil es kaum Überschneidungen bei Produkten oder Märkten gab, beide jedoch ähnliche Strategien verfolgten. So schien denn diese Fusion von zwei annähernd gleich starken Konzernen durchaus Erfolg versprechend. Die Gründe für den Zusammenschluss klangen ebenso überzeugend wie die beabsichtigten Strategien für die gemeinsame zukünftige Arbeit, so dass nach den Aufsichtsräten auch die Aktionäre der beiden beteiligten Unternehmen im September 1998 mit großer Mehrheit für die Fusion stimmten. Nach dem Tausch der alten Aktien in neue Daimler-Chrysler-Aktien begann der Handel an den europäischen und amerikanischen Börsen am 17. November 1998, der „Stunde Null" für den neuen Konzern.

Mag das ganze für den Bereich Personen - wagen und den Gesamtkonzern auch von groß-

er Bedeutung gewesen sein, auf die Nutzfahrzeugsparte hatte die Fusion so gut wie keinen Einfluss. Schließlich war Daimler-Benz schon lange vorher weltweiter Marktführer bei mittleren und schweren LKW ab 6 t zGG und hatte mit den Marken Freightliner, Sterling und American LaFrance längst ein starkes Standbein im nordamerikanischen Markt. Weder neue Impulse noch eine zusätzliche Lastwagenmarke kamen durch die Fusion in den neuen Konzern.

Die Chrysler Corporation hatte sich mit ihrer traditionellen LKW-Marke Dodge schon Ende der 70er-Jahre aus dem Markt schwerer Lastwagen zurückgezogen. Damals stand die Firma kurz vor dem Ruin und verkaufte alle weltweiten Nutzfahrzeugaktivitäten im Bereich über 3 t Gesamtgewicht. So stammten die vielen Lastwagen, die auch nach 1980 für ein paar Jahre unter den Marken Dodge und DeSoto gebaut wurden, nicht mehr aus dem Hause Chrysler.

Und selbst die LKW mit dem Namen Chrysler, die noch heute von der türkischen Firma Chrysler Kamyon A.S. hergestellt werden, haben, außer dem Namen, nichts mit der Chrysler Corp. zu tun. Folglich waren sie auch nicht Bestandteil der Fusion mit Daimler-Benz. Das ehemalige Gemeinschaftsunternehmen in der Nähe Istanbuls, das die Amerikaner 1964 mit einer türkischen Partnerfirma gegründet hatten, um Lastwagen der Marken Dodge und DeSoto zu bauen, wurde 1978 von Chrysler veräußert, der Name der Firma blieb jedoch bestehen.

Auch wenn sich Chrysler und Dodge schon vor mehr als 20 Jahren aus dem eigentlichen Lastwagenbau zurückgezogen haben, gab es genau genommen doch all die Jahre Dodge-

Nutzfahrzeuge, allerdings nur im unteren Gewichtssegment zwischen einer und drei Tonnen.

Dodge ist seit vielen Jahren mit seinen leichten Transportern und besonders mit den hoch motorisierten Pick-ups sehr erfolgreich auf dem nordamerikanischen Markt engagiert. Diese Kleinlaster werden nicht nur auf Farmen und von Handwerkern geschätzt, auch immer mehr Normalbürger kaufen sich ein solches Fahrzeug, beispielsweise mit Doppelkabine für sechs Personen und luxuriöser Ausstattung. Nach wie vor bietet Dodge zwei Baureihen derartiger Fahrzeuge an, die Modelle Ram und Dakota.

Selbst nach der spektakulären Fusion zwischen Daimler-Benz und der Chrysler Corp. kehrte in der neuen "Welt AG" keine Ruhe ein. Wer geglaubt hatte, dass nun erst einmal alle Kräfte zur Integration der beiden Konzernteile gebündelt werden und es keine Zeit und keine Kapazitäten für weitere Aufkäufe und Kooperationen geben würde, sah sich getäuscht. Trotz des immensen konzerninternen Arbeitsaufwandes gingen die internationalen Expansionsbestrebungen unvermindert weiter.

Der Vorstand hatte sein Augenmerk vor allem auf den asiatischen Kontinent gerichtet. Dort waren noch einige weiße Flecken zu beseitigen und das Daimler-Chrysler-Management sah dort vielversprechende und lukrative Perspektiven für die Zukunft. Das betraf sowohl die PKW-, als auch die LKW-Sparte. Insbesondere bei den Nutzfahrzeugen galt es, neue Märkte zu erobern, oder bereits bestehende Aktivitäten, wie beispielsweise in Indien, Indonesien und Vietnam, zu intensivieren. Doch

Chrysler und Dodge

In der Welt der Nutzfahrzeuge war der Name Chrysler nicht sehr verbreitet, denn in Nordamerika wurden unter dieser Marke niemals Lastwagen gebaut, wohl aber in ausländischen Montagewerken, z. B. in der Türkei. Dennoch gehörte die Chrysler Corporation mit ihren Tochtergesellschaften und Firmenbeteiligungen in zahlreichen Ländern lange Zeit zu den Großen der Nutzfahrzeugbranche.

Walter P. Chrysler hatte seine Automobilfirma 1924 gegründet, nachdem er zuvor als Ingenieur bei der Buick Motor Company und Willys Overland gearbeitet hatte. Von Anfang an baute er sehr erfolgreich PKW, interessierte sich aber kaum für Lastwagen. Nur durch Firmenübernahmen gelangte die Chrysler Corporation in den Besitz von so bedeutenden amerikanischen und europäischen LKW-Marken wie beispielsweise Dodge, Graham, Plymouth, Karrier und Barreiros.

Das entscheidende Datum für Chryslers Einstieg ins Nutzfahrzeuggeschäft war der 31. Juli 1928. An diesem Tag erwarb die Chrysler Corporation für ungefähr 170 Millionen $ die Dodge Brothers Company, deren Hauptgeschäft gleichfalls der Personenwagenbau war. Die Skepsis in der Öffentlichkeit und in Finanzkreisen nach dieser Transaktion war groß, denn die Firma Chrysler war jünger und wesentlich kleiner als Dodge.

Die Brüder John und Horace Dodge begannen ihre Karriere in Detroit mit der Herstellung von Fahrrädern und Zubehörteilen für die noch junge amerikanische Automobilindustrie, u. a. für die Ford Motor Comp., an der sie finanziell beteiligt waren. 1914 begannen die Dodge-Brüder mit der Herstellung eigener Autos, zunächst nur Personenwagen, ab 1917 auch Kleinlastwagen und Lieferwagen auf PKW-Basis. Schon 1919 baute man größere LKW, so auch die erste Sattelzugmaschine. 1920 eroberte Dodge den zweiten Platz in der amerikanischen PKW-Produktion hinter Ford. Im selben Jahr starben die beiden Firmengründer im Abstand von nur wenigen Monaten: John im Januar und Horace im Dezember.

1921 begann die Zusammenarbeit mit der Firma Graham Brothers Trucks, durch den Erwerb ihrer Vertriebsrechte. Während Dodge hauptsächlich leichte Laster und Lieferwagen baute, fertigte Graham die schweren Modelle und Aufbauten. Gleichzeitig etablierte Dodge die Nutzfahrzeugproduktion in einem neuen Werk im kanadischen Windsor. Nach dem Tod der Dodge-Brüder hatten die Erben die florierende Firma diversen Interessenten angeboten, doch erst 1925 kaufte eine Investorengruppe das Unternehmen. Ein Jahr später wurde die LKW-Marke Graham komplett übernommen, so dass wenig später dieser Markenname erlosch und alle Lastwagen nur noch Dodge hießen.

Die britische Dodge-Niederlassung begann 1927 in Kew mit der Herstellung von LKW zwischen 1 t und 3 t Nutzlast nach amerikanischen Vorlagen. Wenige Jahre später entstanden in England eigene Konstruktionen, z. B. Frontlenker, zwei Jahre bevor diese Fahrzeugtypen bei Dodge/USA erschienen. Seither liefen in England immer eigenständige Modellreihen vom Band, die außer dem Namen nichts mit den amerikanischen Dodge gemein hatten. Die Lastwagen aus kanadischer Produktion waren dagegen nahezu identisch mit den US-Fahrzeugen, doch sie führten einen anderen Namen. Unter der Marke Fargo entstanden in Kanada über viele Jahre Dodge-LKW neben den „echten" Dodge. Beide Marken wurden durch unterschiedliche Händlernetze angeboten. Nach der Übernahme von Dodge durch die Chrysler Corp. 1928 änderte sich so gut wie nichts, Dodge behielt seine Selbstständigkeit, sowohl in der PKW-, als auch in der LKW-Entwicklung.

Der erste Diesellastwagen entstand bei Dodge 1938, blieb aber ohne nennenswerte Nachfolger, denn zu jener Zeit interessierte sich in Amerika kaum jemand für Dieselmotoren. 1940, in dem Jahr, in dem Walter Chrysler starb, begann für Dodge ein riesiges Rüstungsprogramm im Auftrag der US-Armee. Über eine halbe Million Militärlaster entstanden bis 1945, hauptsächlich waren es die bekannten und äußerst robusten WC-Modelle in 4x4- und 6x6-Ausführung. In den Chrysler-Fabriken wurde während dieser Zeit der legendäre Sherman-Panzer in rund 18.000 Exemplaren gefertigt.

In den Jahren nach dem Zweiten Weltkrieg drängte es Dodge und den Mutterkonzern Chrysler Corporation in die weite Welt hinaus. Es entstanden mehrere Montagewerke und Tochtergesellschaften und man beteiligte sich an etablierten LKW-Herstellern. Es begann 1946 in Indien, wo vorwiegend britische Dodge-Modelle unter dem Markennamen Fargo montiert wurden. 1958 entstand eine Fabrik in Australien, die ebenfalls hauptsächlich britische Dodge-LKW herstellte, später auch eigene Konstruktionen unter den Marken Fargo und DeSoto. Gleiches galt für die Dodge-Werke in Südafrika und der Türkei, die seit den 60er-Jahren unterschiedliche Modelle amerikanischer und englischer Herkunft montierten und sie als Dodge, DeSoto oder Fargo anboten.

Etwas anders verlief es in Spanien, denn dort baute die Firma Barreiros Diesel S.A. seit 1958 eigene LKW. Im Dezember 1963 beteiligte sich die Chrysler Corp. an dem Unternehmen, das daraufhin umbenannt wurde in Chrysler-Barreiros S.A. 1970 erfolgte die komplette Übernahme der LKW-Fabrik durch die Amerikaner und die Lastwagen hießen daraufhin Barreiros-Dodge.

Dodge D 700

Englischer Dodge

Die größten Aquisitionen unternahmen Chrysler und die LKW-Tochter Dodge in Großbritannien. Die Rootes Group hatte sich seit 1928 ein kleines Lastwagenimperium aus den Marken Karrier, Commer, Vulcan und Tilling-Stevens zusammengekauft. Zu Beginn der 60er-Jahre ging Chrysler eine strategische Beteiligung an der Lastwagensparte der Rootes Group ein, mit der Absicht, die Firmen Commer und Karrier (die beiden anderen Marken existierten bereits nicht mehr) zu übernehmen und mit Dodge zu verschmelzen. Dies geschah Ende der 60er-Jahre. Zunächst wurden die Lastwagen aller drei Marken weiter gebaut, doch ein paar Jahre später ging es dann mit Commer und Karrier zu Ende und alle LKW aus englischer Produktion wurden nur als Dodge verkauft. Lange blieb es indes auch dabei nicht.

Nachdem die US-Produktion der schweren Dodge-Lastwagen mangels Nachfrage Mitte der 70er-Jahre ausgelaufen war, trennte sich die kurz vor dem Ruin stehende Chrysler Corporation 1978 auch von allen europäischen Fahrzeugaktivitäten. Käufer der Produktionsstätten in England und Spanien war der Peugeot-Citroen-Konzern (PSA). Bereits drei Jahre später beendete auch PSA dieses Engagement und die Dodge-Lastwagen, die unverändert gebaut wurden, kamen zur Renault-Nutzfahrzeugtochter Renault Vehicules Industrieles (R.V.I.). Ein paar Jahre wurden die Fahrzeuge noch unter dem Namen Dodge-Renault verkauft, bis die alte Modellreihe 1987/88 auslief und der Name Dodge endgültig vom Markt der mittleren und schweren Lastwagen verschwand. Auch Chryslers Fabriken in Indien, Südafrika und Australien montieren seit längerem keine Dodge-Lastwagen mehr. In der Türkei, bei Chrysler Kamyon A.S., baut man bis heute Chrysler- und DeSoto-Lastwagen, doch gehört das Werk seit 1978 nicht mehr zum Chrysler-Konzern.

Ganz hat sich Dodge jedoch nicht aus dem Nutzfahrzeugsegment zurückgezogen. In den vergangenen 20 Jahren hat sich die Daimler-Chrysler-Tochter praktisch ausschließlich auf die leichten Nutzfahrzeuge, beispielsweise Pick-ups, Geländefahrzeuge und Transporter, konzentriert und damit besonders in den USA großen Erfolg gehabt.

gerade in den drei wichtigsten und größten asiatischen Absatzmärkten, Japan, Korea und China, bestand dringender Handlungsbedarf, wollte man seiner selbstgewählten Rolle als weltweit aufgestellter Marktführer gerecht werden.

Schon vor der Fusion zur Daimler-Chrysler AG hatten die Stuttgarter Kontakt mit dem japanischen Autobauer Nissan Motor aufgenommen, um eine etwaige Zusammenarbeit auszuloten. Noch Anfang 1999 sah es so aus, als ob Daimler-Chrysler finanziell bei Nissan Motor und der LKW-Tochtergesellschaft Nissan Diesel einsteigen würde. Doch dann machte der deutsch-amerikanische Konzern einen Rückzieher – zu risikoreich erschien das Geschäft auf Grund der hohen Schuldenlast, die Nissan Motor vor sich herschob. Stattdessen riskierte der französische Renault-Konzern den Einstieg in den japanischen Automobilmarkt und übernahm 36 Prozent der Nissan-Anteile.

Nur wenige Monate später gab es Gespäche zwischen der Daimler-Chrysler AG und der Mitsubishi Motor Corporation (MMC). Vorrangig ging es dabei um die gemeinsame Produktion von Kleinwagen, die Lastwagensparte von MMC, die Mitsubishi Fuso Truck and Bus Comp. mit der LKW-Marke Fuso, stand nicht zur Diskussion, die war bereits vertraglich an die schwedische Volvo AB gebunden.

Daimler-Chrysler ging im Frühjahr 2000 eine strategische Partnerschaft mit MMC ein und erwarb zirka 34 Prozent der Firmenanteile, was nach japanischem Aktienrecht ausreicht, die Kontrolle über die Firma zu erlangen.

Zusätzlich wurde eine Option vereinbart, nach der Daimler-Chrysler das Recht eingeräumt wird, nach drei Jahren die restlichen Anteile an MMC zu übernehmen. Doch einen kleinen Teil der Aktien von Mitsubishi, nämlich 3,3 Prozent, hielt bereits Volvo, und den Schweden gefiel es ganz und gar nicht, dass ausgerechnet ihr Hauptkonkurrent im weltweiten LKW-Geschäft bei MMC das Sagen hatte.

Es blieb Volvo eigentlich nichts anderes übrig, als die Nutzfahrzeugallianz mit Mitsubishi aufzugeben und die Anteile zu verkaufen. Allzu traurig waren die Schweden darüber nicht, denn in der Zwischenzeit hatten sie sich bei R.V.I., der Nutzfahrzeugtochter der Renault S.A., eingekauft und dadurch Zugriff auf Nissan Diesel erhalten, so dass sie ihre Asienstrategie nun mit Nissan umsetzen können.

Dankbarer Käufer des Volvo-Anteils war die Daimler-Chrysler AG, die damit ihre MMC-Beteiligung auf rund 37,4 Prozent erhöhen konnte. Man kann wohl davon ausgehen, dass Daimler-Chrysler die Anfang 2003 auslaufende Option auch ausüben wird und dass MMC dann eine 100 prozentige Tochter des deutsch-amerikanischen Konzerns werden wird. Das würde bedeuten, dass es zwei neue LKW-Marken in der „Welt AG" geben wird, Mitsubishi für die kleinen und mittelgroßen Laster und Fuso für die schweren Kaliber.

Mercedes-Benz Actros 2040 A für den Baustellenverkehr

Familientreffen: Mercedes-Benz Atego 1223 (links) und Actros 1831

Sterling Silver Star und Western Star Constellation-Serie

Erste Früchte der neuen Partnerschaft mit dem japanischen Autohersteller sind bereits in Europa zu erkennen. Die Mitsubishi-Baureihe Canter wird seit Dezember 2001 in einigen europäischen Ländern über das Händlernetz von Mercedes-Benz vertrieben. Ein interessanter Aspekt am Rande: Es gab schon einmal eine finanzielle Beteiligung und eine Kooperation zwischen der Chrysler Corp. und der MMC, nämlich in den 70er-Jahren. Damals waren die Amerikaner für einige Jahre eine Partnerschaft mit den Japanern eingegangen. In Australien gab es beispielsweise im Nutzfahrzeugbereich eine direkte Zusammenarbeit, indem die Chrysler Australia Ltd. neben Dodge auch schwere Fuso-Lastwagen anbot. Schließlich übernahm Mitsubishi die australische Dodge-Fabrik und verkaufte die LKW für einige Zeit unter den Markennamen Dodge-Mitsubishi und Dodge-Fuso.

In Südkorea liefen die Kooperationsgespräche bereits seit 1999 und auch hier ging es vorrangig um die Entwicklung eines global produzierten und verkauften Kleinwagens, genannt Weltauto. Der führende koreanische Automobilhersteller Hyundai Motor Company wollte gemeinsam mit Daimler-Chrysler die schwer angeschlagene Firma Daewoo Motor übernehmen und retten. Doch im Sommer 2000 wurde diese Absicht aufgegeben, das Risiko, damit zu Scheitern, war zu groß.

Stattdessen rückten Hyundai Motor Comp. und Daimler-Chrysler zu einer strategischen Partnerschaft zusammen. Die deutsch-amerikanischen Autobauer stiegen bei den Koreanern

mit zunächst 10,5 Prozent beim Stammkapital ein und vereinbarten die Gründung eines Gemeinschaftsunternehmens zur Produktion von Lastwagen, Omnibussen und Dieselmotoren. Kernstück des neuen Unternehmens wird Hyundais moderne LKW-Fabrik, die auf eine Produktion von 80.000 bis 100.000 Einheiten ausgelegt ist. Bei voller Auslastung der Kapazitäten könnte von Korea aus ein beträchtlicher Teil des asiatischen Nutzfahrzeugmarktes bedient werden. Die erste Stufe des neuen Gemeinschaftsunternehmens war der Beginn der Motorenproduktion der Mercedes-Benz-Baureihe 900 im Juli 2001. In einer zweiten Stufe wird dann die gemeinsame LKW-Fertigung aufgenommen.

Die Nutzfahrzeug-Aktivitäten in China befinden sich noch im Aufbaustadium. Bislang gibt es ein Gemeinschaftsunternehmen, die Yaxing-Benz Ltd. in Yangzhou, für die Produktion von Omnibussen, an dem Daimler-Chrysler mit 50 Prozent beteiligt ist. Darüber hinaus betreibt die Freightliner Corp. bereits ein Gemeinschaftsunternehmen mit den Chinesen, die Shanghai Freightliner Truck Co. Ltd., zum Bau von Lastwagen der Marken Freightliner und Sterling.

Nicht nur in Asien entfaltete Daimler-Chrysler in den vergangenen zwei Jahren umfangreiche Aktivitäten im Nutzfahrzeugsegment. Zwei bedeutende Firmenübernahmen sind auch aus Nordamerika zu vermelden. Es war schon eine Überraschung, als im Juli 2000 bekannt wurde, dass die Freightliner Corpora-

tion, seit Mai 2000 Freightliner LLC genannt, den australisch-kanadischen Schwerlastwagenhersteller Western Star Trucks übernehmen will. Damit kam eine dritte LKW-Marke aus nordamerikanischer Produktion in den Konzern und zudem eine Firma, die ausschließlich schwere Lastwagen der Klasse 8 baute, wie auch Freightliner und Sterling. Zu Western Star Trucks gehörten die LKW-Montagewerke Kelowna, nahe Vancouver an der kanadischen Westküste, und North Charleston in den USA sowie zwei Omnibuswerke der dazugehörenden Marke Orion.

Tätigkeitsfelder der schweren Lastwagen von Western Star waren die Bau-, Holz- und Bergbauindustrie, darüber hinaus wurden sie häufig bei Kommunen, auf Ölfeldern und im Schwerlasttransport eingesetzt. In Nordamerika wurden ausschließlich Haubenfahrzeuge gebaut, die Frontlenker der Baureihe Commander stammten aus dem britischen ERF-Werk. Die Lastwagenfirma ERF, eine kurzzeitige Tochtergesellschaft von Western Star Trucks, war nicht von der Freightliner-Übernahme berührt, denn bereits zu Beginn des Jahres 2000 hatte Western Star Trucks ERF an die deutsche MAN AG verkauft, oder besser gesagt, getauscht. Im Gegenzug für ERF erhielt Western Star Trucks von MAN deren australische Vertriebsgesellschaft MAN Truck and Bus Australia, um sie mit der Western-Star-Vertriebsorganisation zu vereinen.

Das führte zu der kuriosen Situation, dass die Western Star seit der Übernahme in Nordamerika durch das konzerneigene

Western Star

D Die Marke Western Star gehört zu den noch relativ jungen Lastwagenherstellern, denn erst 1967 entstanden schwere Fahrzeuge unter diesem Namen. Trotzdem kann die Firma bereits auf eine sehr wechselvolle Historie zurückblicken. Als kanadischer Ableger der White Motor Corporation begann man damals nahe Vancouver, an der kanadischen Westküste – daher der Name Western Star – mit der Produktion von extrem robusten und schweren LKW als Sonderanfertigungen und Einzelstücke für die harte Arbeit in der Holzwirtschaft und in der Bergbauindustrie. Es wurden vorwiegend Haubenfahrzeuge als Sattelzugmaschinen und Kipper gebaut sowie Allradfahrgestelle für besondere Aufgaben. Nachdem die in finanzielle Nöte geratene Muttergesellschaft White 1981 von der schwedischen Volvo AB übernommen wurde, kauften zwei kanadische Unternehmen Western Star auf und führten die Produktion eigenständig fort.

Die australische White-Fabrik in Brisbane wurde von Privatinvestoren erworben, um die LKW-Montage der populären Modelle Road Boss fortzuführen. Doch der Volvo-Konzern stellte nach wenigen Monaten die Teilelieferung ein und die Produktion dieser Typen lief endgültig aus. Terry Peabody, ein australischer Spediteur, übernahm 1983 das Werk in Brisbane und schloss mit Western Star

White Western Star

Trucks ein Lizenzabkommen, um die kanadischen Laster in Australien zu montieren. Zu dieser Zeit kam die Baureihe Heritage erstmals auf den Markt. Als die kanadischen Eigentümer des Western Star-Werkes ihren Besitz verkaufen wollten, nutzte Terry Peabody diese Gelegenheit und erwarb 1991 das Unternehmen aus Vancouver. Damit waren die Fabriken in Australien und Kanada wieder in einer Hand und erstmals in australischem Besitz.

Drei Jahre später wurde das Unternehmen an den Börsen in Kanada und den USA gelistet. Western Star baute weiterhin nur schwere Hauben-LKW, sowohl für den Einsatz im Fernverkehr als auch Sondermodelle für die Bauwirtschaft, den Kommunalbereich und das Militär in Allradausführung. Zwei Nutzfahrzeughersteller übernahm Western Star Mitte der 90er-Jahre, den amerikanischen Busproduzenten Orion und den britischen LKW-Bauer ERF. Die jährliche Fahrzeugproduktion konnte Western Star dadurch von rund 5000 auf 8000 Einheiten erhöhen.

Mit der Eingliederung der ERF-Fahrzeuge kamen die englischen Frontlenker des Typs EC 14 in Australien als Western Star Commander in drei- und vierachsiger Version und mit amerikanischen Dieselmotoren bestückt auf den Markt. Neben den Fahrzeugen der Heritage-Serie wurden neue und moderne Haubenlaster der Constellation-Serie in Nordamerika und Australien eingeführt.

Western Stars Engagement bei der englischen LKW-Schmiede ERF bestand nur kurz. Bereits zum 1. März 2000 wurde ERF an die MAN AG verkauft. Im Gegenzug erhielt die Western Star Trucks Pty. Ltd. die australische MAN-Tochtergesellschaft MAN Truck and Bus Australia, um eine gemeinsame Vertriebsplattform für beide LKW-Marken in Australien und Neuseeland aufzubauen.

Wenige Monate später stand Western Star Trucks dann selbst zum Verkauf. Im Sommer 2000 erwarb die Daimler-Chrysler-Tochtergesellschaft Freightliner LLC die Markenrechte und die vier nordamerikanischen Produktionsstätten von Western Star und der Busmarke Orion. Auch unter dem Dach des weltgrößten Lastwagenherstellers Daimler-Chrysler wird das Produktprogramm von schweren LKW unter dem Namen Western Star fortgeführt – wenigstens vorerst. Der australische Western-Star-Ableger operiert nun separat als reine Vertriebsorganisation.

Western Star Commander

Sterling-Händlernetz verkauft werden, in Australien und Neuseeland aber von MAN-Händlern. Für den australischen Markt, der einer der ganz wenigen weltweit ist, auf dem Daimler-Chrysler mit vier LKW-Marken vertreten ist, bedarf es einer eindeutigen Neustrukturierung des Vertriebs.

Das Lastwagenangebot von Western Star umfasst derzeit die Constellation Serie mit den fünf Baureihen 4800, 4900, 5800, 5900 und 6900, die ausnahmslos zu den schweren Haubenfahrzeugen der Klasse 8 gehören. Da alle Fahrzeuge aus beliebig zusammenstellbaren Komponenten bestehen und ein breites Gewichtsspektrum oberhalb von 15 t abdecken, bleiben nur zwei Konstanten, um die unterschiedlichen Baureihen zu klassifizieren und zu identifizieren. Das eine Merkmal ist die Länge von Kabine und Motorhaube, das so genannte BBC-Maß, das andere ist die Bauanordnung der Vorderachse – entweder vorgezogen oder zurückgesetzt.

Western Star bietet drei BBC-Längen als Standard und eine extra lange Sonderausführung. Die Baureihen 4800 und 5800 haben die kurze Haube von 109 inch (2768 mm), die Baureihen 4900 und 5900 wahlweise eine Haube/Kabine von 123 inch (3124 mm) oder 132 inch (3352 mm), die Sonderausführung mit der extrem langen Haube von 141 inch (3581 mm) bleibt der Baureihe 6900 vorbehalten.

Die Anordnung der Vorderachse ganz vorn am Rahmen ist charakteristisch für die Baureihen 4800 und 4900, während die Baureihen 5800, 5900 und 6900 über eine zurückgesetzte Vorderachse verfügen. Eine Einschränkung gibt es für die Baureihe 4900 insofern, als es bei bestimmten Modellen auch eine zurückgesetzte Vorderachse gibt, beispielsweise bei den Vierachsern mit der Achsformel 8x4/4, nicht jedoch bei Vierachsern mit angetriebenem Drillingsachsaggregat und der Formel 8x6. Die Hauber mit vorgesetzter Vorderachse werden generell in der traditionellen amerikanischen Erscheinungsform mit hohem Kühler und kantiger Haube geliefert. Die Fahrzeuge mit der zurückgesetzten Vorderachse gibt es zusätzlich in einer moderneren Version mit einer aerodynamisch gestalteten abfallenden Haube.

Standard sind bei Western Star Dreiachser als Sattelzugmaschinen oder Chassis, daneben sind auch vier- und fünfachsige Fahrgestelle für die Baubranche und für Sonderaufbauten lieferbar. Zweiachsige Chassis sind dagegen eher ungewöhnlich. Auch Allradfahrzeuge, speziell für das Militär, die Forstwirtschaft oder Winterdienste, sind im Angebot.

Der australische Markt wird mit Sattelzugmaschinen für sehr hohe Gewichte und extreme Belastungen beliefert, z. B. für den Einsatz als Road Trains. Zu diesem Zweck gibt es die Modelle 4864 F und 4964 EX (6x4) oder (8x6) oder 6900 XD (6x4), die für Gesamtzug-

Western Star 4864 F (6x4) als Road-Train-Zugmaschine

Western Star Sattelzugmaschine der Baureihe 4900

gewichte von maximal 90 t (Road Train mit zwei Anhängern) oder 130 t (Road Train mit drei Anhängern) ausgelegt sind.

An Motoren stehen der Kundschaft alle gängigen Modelle der drei großen amerikanischen Hersteller, die im Leistungsbereich von 250 PS/184 kW bis 600 PS/441 kW liegen, zur Verfügung. Mit der Übernahme von Western Star und der angegliederten Busmarke Orion kamen zwei kleine, aber feine Hersteller in die große Daimler-Chrysler-Familie, die damit acht Nutzfahrzeugmarken umfasst: die fünf LKW-Hersteller Mercedes-Benz, Freightliner, Sterling, American LaFrance und Western Star sowie die Busproduzenten Setra, Thomas Built und Orion.

Eine weitere Übernahme tätigte Daimler-Chrysler im Jahre 2000, nur war es diesmal keine Nutzfahrzeugmarke, sondern ein bedeutender Motorenbauer, die Detroit Diesel Corporation (DDC). Schon die alte Daimler-Benz

AG war mit 21 Prozent an DDC beteiligt, nun wurden auch die restlichen Firmenanteile an Amerikas drittgrößtem Dieselmotorenhersteller übernommen. DDC hatte sich zum wichtigsten Motorenlieferant für Freightliner entwickelt, denn mehr als die Hälfte aller Freightliner-Trucks liefen mit den Dieselmotoren aus Detroit. Deshalb war es nur konsequent, die Firma vollständig in den Konzern einzugliedern, nachdem sich die Alteigentümer zum Verkauf entschlossen hatten.

Durch die Zusammenarbeit mit der Friedrichshafener MTU und Mercedes-Benz Powertrain, dem Motoren- und Getriebegeschäftsbereich von Daimler-Chrysler, konnte DDC von den Forschungs- und Entwicklungsergebnissen der anderen Konzernteile profitieren und es wurde möglich, Dieselmotoren gemeinsam zu konzipieren und zu bauen, um die Kosten zu senken.

Das neueste Unimog-Modell U 300 (links) und Faun-Kehrmaschine auf Unimog U 400

Die Geschäftsleitung von Daimler-Chrysler ging sogar noch einen Schritt weiter und fasste zum Januar 2001 die Aktivitäten der drei Konzerntöchter MTU, Powertrain und DDC zu einem starken selbstständigen Geschäftsbereich für Antriebssysteme zusammen. Unter dem Namen Powersystems werden jetzt nicht nur Fahrzeugmotoren für Personenwagen und Nutzfahrzeuge von Mercedes-Benz und DDC produziert und vermarktet, sondern auch Schiffs-, Eisenbahn- und stationäre Motoren von MTU und DDC. Mit dem Zusammenschluss der drei Konzerntöchter ist der weltweit größte Hersteller mittelschwerer und schwerer Fahrzeugdieselmotoren entstanden.

Bei Mercedes-Benz konnten in den vergangenen Monaten gleich zwei Jubiläen und zwei Rekorde gefeiert werden. Das erste Jubiläum fand im Dezember 2000 statt. Vor genau 100 Jahren wurde zum ersten Mal ein Automobil mit dem Namen Mercedes verkauft. Damals erhielt der Geschäftsmann Emil Jellinek einen von Wilhelm Maybach konstruierten Personenwagen, den er nach seiner Tochter Mercedes benannte. Die Daimler-Motoren-Gesellschaft liess den Namen wenig später rechtlich schützen und als Markenzeichen eintragen. Seither hießen alle Daimler-PKW, bald auch die LKW, Mercedes beziehungsweise Mercedes-Benz, nach der Fusion von 1926. Heute ist Mercedes-Benz eine der weltweit bekanntesten Marken und der Mercedes-Stern das wohl bekannteste Markenzeichen.

Das zweite Jubiläum betrifft speziell den Nutzfahrzeugbereich. 2001 war es nämlich genau 50 Jahre her, dass der Unimog bei Daimler-Benz sein Zuhause gefunden hat. 1951 begann die Unimog-Produktion im Daimler-Werk Gaggenau. Doch ausgerechnet im Jubiläumsjahr gibt es schlechte Nachrichten für die Gaggenauer Unimog-Werker. Die Konzernleitung hat beschlossen, die Produktion der Unimogs nach Wörth zu verlegen und in Gaggenau nur noch Getriebe zu bauen. Ab Mitte 2002 werden die Unimogs dann, neben Actros und Atego, in der Pfalz montiert werden.

Nicht ganz so bedeutsam, aber nicht weniger wichtig für die Nutzfahrzeugsparte von Mercedes-Benz, ist ein Rekord vom Februar 2001. Im Lastwagenwerk Wörth feierte man die Auslieferung des 100.000sten MB Atego. Das ist bei einer Produktionszeit der Atego-Baureihe von nur knapp drei Jahren schon eine ganz beachtliche Leistung, bedeutet es immerhin durchschnittlich 130 Ategos pro Arbeitstag.

Schließlich noch ein letzter, aktueller Rekord vom 27. November 2001, diesmal aus dem Werk Düsseldorf. Die Rheinländer durften die Fertigstellung des 750.000sten Transporter der Baureihe MB Sprinter seit Baubeginn 1995 feiern. Mit einer Jahresproduktion in 2001 von ungefähr 140.000 Einheiten stößt das Werk nun an seine Kapazitätsgrenzen. In seiner Klasse hat sich der Sprinter zum beliebtesten und erfolgreichsten Transporter Europas entwickelt. Verkauft wird er mittlerweile in fast 100 Ländern der Erde. Nachdem der Mercedes Sprinter seit 1996 in Argentinien für den südamerikanischen Markt produziert wird, kam Mitte 2001 ein weiterer Produktionsstandort hinzu, die USA.

Daimler-Chrysler hatte beschlossen, auch Nordamerika mit Transportern zu bedienen, ein Markt, der beste Wachstumschancen verspricht. Die Sprinter werden in den USA und Kanada nicht nur durch die Freightliner-Händler vertrieben, sondern sogar als Freightliner-Trans-porter, und nicht Mercedes-Transporter, gebaut. Damit steigt Freightliner LLC erstmals in die unteren Nutzfahrzeugklassen 2 und 3 ein. Von den deutschen Sprinter-Modellen unterscheiden sich die Fahrzeuge nur durch das Namensschild. Eine erste große Order über 1900 Sprinter konnte bereits im März 2001 mit dem Expressdienst Federal Express abgeschlossen werden. Seit August werden die amerikanischen Sprinter in dem Freightliner-Werk in Süd-Carolina gebaut. Die Markteinführung in Asien ist für die nahe Zukunft ebenfalls geplant.

Neuester Lastwagen aus dem Hause Daimler-Chrysler ist der Mercedes-Benz Axor. Die ersten Vorserienmodelle wurden im Sommer 2001 vorgestellt, die Auslieferung der Serienfahrzeuge beginnt Anfang 2002. Vornehmlich bestimmt für den Verteiler- und Flottenverkehr auf der Kurz- und Mittelstrecke gibt es den Axor nur als Sattelzugmaschine für 18 t Gesamtgewicht. Das Fahrzeug hat nicht nur äusserlich starke Ähnlichkeit mit den Baureihen Actros und Atego. Etliche Komponenten des Axor stammen von den beiden Kollegen, beispielsweise der Rahmen, das Fahrerhaus und das Telligent-Wartungssystem. Es ist auch kein Zufall, dass der Axor den modernen, seit 1999 gebauten Frontlenkermodellen aus brasilianischer Produktion ähnelt, denn diese Fahrzeuge waren gleichsam Vorbild. Selbst die Motoren des Axor, für den europäischen Kontinent eine Premiere, laufen bereits seit einiger Zeit in den brasilianischen Mercedes-Lastwagen.

Weil der Axor nur als zweiachsige Sattelzugmaschine auf den Markt kommt, ist er auch nur mit zwei Radständen erhältlich. Eine Sonderausführung wird es nur für Großbritannien geben, denn dort erscheint der Axor als Dreiachser (6x2/2) mit nur einer angetriebenen Hinterachse. Zwei Fahrerhäuser sind lieferbar, beide in der langen Variante mit Liege, einmal mit Normaldach und einmal mit Hochdach. Für den Antrieb stellt Mercedes-Benz den Euro-III-Motor OM 457 LA zur Verfügung. Dieses 12-l-Aggregat kann in drei Leistungsstufen mit 353 PS/260 kW, 401 PS/295 kW und 428 PS/315 kW geordert werden. Mit dem Axor bietet Mercedes-Benz eine in Unterhalt und Anschaffung preiswerte Alternative zu anderen Sattelzugmaschinen dieser Klasse, sowohl aus dem eigenen Haus, als auch aus dem Angebot der Wettbewerber.

Nachdem die Daimler-Chrysler AG mit ihren deutschen und amerikanischen Nutzfahrzeugtöchtern 1999 eine Rekordproduktion von 555.418 Lastwagen vorlegen konnte, ging es im Jahre 2000 langsam abwärts. Zunächst brach nur der nordamerikanische Absatz ein, die übrigen Märkte folgten allmählich diesem Abwärtstrend. Immerhin wurden auch 2000 noch beachtliche 552.470 LKW hergestellt. 2001 beschleunigte sich der Absatzeinbruch geradezu dramatisch und erfasste beinahe sämtliche Märkte. Dies betrifft natürlich nicht nur die Nutzfahrzeuge von Daimler-Chrysler, sondern alle Hersteller. Allerdings trifft es in Nordamerika ganz besonders hart den Markt-

führer Freightliner LLC mit seinen assoziierten Marken Sterling und Western Star. Neben dem allgemeinen Konjunktureinbruch sind besonders die so großzügig gewährten Rücknahmeverpflichtungen für gebrauchte LKW Freightliner zum Verhängnis geworden. Die Produktion von Neufahrzeugen wurde stark gedrosselt, die Belegschaft verkleinert und einige Werke in den USA mussten vorübergehend geschlossen werden.

Auch bei Mercedes-Benz brachen die Absätze 2001 ein, wenngleich dies nur die mittelschweren und schweren Fahrzeuge betrifft, denn die Transporter verkaufen sich weiterhin sehr gut. Für das Werk Wörth wurde schon mal Kurzarbeit angesagt, um die Produktion zu reduzieren.

Nach dem drastischen Gewinneinbruch bei Chrysler und der außerordentlichen finanziellen Belastung durch die Mitsubishi–Beteiligung ist die Situation des Daimler-Chrysler-Konzerns durch die Probleme bei Freightliner keineswegs besser geworden. Die „Welt AG" steckt 2001 in einer ernsten Krise und ist weit davon entfernt, das profitabelste Automobilunternehmen der Welt zu sein. Mit diesem Anspruch waren schließlich die beiden Chefs, Jürgen Schrempp und Robert Eaton, bei der spektakulären Fusion 1998 angetreten. Derzeit ist einzig die Marke Mercedes-Benz noch profitabel, alle anderen Fahrzeugtöchter schreiben rote Zahlen.

Trotz der gegenwärtigen finanziellen Probleme ist doch eines klar: Daimler-Chrysler hat seine Position als weltweite Nummer 1 bei Nutzfahrzeugen über 6 t Gesamtgewicht nicht nur halten können, sondern sogar eindrucksvoll gestärkt. Und es ist auch sicher, dass das Bestreben, die Konzernpräsenz mit den mittlerweile acht Nutzfahrzeugmarken auf allen Kontinenten zu intensivieren, ein gutes Stück weiter gekommen ist. Durch Kooperationen und Übernahmen hat es Daimler-Chrysler in den letzten Jahren geschafft, auf den wichtigsten und größten Nutzfahrzeugmärkten an prominenter Stelle vertreten zu sein. Es bleiben tatsächlich nur noch wenige weiße Flecken auf der Weltkarte.

Heute werden in zwanzig Ländern auf vier Kontinenten Lastwagen, Transporter und Omnibusse von Daimler-Chrysler gebaut. Allein die Nutzfahrzeuge der Marke Mercedes-Benz werden mittlerweile in über 30 Fabriken in 18 Ländern montiert und Freightliner baut seine Lastwagen in vier Ländern (in Mexiko und China produzieren beide Marken).

So hat der deutsch-amerikanische Weltkonzern, zumindest im Marktsegment Nutzfahrzeuge, den Globalisierungswettkampf der großen Hersteller klar für sich entschieden und es deutet nichts darauf hin, dass diese Führungsposition in absehbarer Zeit ins Wanken geraten könnte.

Die neue Sattelzugmaschine Mercedes-Benz Axor 1840 S

Für den südamerikanischen Markt: Mercedes-Benz 1938 S

Moderne Mercedes-Transporter: Vito, Vario und Sprinter (v.l.n.r.)

Abbildungsnachweis

DaimlerChrysler AG   S. 2, 6, 7, 8, 9, 10, 11, 12, 13, 14, 15, 16, 17, 18, 19, 20, 21, 22, 23, 24, 25, 26, 27, 28, 29, 30 u., 31, 33, 34, 35, 36, 37 u., 38, 39, 40, 41, 42, 44, 45, 46, 48, 49, 50, 53, 54, 55, 56, 57, 58, 59, 60 u., 61 u., 62, 63, 70 o., 71, 72, 73, 79 o., 81 u., 82, 83, 84, 85, 86 li., 88, 89, 91, 92, 93, 94, 96 u., 105, 113, 115 o., 116, 118 o., 121 u., 124, 125, 127 o., 128 o., 129 u., 131, 134 u., 135, 137 u., 138, 139, 140

Doll Fahrzeugbau GmbH   S. 117, 118 u.
Faun Expotec GmbH   S. 128 u.
Kässbohrer Tank & Silo GmbH   S. 65, 77 o.
F.X.Meiller GmbH & Co. KG   S. 74 u., 79 u.
Metz Feuerwehrgeräte GmbH   S. 43 m., 47 u.
Schörling Waggonbau GmbH   S. 60 o., 66, 79 m.
WUMAG GmbH   S. 112 u.
Zikun Fahrzeugbau GmbH   S. 129 m.
Nutzfahrzeugarchiv
Bodo Brennecke   S. 12 u., 20 u., 32, 51, 52, 64, 68, 100, 133 o.

Alle übrigen Fotos stammen vom Autor

Weitere Bücher unseres Verlages

Fordern Sie kostenlos und völlig unverbindlich unseren neuesten Prospekt an mit Büchern über:

- Traktoren
- Baumaschinen
- Lastwagen
- Omnibusse
- Feuerwehren
- Lokomotiven
- Autos
- Motorräder

Podszun-Verlag GmbH
Postfach 1525, D-59918 Brilon
Telefon 02961 / 53213
Fax 02961 / 2508
verlag.podszun@t-online.de

180 Seiten, fester Einband
ISBN 3-86133-240-X
EUR 34,90

152 Seiten, fester Einband
ISBN 3-86133-287-6
EUR 19,90

208 Seiten, fester Einband
ISBN 3-86133-241-8
EUR 34,90

260 Seiten, fester Einband
ISBN 3-86133-274-4
EUR 44,90

238 Seiten, fester Einband
ISBN 3-86133-282-5
EUR 29,90

144 Seiten, fester Einband
ISBN 3-86133-275-2
EUR 19,90

240 Seiten, fester Einband
ISBN 3-86133-204-3
EUR 44,90

240 Seiten, fester Einband
ISBN 3-86133-157-8
EUR 44,90

278 Seiten, fester Einband
ISBN 3-86133-281-7
EUR 39,90

Die Jahrbücher erscheinen jeweils im Oktober neu:

144 Seiten, Leinenbroschur
ISBN 3-86133-268-X
EUR 14,90

144 Seiten, Leinenbroschur
ISBN 3-86133-269-8
EUR 14,90

144 Seiten, Leinenbroschur
ISBN 3-86133-267-1
EUR 14,90